大豆·豆浆·豆奶·豆腐

张明·主编

天津出版传媒集团

天津科学技术出版社

图书在版编目（CIP）数据

大豆 豆浆 豆奶 豆腐 / 张明主编 .—天津：天津科学技术出版社，2013.6（2021.4 重印）

ISBN 978-7-5308-7968-9

Ⅰ . ①大… Ⅱ . ①张… Ⅲ . ①豆制品加工 IV. ① TS214.2

中国版本图书馆 CIP 数据核字（2013）第 125982 号

大豆 豆浆 豆奶 豆腐
DADOU DOUJIANG DOUNAI DOUFU

责任编辑：马　悦
责任印制：兰　毅

出　　版：天津出版传媒集团
　　　　　天津科学技术出版社
地　　址：天津市西康路 35 号
邮　　编：300051
电　　话：（022）23332490
网　　址：www.tjkjcbs.com.cn
发　　行：新华书店经销
印　　刷：北京一鑫印务有限责任公司

开本 720×1020　1/16　印张 22　字数 400 000
2021 年 4 月第 1 版第 2 次印刷
定价：55.00 元

前言

常言道，"可以一日无肉，不可一日无豆"，大豆含有丰富的植物蛋白、磷脂、维生素、烟酸、铁、钙、钾等营养物质，享有"绿色牛乳""田中之肉"的美誉。我国第一部医学经典著作《黄帝内经》中的《素问·藏气法时论》指出："五谷为养，五果为助，五畜为益，五菜为充。气味合而服之，以补精气。"这里的五谷，就包括大豆。《食物本草会纂》说，大豆"宽中下气，利大肠，消水肿毒"。豆浆、豆奶、豆腐等豆制品具有多种对人体健康非常有益的保健因子，对高血压、高血脂、糖尿病、冠心病等"现代文明病"有比较明显的食疗功效。《延年秘录》上记载豆浆"长肌肤，益颜色，填骨髓，加气力，补虚能食"。《延寿书》上记载，"久痢，白豆腐醋煎食之即愈"。《神农本草经》上说豆芽"味甘平，主湿痹筋挛膝痛"。这些论述都是豆类美食符合现代营养学的依据，让大家吃得明白、放心。

豆类制品适合四季食用。一般而言，春季万物萌生，多吃大豆、豆豉、豆腐可以助阳升散；夏季阳盛，应少食辛甘燥烈食品以免伤阴，宜多食绿豆、清凉豆浆、豆奶等甘酸清润食物以清热、祛暑、生津；秋季吃豆腐、豆制品可以滋阴润燥；冬季寒冷，吃豆类制品或喝豆类饮品可以滋养进补。除了采用传统的黄豆烹调豆类美食外，以红枣、枸杞、黑豆、百合、豆芽、豆皮、腐竹等为原料都可以做出很多营养不同、口味各异的豆类饮品和豆类菜，满足不用人群的需要。

但是，因为不同的食材有不同的属性，人的体质也有差别，所以用豆类做成的豆浆、豆奶和豆腐制品也有着不同的食用禁忌和食疗功效。只有选对了食物，才能汲取对身体有益的营养素，否则，不但起不到应有的保健功效，还可能对健康造成不利影响。为满足读者的口味并帮助读者选对适合自己的食品，我们编写了《大豆·豆浆·豆奶·豆腐》一书，介绍了数百道不同口味、不同功效的豆类菜品和饮品，让渗透到美味菜肴中的营养被人体充分吸收，从而真正享受食补养生的乐趣。

本书介绍了黄豆、青豆、绿豆、红豆等豆类百科的营养成分、养生功效、选购保存、搭配宜忌；近300款营养美味的养生豆浆的制作方法，包括经典家常的原味豆浆、五谷豆浆、蔬果豆浆、花草豆浆，具有健脾和胃、护心去火等不同功效的保健豆浆，养颜、护发、抗衰豆浆，以及适合孕妇、幼儿、老年人等不同人群的豆浆，不同季节适宜饮用的豆浆和各种豆浆治病食疗方等；近百道营养丰富、好喝易做的养生豆奶。此外，还奉上了400多道豆类佳肴的制作方法，并提供了豆腐、豆豉、豆干、豆芽等豆类制品的品种介绍、保健功效、食用宜忌等。

书中每一款美食都有详细的步骤解析，并配有精美的图片，直观方便、易于操作，可指导你轻松做出美味的营养餐，是全家人的健康美食必备书。

目录

第一章　豆类百科

第二章　养生豆浆

**四季养生
豆浆/124**

第三章　养生豆奶

第四章 豆类佳肴

第一章 豆类百科

豆类的品种很多，主要有大豆、蚕豆、绿豆、豌豆、红豆等。根据豆类的营养素种类和数量可将它们分为两大类。一类是以黄豆为代表的高蛋白质、高脂肪豆类。另一类则是以碳水化合物含量高为特征的豆类，如绿豆、红豆等。

黄豆

◎黄豆为英豆科植物大豆的种子，又叫大豆、黄大豆，是所有豆类中营养价值最高的。在数百种天然食物中，黄豆是最受营养学家推崇的，故黄豆有"田中之肉""植物蛋白之王"等美誉。

1 营养点评

黄豆富含蛋白质、钙、锌、铁、磷、糖类、膳食纤维、卵磷脂、异黄酮素、维生素B_1和维生素E等营养素。现代医学研究证明，黄豆有诸多保健功能。黄豆含丰富的铁，这种铁易被身体吸收，可防治缺铁性贫血，对婴幼儿及孕妇尤为重要；黄豆中也含有丰富的锌，锌具有促进生长发育、防治不育症等作用；黄豆所含的维生素B_1可促进婴儿脑部的发育，防治肌痉挛；黄豆中的大豆蛋白质和豆固醇，能明显地降低血脂和胆固醇，从而降低患心血管疾病的概率；黄豆脂肪富含不饱和脂肪酸和大豆磷脂，有保持血管弹性、健脑和防止脂肪肝形成的作用。常食黄豆制品不仅可预防肠癌、胃癌，还可预防老年斑、老年夜盲症，增强老人记忆力，所以说黄豆是延年益寿的最佳食品。

2 养生功效

增强免疫力：黄豆含植物性蛋白质，有"植物肉"的美称。人体如果缺少蛋白质，会出现免疫力下降、容易疲劳等症状，所以常吃黄豆补充蛋白质、增强免疫力。

提神健脑：黄豆富含大豆卵磷脂，大豆卵磷脂是大脑的重要组成成分之一，所以常吃黄豆有助于预防老年痴呆症。此外，大豆卵磷脂中的甾醇可增强神经机能的活力。

强健人体器官：大豆卵磷脂还能促进脂溶性维生素的吸收，强健人体各组织器官。另外，大豆卵磷脂还可以降低胆固醇，改善脂质代谢，辅助治疗冠状动脉硬化。

提高精力：黄豆中的蛋白质可以增强大脑皮质的兴奋和抑制功能，提高学习和工作效率，还有助于缓解沮丧、抑郁的情绪。

美白护肤：黄豆富含大豆异黄酮，这种植物雌激素能延缓皮肤衰老、缓解更年期综合征症状。此外，日本研究人员发现，黄豆中含有的亚油酸可以有效阻止皮肤细胞中黑色素的合成。

预防癌症：黄豆含有蛋白酶抑制素，美国纽约大学研究发现，蛋白酶抑制素可以抑制多种癌细胞的生成，对乳腺癌的抑制效果最为明显。

抗氧化：黄豆中的大豆皂苷能清除体内的自由基，具有抗氧化的作用。大豆皂苷还能抑制肿瘤细胞的生长，增强人体免疫功能。

降低血脂：黄豆中的植物固醇有降低血液中胆固醇含量的作用，在肠道内与"坏胆固醇"竞争，减少人体对"坏胆固醇"的吸收。植物固醇在降低高脂血症患者血液中"坏胆固醇"含量的同时，不影响人体对"好胆固醇"的吸收，有很好的降脂效果。

预防耳聋：补充铁质可以扩张微血管、软化红细胞，保证耳部的血液供应，有效防止听力减退。黄豆中铁和锌的含量较其他食物丰富，所以对预防老年人耳聋有很好的作用。

辅助降压：美国科学家研究发现，高血压患者在饮食中摄入的钠过多、钾过少。摄入高钾食物，可以促使体内过多的钠盐排出，有辅助降压的效果。黄豆含有丰富的钾元素，每100克黄豆含钾量高达

1503毫克。高血压患者常吃黄豆，对及时补充体内的钾元素很有帮助。

3 选购与保存

选购

观色泽：好的黄豆色泽黄得自然、鲜艳；劣质黄豆色泽暗淡、无光泽为。

看质地：颗粒饱满且整齐均匀，无破瓣、无虫害、无霉变的为好黄豆；颗粒瘦瘪、不完整、有虫蛀、霉变的为劣质黄豆。

看水分：牙咬豆粒，发音清脆成碎粒，说明黄豆干燥；发音不脆则说明黄豆潮湿。

闻香味：优质黄豆具有正常的香气和口味，劣质黄豆有酸味或霉味。

保存

晒干，用塑料袋装起来，放阴凉干燥处保存即可。

4 搭配宜忌

黄豆的黄金搭配

黄豆+香菜 健脾宽中、祛风解毒。

黄豆+牛蹄 预防颈椎病、美容。

黄豆+胡萝卜 有助骨骼发育。

黄豆+白菜 防止乳腺癌。

黄豆+花生 丰胸补乳。

黄豆+红枣 补血、降血脂。

黄豆+茄子 润燥消肿。

黄豆+茼蒿 缓解更年期综合征症状。

黄豆的不宜搭配

黄豆+虾皮 影响钙的消化吸收。

黄豆+核桃 导致腹胀、消化不良。

黄豆+猪肉 影响猪肉的营养吸收。

黄豆+菠菜 不利于营养的吸收。

黄豆+酸奶、芹菜 黄豆与这些食物同食会影响钙的消化吸收。

青豆

◎青豆是籽粒饱满、尚未老熟的黄豆。青豆皮为绿色，形状浑圆，咸淡之间又略有清甜味，清闲嚼食或佐酒品茶，滋味隽永、满口清香。

1 营养点评

青豆富含B族维生素、铜、锌、镁、钾、纤维、杂多糖类。青豆不含胆固醇，可预防心血管疾病、癌症发生的概率。每天吃两盘青豆，可降低血液中的胆固醇。青豆还富含不饱和脂肪酸和大豆磷脂，有保持血管弹性、健脑和防止脂肪肝形成的作用。

青豆含有丰富的蛋白质、叶酸、膳食纤维和人体必需的多种氨基酸，能补肝养胃、滋补强壮、长筋骨、悦颜面、乌发明目、延年益寿。

2 养生功效

降低胆固醇：青豆中不饱和脂肪酸含量高，不饱和脂肪酸可以改善脂肪代谢，降低人体中甘油三酯和胆固醇含量。

降低血脂：青豆中含有能清除血管壁上堆积的脂肪的化合物，起到降血脂和降低血液中胆固醇含量的作用。

提神健脑：青豆中的卵磷脂是大脑发育不可缺少的营养素之一，可以提高大脑的记忆力和智力水平。

润肠通便：青豆中含有丰富的食物纤维，可以改善便秘，降低血压和胆固醇。

健脾和胃：青豆中的钾含量很高，夏天食用可以帮助弥补因出汗过多而导致的钾流失，缓解由于钾的流失而引起的疲乏

无力和食欲下降等症状。

补充铁质：青豆富含易于人体吸收的铁，故可将青豆作为儿童补充铁的食物之一。

瘦身排毒：青豆营养丰富均衡，含有有益的活性成分，经常食用，对女性保持苗条身材有很好的作用；对肥胖、高血脂等疾病有预防和辅助治疗的作用。

3 选购与保存

选购：在挑选青豆时，不能轻信个大颜色鲜艳的就是优质的。购买青豆后，可以用清水浸泡一下，真正的青豆浸泡后不会掉色。

保存：把青豆用开水烫一下，然后用冷水冲凉，再放进冷冻室，放半年都不会坏。

4 搭配宜忌

青豆的黄金搭配

青豆+丝瓜 增强抵抗力。

青豆+花生 健脑益智。

青豆+平菇 预防感冒。

青豆+鸡腿菇 降血糖、降血脂。

青豆+香菇 益气补虚、健脾和胃。

青豆的不宜搭配

青豆+牛肝 降低营养价值。

青豆+羊肝 使二者失去原有的营养功效。

绿豆

◎绿豆为蝶形花科植物绿豆的种子，又叫青小豆、青豆子，是我国的传统豆类食物。绿豆不但具有良好的食用价值，还具有非常好的药用价值，有"济世之良谷"的美誉。

1 营养点评

绿豆含蛋白质、糖类、膳食纤维、钙、铁、维生素B_1和维生素B_2等营养素，具有清热消暑、利尿消肿、润喉止咳、明目降压之功效。在医学上，也证明绿豆的确可以清心安神、治虚烦、润喉止痛，改善失眠多梦及精神恍惚等症状，还能有效清除血管壁中胆固醇和脂肪的堆积，防止心血管病变。此外，将绿豆粉和白酒调成糊状，治疗中、小面积烧伤效果十分理想，渗出物少、结痂快、不留疤痕。

2 养生功效

清热解暑：绿豆性凉味甘，有清热解毒之功。夏天在高温环境工作的人出汗多，水分损失很大，体内的电解质平衡遭到破坏，用绿豆煮汤来补充是最理想的方法。绿豆汤能够清暑益气、止渴利尿，不仅能补充水分，还能及时补充无机盐，对维持水液电解质平衡有着重要作用。

解毒保健：绿豆还有解毒作用。如遇有机磷农药中毒、铅中毒、酒精中毒（醉酒）或吃错药等情况，在医院抢救前都可以先灌下一碗绿豆汤进行紧急处理。经常在有毒环境下工作或接触有毒物质的人，应经常食用绿豆来解毒保健。经常食用绿豆还可以补充营养、增强体力。

3 选购与保存

选购

观色泽：优质绿豆外皮呈蜡质，颗粒饱满、均匀，无虫，不含杂质。劣质绿豆色泽黯淡，饱满度差，有虫、有杂质。

闻气味：抓一把绿豆，向绿豆哈一口热气，然后立即嗅气味。优质绿豆具有正常的清香味；劣质绿豆微有异味或有霉变味等不正常气味。

保存

买回来的绿豆放进冰箱冷冻1周后再拿出来，就不会生虫了。夏天吃不完的绿豆可以存放在塑料壶或者塑料瓶里，放到冰箱里，这样能保存到来年的夏天。

4 搭配宜忌

绿豆的黄金搭配

绿豆+燕麦 可抑制血糖增高。

绿豆+南瓜 清肺、降糖。

绿豆+大米 有利消化吸收。

绿豆+百合 解渴润燥。

绿豆+蒲公英 清热解毒、利尿消肿。

绿豆的不宜搭配

绿豆+狗肉 导致腹胀、消化不良。

绿豆+西红柿 引起身体不适。

绿豆+榛子 导致腹泻。

绿豆+羊肉 导致肠胃胀气。

红豆

◎红豆也叫赤小豆、红小豆、米赤豆、赤豆、红饭豆、朱赤豆，是豆科草本植物赤小豆或赤豆的种子。野生红豆分布于我国广东、广西、江西及上海郊区等地，其他各地广泛栽培。夏、秋季采摘成熟的荚果，晒干，除去荚壳、杂质，收集种子备用。

1 营养点评

红豆具有通肠、利小便、消肿排脓、消热解毒、治泻痢脚气、止渴解酒、通乳下胎等作用。需要注意的是，久服或过量食用红豆会津液耗竭而渴得更厉害，令人更生燥热。红豆富含铁质，所以适量摄取红豆有补血、促进血液循环、强化体力、增强抵抗力的作用。同时，红豆还有补充经期营养、缓解痛经的作用。

2 养生功效

补血养颜：红豆富含铁质，常食能让人气色红润，还有补血、促进血液循环、增强体力、增强抵抗力的作用。

降低血压：红豆中含有丰富的膳食纤维，具有良好的润肠通便、降血压的功效。

保肝护肾：红豆中的皂角苷可刺激肠道，有良好的利尿作用，能解酒、解毒，对心脏病和肾病、水肿患者均有益。

3 选购与保存

选购：形状呈圆柱形而略扁，表面呈紫红色或暗红棕色，平滑，稍具光泽或无光泽，颗粒饱满者为佳。而另有一种红黑豆，是广东产的相思子，特点是半粒红半粒黑，购买红豆时应注意鉴别，切勿误买红黑豆。

保存：储存干红豆是非常讲究的。将剪碎的干辣椒和红豆放在一起密封起来，置于干燥、通风处。此方法可以起到防潮、防霉、防虫的作用，能使红豆保持1年不坏。

4 搭配宜忌

红豆的黄金搭配

红豆+桑白皮 健脾利湿、利尿消肿。

红豆+白茅根 增强利尿作用。

红豆+粳米 益脾胃、通乳汁。

红豆+南瓜 润肤、止咳、减肥。

红豆+鸡肉 补肾滋阴、活血利尿。

红豆+鲫鱼 通乳催奶。

红豆+燕麦、薏米 均衡营养。

红豆+醋+米酒 散血消肿、止血。

红豆+鲢鱼 祛除脾胃寒气。

红豆+鲤鱼 利水消肿。

红豆的不宜搭配

红豆+盐 药效减半。

红豆+羊肝 引起身体不适。

红豆+羊肚 水肿、腹痛、腹泻。

豌豆

◎豌豆又称雪豆、寒豆。因豌豆圆润鲜绿，十分好看，常用来配菜，以增加菜肴的色彩，促进食欲。

1 营养点评

豌豆可以有效缓解脚气、糖尿病、产后乳汁不足等症。豌豆不仅蛋白质含量丰富，且包括了人体所必需的8种氨基酸，能抗坏血病，还能阻断人体中亚硝胺的合成，阻断外来致癌物的活化，解除外来致癌物的致癌毒性，提高免疫机能；嫩豌豆中还含有能分解亚硝胺的酶，因此具有较好的防癌、抗癌作用。豌豆中所含的维生素C还具有美容养颜的功效。另外，豌豆中还含有植物性雌激素，可以缓解更年期妇女的不适症状。

中医认为，豌豆有和中益气、利小便、解疮毒、通乳及消肿的功效，是脱肛、慢性腹泻、子宫脱垂等中气不足病症的食疗佳品。哺乳期女性多吃点豌豆还可增加奶量。

2 养生功效

增强免疫力：豌豆中富含人体所需的优质蛋白质，可以提高机体免疫力。

防癌抗癌：豌豆中富含胡萝卜素，食用后可防止人体中致癌物质的合成，从而减少癌细胞的形成，降低癌症的发病率。

通利大肠：豌豆中富含粗纤维，能促进大肠蠕动，保持大便通畅，起到清洁大肠的作用。

3 选购与保存

选购：颗粒均匀、饱满，颜色鲜绿的嫩豌豆较好。

保存：去壳的嫩豌豆如果未经烹饪，适于冷冻保存。将豌豆（千万不要沾水，去壳后直接保存）放进袋子里，密封好以后平铺，尽量使每粒豆子都平躺着，不要和其他豆子挤在一起，然后放入冰箱的冷冻室里，直接冷冻就行啦。想吃的时候再拿出来，放在室温下自然解冻即可，最好在1个月内吃完。

4 搭配宜忌

豌豆的黄金搭配

豌豆+小麦 预防结肠癌。

豌豆+大米 增强免疫力。

豌豆的不宜搭配

豌豆+酸奶 会降低营养。

黑豆

◎黑豆为豆科植物大豆的黑色种子，又名乌豆，性平味甘。黑豆具有高蛋白、低热量的特性。

1 营养点评

黑豆营养丰富，含有蛋白质、脂肪、维生素、微量元素等多种营养成分，还含有多种生物活性物质，如黑豆色素、黑豆多糖和异黄酮等。

蛋白质： 黑豆具有高蛋白、低热量的特性，蛋白质含量高达45%以上，其中优质蛋白大约比黄豆高出1/4，居各种豆类之首，因此也赢得了"豆中之王"的美誉。与蛋白质丰富的肉类相比，黑豆的蛋白质含量不但毫不逊色，反而更胜一筹，其蛋白质含量相当于肉类（猪肉、鸡肉）的2倍、鸡蛋的3倍、牛奶的12倍，因此又被誉为"植物蛋白肉"。

脂肪酸： 研究发现，每100克黑豆中含粗脂肪高达12克，检测发现，其中含有至少19种脂肪酸，而且不饱和脂肪酸含量高达80%，其中亚油酸含量就占了55.08%。

灰分： 灰分是食品的六大营养素之一，人体需要的各种无机盐均来自于食品的灰分，因此，灰分含量的多少可以从一个方面反映食品营养价值的高低。不同食物的灰分组成和含量相差很大，因此灰分是指示食品中无机成分总量的一项指标。黑豆中灰分含量为4.47%，明显高于其他豆类。

维生素： 黑豆富含多种维生素，尤其是维生素E，每100克黑豆中含维生素E17.36微克。

异黄酮： 异黄酮是黄酮类化合物的一种，主要存在于豆科植物中，所以又经常被称为"大豆异黄酮"。由于异黄酮是从植物中提取，与女性雌激素结构相似，所以异黄酮又有"植物雌激素"之称。黑豆的异黄酮含量比黄豆还要高。

皂苷： 皂苷是一种存在于植物细胞内、结构复杂的化合物，同时也是一种具有重要药用价值的植物活性成分。黑豆皂苷对DNA具有保护作用。

多糖类物质： 黑豆多糖是清除人体自由基的功臣之一。研究发现，黑豆多糖属于非还原性、非淀粉性多糖，具有显著的清除人体自由基的作用，尤其是对超氧阴

离子自由基的清除作用非常强大。此外，黑豆中的多糖成分还可以促进骨髓组织的生长、刺激造血功能的再生。

黑豆色素：黑豆色素是黑豆重要的生物活性物质之一，具有很强的抗氧化作用。

2 养生功效

降低胆固醇：黑豆的油脂成分占19%，除了能满足人体对脂肪的需求外，还能降低血液中的胆固醇含量。胆固醇是很多老年性疾病的罪魁祸首，而黑豆不含胆固醇，只含一种植物固醇，这种植物固醇具有抑制人体吸收胆固醇、降低血液中胆固醇含量的作用。

保肝护肾：豆乃肾之谷，黑色属水，水走肾，所以黑豆入肾功能多，所以要多食黑豆保肝护肾。

提神健脑：黑豆中约有2%的成分是蛋黄素，蛋黄素能健脑益智，防止大脑因老化而迟钝。每100克黑豆中含钙370毫克、磷577毫克、铁12毫克，其他如锌、

铜、镁、钼、硒、氟等的含量都不低。这些营养元素能满足大脑的需求，延缓大脑衰老；还能降低血液的黏稠度，保证人体各个功能正常运作。

美容养颜：黑豆中含有丰富的维生素，维生素E和B族维生素的含量最高，维生素E的含量比肉类高5~7倍。维生素E是延缓衰老的最佳营养素。

润肠排毒：黑豆中粗纤维的含量达4%，超过黄豆。粗纤维素具有良好的通便作用，每天吃点黑豆，增加粗纤维，就可以有效地预防便秘的发生。

3 选购与保存

选购：选购黑豆时，以豆粒完整、大小均匀、颜色乌黑者为好。由于黑豆表面有天然的蜡质，会随存放时间的长短而逐渐脱落，所以，表面有研磨般光泽的黑豆不要选购。黑豆去皮后分黄仁和绿仁两种，黄仁的是小黑豆，绿仁的是大黑豆，里面是白仁的并不是真正的黑豆，而是黑芸豆，一定要注意区分。

保存：黑豆宜存放在密封罐中，置于阴凉处保存，不要让阳光直射。还需注意的是，因豆类容易生虫，购回后最好尽早食用。

4 搭配宜忌

黑豆的黄金搭配
黑豆+牛奶 有利于吸收维生素B$_{12}$。
黑豆+橙子 营养丰富。
黑豆的不宜搭配
黑豆+蓖麻子 对身体不利。

蚕豆

◎蚕豆为豆科植物蚕豆的种子，又叫南豆、胡豆。其荚果大而肥厚，种子椭圆扁平，是张骞出使西域时带回中原的。

1 营养点评

蚕豆蛋白质的含量，在豆类中仅次于黄豆，对于因缺乏蛋白质而出现的水肿，以及由此而导致的慢性肾炎具有很好的食疗作用，还能缓解动脉硬化症状。蚕豆所含氨基酸种类较为齐全，特别是赖氨酸含量丰富。蚕豆还含有少量维生素和钙、铁、磷、锰等多种营养元素，具有健脾利湿，治膈食、水肿，涩精实肠等功效。

蚕豆内还含有植物凝集素，有消肿、抗癌的作用，对胃癌、食道癌、子宫颈癌特别有效。蚕豆中的粗纤维和其他有效营养成分对调整血压和预防肥胖有明显的效果。

2 养生功效

增强免疫力：蚕豆含蛋白质、碳水化合物、粗纤维、维生素B_1、维生素B_2、烟酸和钙、铁、磷、钾等多种矿物质，具有增强免疫力的功效。

提神健脑：蚕豆的磷和钾含量较高，能增强记忆力，特别适合脑力工作者食用。

降低血脂：蚕豆中的蛋白质可以延缓动脉硬化，蚕豆皮中的粗纤维有降低胆固醇、促进肠蠕动的作用。

3 选购与保存

选购：蚕豆以颗粒大而果仁饱满，无发黑、虫蛀、污点者为佳。

保存：新鲜蚕豆只可放置两三天，干品蚕豆应装好后置于干燥、阴凉、通风处保存。

4 搭配宜忌

蚕豆的黄金搭配

蚕豆+白菜　利尿、清肺。

蚕豆+枸杞　清肝祛火。

蚕豆的不宜搭配

蚕豆+田螺　容易引起肠绞痛、长痔疮。

蚕豆+牡蛎　引起腹泻。

第二章 养生豆浆

　　豆浆是一种老少皆宜的营养饮品，在欧美享有"植物奶"的美誉。豆浆含有丰富的植物蛋白和磷脂，还含有维生素、烟酸及铁、钙等矿物质。除了传统的黄豆浆外，豆浆还有很多花样，很多常见的食材都可以成为豆浆的配料，本章会为您详细介绍。

营养均衡，不可缺"豆"

◎豆类的营养价值非常高，我国传统饮食讲究"五谷宜为养，失豆则不良"，意思是说五谷是有营养的，但没有豆子就会失去平衡。现代营养学也证明，每天坚持食用豆类食品，只要两周的时间，人体就可以减少脂肪含量，增加免疫力，降低患病的概率。

1 黄豆

黄豆中含有大量的大豆异黄酮。大豆异黄酮是黄豆生长中形成的一类次级代谢产物。由于是从植物中提取，与雌激素有相似结构，因此大豆异黄酮又称植物雌激素，能够弥补30岁以后女性雌性激素分泌不足的缺陷，补充皮肤水分、增加弹性，改善更年期综合征和骨质疏松症状，使女性再现青春魅力。

2 红豆

红豆被李时珍称为"心之谷"，有补心的作用。红豆含有较多的膳食纤维，具有润肠通便、降血压、降血脂、解毒抗癌、预防结石、健美减肥的作用，同时有良好的利尿作用。

3 绿豆

绿豆有清热解毒的作用，是防暑佳品。嘴唇干燥、嘴部生疮、痱子、暗疮等症状，用绿豆缓解也特别有效。多食绿豆还可以保持眼睛，达到明目美眼的效果。

4 蚕豆

蚕豆性平味甘，有健脾利湿的功效，特别适合脾虚腹泻者食用。但蚕豆不可生吃，也不可多吃，以防腹胀。特别需要注意的是，少数人吃蚕豆后会发生急性溶血性贫血，也就是俗称的"蚕豆黄病"，应尽快送医院救治。

5 豌豆

中医认为，豌豆性平味甘，有补中益气、利小便的功效，是脱肛、慢性腹泻、子宫脱垂等中气不足症状的食疗佳品。中医典籍《日用本草》中有豌豆"煮食下乳汁"的记载，因此，哺乳期女性多吃点豌豆可增加奶量。

6 芸豆

芸豆又叫菜豆，性平、温，味甘，有温中下气、利肠胃、止呃逆、益肾补元气等功效。芸豆不仅富含蛋白质、钙、铁等多种营养元素，还有高钾、高镁、低钠的特点，特别适合心脏病患者和患有肾病、高血压等需低钠及低钾饮食者食用。

7 黑豆

中医认为，黑豆有补肾强身、活血利水、解毒的功效，特别适合肾虚者食用。此外，黑豆还有"乌发娘子"的美称，用它制成的豆浆、豆腐等，是肾虚导致的须发早白、脱发患者的食疗佳品。

如何制作豆浆

◎现今，豆浆的营养越来越被人熟知，喝豆浆、打豆浆已成了人们生活中养成的习惯。但是，关于豆浆的相关知识，您又知道多少呢？下面为大家介绍下豆浆的制作方法，打豆浆时都需要做哪些准备，怎样打出的豆浆才好喝。

1 豆浆机的结构

全自动豆浆机是以单片机为核心组成的电子电器产品，以电动机搅拌和发热管加热为一体的组合型器具。下面我们将对豆浆机的主要部件及配套的工具进行一个详细的介绍。

豆浆机的主要部件包括

机身：即豆浆机的机身部分。

机头：是本机主要部件，内有电机、电脑板等部件。

启动键：插上电源后即按下启动键。

机把手：即豆浆机的把手。

功能选择键：包括五谷、干豆、湿豆、果汁等选择键。

功能提示：按下功能提示键，则提示功能选择键亮灯。

清洗功能：制作完豆浆后，可放入洗洁精进行清洗。

豆浆机的工具

豆浆机的工具：包括杯子、勺子、清洗刷、量杯、清洗布、过滤网。

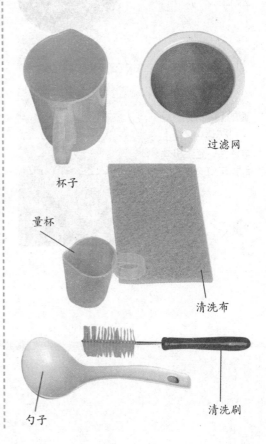

过滤网
杯子
量杯
清洗布
勺子
清洗刷

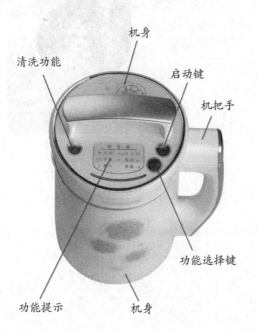

机身
清洗功能
启动键
机把手
功能选择键
功能提示
机身

2 豆浆机的操作步骤

豆浆机的操作虽然算不上复杂，但是如果不正确使用的话，也会出现安全问题。如何正确、安全且有步骤地使用豆浆机显得尤为重要。

将机头从全自动豆浆机中取出。

❶

将浸泡好的大豆等食材放入杯体内，加入适量清水至上、下水位线之间。

❷

将机头按正确的位置放入豆浆机杯体中，插上电源线，豆浆机功能指示灯全亮。

❸

启动豆浆机。

❹

当豆浆机发出报警声后即提示豆浆已做好。

❺

拔下电源插头，打开豆浆机盖，采用过滤网对豆浆进行过滤。

❻

制作豆浆应注意的细节

◎几乎每一种食物都会有若干细节值得讨论，有的细节与健康有关，有的细节与品位有关，还有的细节与文化有关。譬如一碗普普通通的豆浆，也有不少需要关注的细节，了解这个也会产生很多乐趣。

1 什么原料的豆浆更美味

制作豆浆要选用上等的非转基因黄豆，可掺杂少量的黑豆，做出颜色发暗的豆浆。也可掺杂数枚花生，使豆浆口感更滑，味道也更香。

2 浸泡黄豆有什么技巧

黄豆经过充分的浸泡才能打出口感细滑的豆浆，且减少出渣率。黄豆可浸泡10余个小时，当气温较高时，应放入冰箱或多换几次水，以避免细菌滋生。如果忘记浸泡黄豆，可改用热水浸泡，使浸泡时间缩短。

3 豆浆机做的豆浆食用是否安全

现在，家庭用豆浆机都是全自动的，非常方便。把泡好的豆子放进去，按几下按钮，不到20分钟，过滤一下，豆浆就可以喝啦。豆浆机边搅碎边加热，故加热时间比较长，可以充分破坏大豆中天然存在的有毒皂素、植物凝血素等，不必担心因为加热不彻底而引起豆浆中毒。

4 "豆浆+蜂蜜" 符合健康要求吗

黄豆中几乎不含有淀粉和蔗糖，所以豆浆毫无甜味，除非加糖。很多人担心，日积月累地吃甜食会发胖，因此可以换成蜂蜜。蜂蜜是天然糖，且以果糖为主，甜度高用量少，更为健康。为减少对蜂蜜中活性物质的破坏，豆浆煮好后不要马上加蜂蜜，稍微放凉，喝之前再调入蜂蜜最好。

5 豆浆与牛奶是否相克

有人习惯喝豆浆，有人喜欢喝牛奶，为了互通有无，我们有时也把打好的豆浆与热好的牛奶混合饮用。这种混合方式常被某些热衷"食物相克"的人士反对，但实际上这种做法不但毫无害处，而且还因蛋白质互补提高了饮品的营养价值。

6 如何处理剩余豆浆

如果做的豆浆太多，喝不完，但又不忍心浪费，可以用剩余的豆浆代替水蒸煮米饭，既给米饭增加了优质蛋白质，又让全家人吃上了豆浆补充营养，而且口感也不错，黏度略有增加，简直是一举数得。

7 豆渣可以食用吗

豆浆能最大限度地保留原料中的水溶性有益成分，如大豆异黄酮、大豆皂甙、卵磷脂等。不过，因为豆浆要过滤豆渣，所以损失了较多膳食纤维。要想增加膳食纤维的摄入，最好吃豆渣。

如何识别好豆浆

◎优质豆浆的标准是什么？如何鉴别优质豆浆和劣质豆浆？以下将为大家介绍优质豆浆的四大关键指数：卫生指数、新鲜指数、浓度指数及煮熟度指数，以及如何鉴别优质豆浆和劣质豆浆。

1 优劣豆浆关键指数

卫生指数

A. 操作人员的身体是否健康？

B. 豆子、水和器具是否干净？

C. 场所环境卫生如何？有无蚊、蝇、鼠等传染源？

D. 制浆流程能否保障卫生？

浓度指数

A. 好豆浆应有股浓浓的豆香味，浓度高，略凉时表面有一层油皮，口感爽滑。

B. 劣质豆浆稀淡，有的使用添加剂和面粉来增强浓度，营养含量低，均质效果差，口感不好。

新鲜指数

A. 最好在做出2小时内喝完，尤其是夏季，否则容易变质。

B. 最好是现做现喝，对新鲜度没把握的豆浆最好不要随便喝。

煮熟指数

A. 生豆浆中含有皂毒素和抗胰蛋白酶等成分，不能被肠胃消化吸收，饮用后易发生恶心、呕吐、腹泻等症状，豆浆充分煮熟后这些物质会被分解。

B. 豆浆用大火煮沸后要改以文火熬煮5分钟左右，彻底煮熟煮透。

2 优劣豆浆鉴别法

看

即看外观。优质豆浆应为乳白略带黄色，做好后倒入碗中有黏稠感，略凉时表面有一层油皮，这样的豆浆浓度高、彻底熟透。反之，则为劣质豆浆。

闻

即闻气味。豆浆做好后，优质豆浆有一股浓浓的豆香味，而劣质豆浆则有一股令人不舒服的豆腥味；喝了易导致腹泻、呕吐。

察

即察现象。用豆浆机做豆浆时，第一次碎豆后白浆很快溶入水中，直达杯体底部，说明豆子粉碎效果好，出浆率高，做出的豆浆浓度高。反之则做出的豆浆效果不佳。

品

即品口味。若喝起来豆香浓郁、浓度高、口感爽滑，并略带一股淡淡的甜味，即为优质鲜豆浆。反之，若喝起来有煳味，口感不佳，有粗涩感，且其味淡若水，则为劣质豆浆。

喝豆浆应提防的误区

◎豆浆含有丰富的植物蛋白，营养价值高，是防治高血脂、高血压、动脉硬化等疾病的理想食品，日益受到人们的青睐。生活中很多人误以为喝了豆浆就能保健康。其实不然，下面介绍一些正确饮用豆浆的常识，告诉大家怎样喝豆浆才健康。

1 豆浆不能冲入鸡蛋

在豆浆中冲入鸡蛋是一种错误的做法，因为鸡蛋中蛋清会与豆浆里的胰蛋白结合产生不易被人体吸收的物质。

2 忌过量饮豆浆

一次不宜饮用过多豆浆，否则极易引起食物性蛋白质消化不良症。

3 做豆浆忌用干豆

大豆外层是一层不能被人体消化吸收的膳食纤维，它妨碍了大豆蛋白被人体吸收利用。做豆浆前先浸泡大豆，可使其外层软化，再经粉碎、过滤、充分加热后，可相对提高大豆营养的消化吸收率（可达90%以上，煮大豆仅为65%）。另外，因为豆皮上附有一层脏物，若不经浸泡很难彻底洗干净。用干豆做出的豆浆在浓度、营养吸收率、口感、香味等方面都比不上用泡豆做出的豆浆。因此，做豆浆前最好先泡豆，既可提高粉碎效果和出浆率，又卫生健康。用干豆直接做出的豆浆偶而还喝可以，经常喝可不好。

4 豆浆并非人人皆宜

由于豆浆是由大豆制成的，而大豆里面含嘌呤成分很高，且属于寒性食物，消化不良、嗳气和肾功能不好的人，最好少喝豆浆。另外，豆浆在酶的作用下能产气，所以腹胀、腹泻的人最好别喝豆浆。另外，急性胃炎和慢性浅表性胃炎者

不宜食用豆制品，以免刺激胃酸过多分泌加重病情，或者引起胃肠胀气。

5 不要空腹饮豆浆

很多人喜欢空腹喝豆浆，其实这是错误的做法。如果空腹喝豆浆，豆浆里的蛋白质大都会在人体内转化为热量而被消耗掉，不能充分起到补益作用。饮豆浆的同时吃些面包、糕点、馒头等淀粉类食品，可使豆浆中蛋白质等在淀粉的作用下，与胃液较充分地发生酶解，使营养物质充分被吸收。

6 不要用豆浆代替牛奶喂婴儿

豆浆与牛奶所含蛋白质质量相等，铁质是牛奶的5倍，而脂肪不及牛奶的30%，钙质只有牛奶的20%，磷质约为牛奶的25%，所以不宜用它直接代替牛奶喂养婴儿。

7 豆浆不能与药物同饮

豆浆一定不要与红霉素等抗生素一起服用，因为二者会发生拮抗化学反应，而且喝豆浆与服用抗生素的间隔时间最好在1个小时以上。

此外，长期食用豆浆的人不要忘记补充微量元素锌。因为豆类中含有抑制剂、皂角素和外源凝集素，这些都是对人体不好的物质，多增加微量元素锌有利于人体健康。

8 不要饮未煮熟的豆浆

生豆浆里含有皂素、胰蛋白酶抑制物等有害物质，未煮熟就饮用，会引起中毒。豆浆不但要煮开，而且在煮豆浆时还必须要敞开锅盖，这是因为只有敞开锅盖才可以让豆浆里的有害物质随着水蒸气挥发掉。

9 豆浆忌加入红糖

豆浆里不能加红糖，因为红糖里有机酸较多，能与豆浆里的蛋白质和钙质结合产生变性物及醋酸钙、乳酸钙块状物，不容易被人体吸收，而白糖就不会有这种现象。

10 忌用保温瓶贮存豆浆

豆浆最好是现打现喝，如果实在喝不完，可以装起来放冰箱里。有人喜欢用暖瓶装豆浆来保温，这种方法不足取，把豆浆装在保温瓶内，会使瓶里的细菌在温度适宜的条件下，将豆浆作为养料而大量繁殖，这样豆浆会酸坏变质。另外豆浆里的皂毒素还能够溶解暖瓶里的水垢，喝了会危害人体健康。

11 不宜用泡豆的水直接做豆浆

有的人为了图省事，将豆子清洗后放在豆浆机中浸泡，并直接用泡豆的水做豆浆。这种做法有失妥当。大家都知道，大豆浸泡一段时间后，水色会变黄，水面浮现很多水泡，这是因为大豆碱性大，经浸泡后发酵所致。尤其是夏天，更容易产生异味、变质、滋生细菌。用此水做出的豆浆不仅有碱味、豆浆不鲜美，而且也不卫生，人喝了以后有损健康，可能导致腹痛、腹泻、呕吐。因此，大豆浸泡后做豆浆前一定要先用清水清洗几遍，清除掉黄色碱水，之后再换上清水制作。这既是做出好口味豆浆的需要，也是卫生和健康的保证。切不可为图省事，用浸泡的水直接做豆浆，以免损害自己的健康。

一杯鲜豆浆， 天天保健康

◎豆浆具有神奇的保健功效，对各个年龄阶段的人群都适宜，对老年人有养生保健的功效，对女性有美肤养颜的作用，对青少年儿童有健脑益智的功效。正所谓"一杯鲜豆浆，天天保健康"。

1 优劣豆浆对老年人的保健功效

改善心脑血管

心脑血管疾病被称为人类健康的第一杀手。常饮鲜豆浆可维持正常的营养平衡，并且全面调节内分泌系统，分解多余脂肪，降低血压、血脂，减轻心血管负担，增加心脏活力，优化血液循环，保护心血管，所以科学家称豆浆为"心血管保健液"。

促进钙的吸收

骨质疏松是老年人的常见疾病。大豆制品对促进骨骼的健康具有潜在的作用，在骨骼中主要的矿物质是钙，许多营养物质都对骨骼健康有重要作用，其中钙是最容易缺乏的营养素之一。大豆所含的钙优于其他食品，大豆蛋白与大豆异黄酮能促进和改善钙的新陈代谢，从而建立新的骨细胞和防止钙的丢失。豆浆中钙的含量较多，多喝豆浆是有助于防止骨质疏松症、强壮骨骼的有效措施，特别是中老年朋友，在日常饮食中，每天增加一杯豆浆，能有效改善钙吸收，使身体更硬朗。

有助于控制血糖

糖尿病是一种比较常见的内分泌代谢疾病，主要是由于体内胰岛素的绝对或相对缺乏引起的糖代谢紊乱，主要的临床表现是多饮、多食、多尿、疲乏、消瘦、尿糖及血糖增高。豆浆等大豆制品是糖尿病患者极其宝贵的食物，因为糖尿病患者摄取大豆富含水溶性纤维的食物，有助于控制血糖。

增强老年人的抵抗力

老年人身体虚弱，抵抗力差，是心血管等疾病的高发群体。而其吸收功能又相对较弱，流体食品消化吸收容易，所以豆浆对于老年人的养生保健尤为重要。

豆浆可称得上地地道道的健康长寿食品。它不含胆固醇，而蛋白质的含量可以与牛奶媲美，并且是极易被人体吸收的优质植物蛋白，豆浆含有的丰富赖氨酸，更利于提高食物蛋白的营养价值。

每天饮用一杯豆浆，还能起到平补肝肾、防老抗癌、强化大脑、增强免疫力的作用。

2 豆浆对女性的保健功效

美肤养颜

女性的青春靓丽与否与雌激素的多少乃至消失密切相关，雌激素赋予了女性第二性征，使女性皮肤柔嫩、细腻；随着雌激素的减少，女性皮肤会渐渐失去以往的光泽和弹性，出现皱纹。女性要想保住青春，就得想法保住逐渐减少乃至消失的雌激素。豆浆含有一种牛奶所没有的植物雌激素"黄豆苷原"，该物质可调节女性内分泌系统的功能，每天喝上300～500毫升的鲜豆浆，可明显改善女性心态和身体素质，延缓皮肤衰老，使皮肤细白光洁，富有弹性，达到养颜美容的目的。

改善女性更年期综合征

在妇女绝经前后，容易出现潮热、夜汗、情绪波动大、疲劳、晕眩、焦虑、心悸失眠、骨质疏松等症状，这被称为更年期综合征，主要是由于雌激素和孕激素的减少造成的。针对更年期综合征，可以采用补充雌激素的"激素替代疗法"治疗。豆浆含有一种非常有益的植物雌激素——大豆异黄酮，可起到减轻妇女更年期综合征症状的作用，而没有副作用。对于妇女来说，长期饮用豆浆可补充女性日益减少的雌激素，还可减轻更年期综合征的痛苦。

3 豆浆对青少年的保健功效

健脑益智

豆浆富含蛋白质、维生素、钙、锌等物质，尤其是卵磷脂、维生素E含量高，可以改善大脑的供血供氧，提高大脑记忆和思维能力。卵磷脂中的胆碱在体内可生成一种重要的神经传导递质——乙酰胆碱，该物质与认知、记忆、运动、感觉等功能有关，即人脑中各种神经细胞之间必须依靠乙酰胆碱来传递信息。卵磷脂是构成脑神经组织和脑脊髓的主要成分，有很强的健脑作用，同时也是脑细胞和细胞膜所必需的原料，并能促进细胞的新生和发育。青少年常喝豆浆，可补充因学习紧张而严重消耗的脑细胞，显著增强记忆力，提高学习效率。

预防贫血病

黄豆中含有较多的维生素和矿物质，其中以胡萝卜素、维生素B_1、维生素B_2和钙、磷、铁、钠等的含量最为丰富。这些物质对于维持机体的正常重量机能和儿童的生长发育有重要作用。人体对豆浆中铁的消化吸收率较高，是贫血患者的极佳饮品。

〈原味豆浆〉

原味豆浆是豆浆中味道最浓香、口感最滑腻的。只用一种豆子制作的豆浆能在最大限度上展现每种豆特殊的口感和针对性的功效，给人最经典、最地道的纯正享受。

：青豆豆浆 〔长筋骨 悦颜面〕

材料
青豆（或嫩黄豆）
70克，白糖适量。

青豆　　　白糖

做法
1.青豆洗净。2.将青豆放入全自动豆浆机中，加水，启动豆浆机，将原料搅打煮熟成豆浆。3.将豆浆过滤，依个人口味加入白糖调匀。

特别提示 在食用青豆时应将其煮熟、煮透，若青豆半生不熟时食用，常会引起恶心、呕吐等症状。

养生宜忌
Ⓥ 女性常食此豆浆，可使皮肤细嫩、白皙。
Ⓧ 肝病、肾病、痛风者禁食青豆。

：豌豆豆浆 〔和中益气 利尿消肿〕

材料
豌豆75克。

豌豆

做法
1.豌豆加水泡至脱皮，去皮洗净。2.将豌豆放入全自动豆浆机中，加适量清水，启动豆浆机，将豌豆搅打成浆并煮熟。3.将豆浆过滤即可。

特别提示 豌豆略带清甜，可以不加糖，制成豆浆后应尽快饮用。

养生宜忌
Ⓥ 豌豆有润泽皮肤的作用，很适宜女性食用。
Ⓧ 豌豆多食易产气，故慢性胰腺炎患者忌食。

⦂ 红豆豆浆 〔养心润肺 利尿消肿〕

材 料

红豆65克，白糖适量。

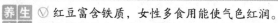

红豆　　　　白糖

做 法

1. 红豆加水浸泡7小时，捞出洗净。
2. 将泡软的红豆放入全自动豆浆机中，添适量清水搅打成豆浆，煮熟。
3. 过滤，加入适量白糖调匀即可。

特别提示 红豆色泽越深表明含铁量越多。红豆不宜同咸味较重的食物一同食用。

养生 宜忌
- ⓥ 红豆富含铁质，女性多食用能使气色红润。
- ⊗ 小便频数者人应少喝此豆浆。

功效详解

| 红豆 消肿排脓 通乳下胎 | + | 白糖 润肺生津 补中缓急 | = | 养心润肺 利尿消肿 |

①

②

③

⁘黄豆豆浆 〔降压 抗氧化 抗衰老〕

材料

黄豆75克，白糖适量。

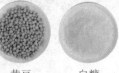
黄豆　　　白糖

做法

1.黄豆加水浸泡6~16小时，洗净备用。2.将泡好的黄豆装入豆浆机中，加适量清水，搅打成豆浆，煮熟。3.将煮好的豆浆过滤，加入白糖调匀即可。

特别提示 黄豆应充分浸泡，这样在保证细腻口感的同时可减少豆子对豆浆机的磨损。

养生
宜忌
⟡ 黄豆能降低血脂，高血脂者应多食用此豆浆。
⊗ 黄豆性偏寒，胃寒者和脾虚者不宜多食。

功效详解

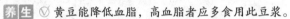

黄豆
促进肠胃
蠕动

+

白糖
有助提高
钙的吸收

=

降压
抗氧化
抗衰老

①

②

③

⦿黑豆豆浆 〔养心润肺 利尿消肿〕

材 料

黑豆70克，白糖适量。

做 法

1. 黑豆加水泡至发软，捞出洗净。
2. 将泡好的黑豆放入全自动豆浆机中，添适量清水搅打成豆浆，煮熟。3.将豆浆过滤好，加入适量白糖调匀即可。

特别提示 黑豆分绿心豆和黄心豆，中医认为，绿心黑豆比黄心黑豆的营养价值要高。

黑豆　　　　白糖

> **养生**
> **宜忌**
> ✓ 老年人食用黑豆豆浆，能补肾虚。
> ✗ 黑豆不易消化，肠胃功能不良者忌食。

功效详解

黑豆		白糖		活血解毒
祛风除湿 调中下气	+	养阴生津 润肺止咳	=	抗癌益寿

①

②

③

绿豆豆浆 〔润喉止咳 明目降压〕

材 料

绿豆80克，白糖适量。

做 法

1.黄豆加水浸泡6～16小时，洗净
备用。2.将泡好的黄豆装入豆浆机
中，加适量清水，搅打成豆浆，煮熟。3.将煮好的豆浆过
滤，加入白糖调匀即可。

绿豆　白糖

特别提示 绿豆忌与鲤鱼、榧子、狗肉同食。服补药时不
要吃绿豆，以免降低药效。

养生　▽ 暑热烦渴者食用绿豆豆浆可缓解症状。
宜忌　⊗ 绿豆性寒，脾胃虚弱、胃肠炎者忌食。

功效详解

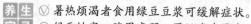

| 黄豆
促进肠
胃蠕动 | + | 白糖
有助提高
钙的吸收 | = | 降压
抗氧化
抗衰老 |

〈五谷豆浆〉

五谷豆浆不仅营养非常丰富，且易于消化吸收。其所含的钙，虽不及豆腐，但比其他任何乳类都高，非常适合于老人，成年人和青少年。

：小米红豆浆 〔健脾养胃 滋养容颜〕

材料
红豆50克，小米30克。

做法
1. 红豆、小米分别淘洗干净，浸泡至软。2. 将红豆、小米一同放入全自动豆浆机中，添水搅打成豆浆，并煮熟。3. 将煮熟的豆浆滤出，装杯即成。

特别提示 豆粒完整、颜色深红、大小均匀、紧实薄皮的红豆为佳品。

红豆　　小米

养生宜忌
- ✓ 红豆润肠通便，便秘者可多食用。
- ✗ 红豆忌与羊肉同食。

功效详解

小米 益肾和胃 除热健脾	+	红豆 润肠通便 消热健脾	=	健脾养胃 滋养容颜

豌豆小米豆浆

〔强肾气〕

 豌豆 小米

材料

豌豆40克，小米30克。

做法

1.豌豆加水泡至发软，捞出洗净；小米淘洗干净，用清水浸泡2小时。2.将泡好的豌豆和小米放入豆浆机中，添加适量清水搅打成豆浆，并煮熟。

特别提示 此豆浆有天然的清甜味，不用加糖，适宜各类人群食用。

养生宜忌

✓哺乳期女性多吃点豌豆可增加奶量。
✗消化不良、腹胀者忌食豌豆。

开胃五谷酸奶豆浆

〔消食健胃 促进吸收〕

 黄豆 小米 大米

材料

黄豆30克，大米、小米、小麦仁、玉米渣共30克，酸奶100毫升。

做法

1.黄豆加水泡至发软，洗净；大米、小米、小麦仁、玉米渣均洗净。2.将上述材料放入豆浆机中，添加水搅打成豆浆，并煮熟。3.过滤凉凉，加酸奶搅拌均匀即可。

特别提示 小米宜与大豆混合食用，这是因为大豆富含小米所缺乏的赖氨酸，可以补充小米的不足。

养生宜忌

✓便秘者食用酸奶可缓解症状。
✗腹泻者忌喝酸奶，否则会加重病情。

麦米豆浆

〔益智健脑〕

 黄豆　 小麦　 大米

材 料

黄豆50克，小麦、大米各20克。

做 法

1.黄豆洗净泡软；小麦、大米分别淘洗干净，用清水浸泡2小时。2.将上述材料放入全自动豆浆机中，加水至上下水位线之间。3.搅打成豆浆，烧沸后滤出豆浆，装杯即可。

特别提示 小麦用密封容器装好，置于阴凉、干燥、通风处可保存半年左右。

养生宜忌

Ⓥ 更年期妇女食用此豆浆可舒缓情绪。
Ⓧ 慢性肝病患者不适宜吃小麦。

五谷养生豆浆

〔增加记忆力〕

 黑豆　 青豆　 花生仁

材 料

黄豆、黑豆、青豆、干豌豆、花生仁、冰糖各适量。

做 法

1.黄豆、黑豆、豌豆分别泡发，洗净；花生仁洗净；青豆洗净。2.将所有原材料放入豆浆机中，添水搅打成豆浆。烧沸后滤出豆浆，加入冰糖拌匀即可。

特别提示 青豆可分为青皮青仁大豆和青皮黄仁大豆。前者蛋白质含量更高。

养生宜忌

Ⓥ 女性产后进食花生有补养效果。
Ⓧ 花生有止血作用，故血栓患者忌食。

⦂糯米豆浆

〔安神益心〕

 黄豆　 糯米　 白糖

材 料

黄豆40克，糯米30克，白糖适量。

做 法

1.黄豆加水泡软，洗净；糯米淘洗干净，浸泡2小时。2.将黄豆、糯米倒入豆浆机中，加水搅打成浆，并煮沸。3.滤出豆浆，加入白糖拌匀即可。

特别提示 糯米不宜消化，老人、儿童、病人等胃肠消化功能弱者不宜过多饮用此款豆浆。

养生宜忌

⊘糯米养胃，腹泻者食之可缓解症状。
⊗糯米不易消化，老人、小孩应忌食。

⦂荞麦豆浆

〔预防高血脂症〕

 黄豆　　 荞麦

材 料

黄豆50克，荞麦40克。

做 法

1.黄豆泡软，捞出洗净；荞麦淘洗干净，用清水浸泡2小时。2.将黄豆、荞麦放入豆浆机中，加水至上下水位线之间。3.搅打成豆浆，烧沸后滤出即可。

特别提示 黄豆应置于阴凉、干燥、通风处保存，并注意防鼠、防霉变。

养生宜忌

⊘儿童食用此豆浆，能增强免疫力。
⊗消化功能不佳者不宜食用此豆浆。

：荞麦大米豆浆

〔降血脂〕

 黄豆   大米   荞麦

材 料
黄豆50克，大米、荞麦各25克。

做 法
1. 黄豆泡软，捞出洗净；大米、荞麦淘洗干净，用清水浸2小时。2. 将泡洗好的原材料放入豆浆机中，加入适量水。3. 搅打成豆浆，煮沸后滤出即可。

特别提示 荞麦以颗粒完整、形状饱满、色泽褐色为佳。

养生宜忌
Ⓥ 此豆浆适宜肠胃积滞者食用。
Ⓧ 荞麦忌与海带同食。

：玉米豆浆

〔降低血糖〕

 黄豆   玉米粒

材 料
黄豆、玉米粒各50克。

做 法
1. 黄豆用清水浸泡4小时，捞出洗净；玉米粒洗净。2. 将泡好的黄豆、玉米粒放豆浆机中，添水搅打成豆浆，并煮沸。3. 滤出豆浆，即可饮用。

特别提示 玉米粒应放在密封容器中，置于通风、阴凉、干燥处保存。

养生宜忌
Ⓥ 此豆浆对心脑血管疾病患者有益。
Ⓧ 喝完此豆浆后不宜再喝可乐。

青麦豆浆

〔润燥滑肠〕

 黄豆　 青豆　　 燕麦

材料

黄豆、青豆各30克，燕麦20克。

做法

1.黄豆、青豆分别洗净，用清水泡软；燕麦洗净泡软备用。2.将上述材料放入豆浆机中，加适量水搅打成豆浆，烧沸后滤出即可。

特别提示 选购青豆时，颜色越绿，其所含的叶绿素越多，品质越好。

养生宜忌

✔女性食用此豆浆，能延缓衰老。
✘黄豆性偏寒，胃寒者应忌食。

燕麦豆浆

〔减肥瘦身〕

 黄豆　 燕麦

材料

黄豆50克，燕麦40克。

做法

1.黄豆洗净，用清水泡至发软；燕麦米淘洗干净。2.将黄豆、燕麦放入豆浆机中，加适量水搅打成豆浆，烧沸后滤出即可。

特别提示 燕麦一次不宜吃太多，否则会造成胃痉挛或是胀气。

养生宜忌

✔燕麦易有饱足感，很适合瘦身者食用。
✘孕妇忌食燕麦，否则对胎儿不利。

燕麦小米豆浆

〔抑制血糖上升〕

 黄豆
 燕麦
 小米

材料

黄豆、燕麦、小米各30克，白糖3克。

做法

1.黄豆、小米用清水泡软，捞出洗净；燕麦洗净。2.将上述材料放入豆浆机中，加适量水搅打成豆浆，并煮熟。3.滤出豆浆，加白糖拌匀。

特别提示 燕麦以浅土褐色、外观完整、散发清淡香味者为佳。

养生宜忌

〇失眠者食用此豆浆，能改善症状。

✕小米忌与杏子同食。

栗子燕麦豆浆

〔保肝护肾 祛寒健体〕

 黄豆
 栗子
 燕麦片

材料

黄豆50克，栗子25克，燕麦片15克，白糖适量。

做法

1.黄豆加水泡至发软，捞出洗净；栗子去壳，洗净切小块。2.将黄豆、栗子放入全自动豆浆机中，加水搅打成浆，煮沸。3.过滤后趁热冲入燕麦片，调入白糖即可。

特别提示 栗子的每次食用量为10个（50克），切不可过量食用。

养生宜忌

〇栗子对心脏病有较好的食疗功效。

✕消化不良者忌食栗子。

〈蔬果豆浆〉

很多人都知道豆浆营养丰富，但是光是喝豆浆总觉得有点儿单调。不妨在豆浆中加入不同的蔬菜、水果等材料，不但可以丰富口感，还可以满足不同的营养需求。

● 百合豆浆 〔清爽可口〕

材 料

百合30克，
黄豆80克，
白糖少许。

黄豆

百合

白糖

做 法

1.黄豆加水泡至发软，捞出洗净；百合洗净备用。

2.将上述材料放入豆浆机中，添水搅打成豆浆，煮沸后滤出豆浆，趁热加入白糖拌匀。

特别提示 此豆浆尤其适宜秋季食用。

养生宜忌

Ⓥ老年人用此豆浆，可养心润肺。
⊗百合性偏凉，风寒咳嗽者不宜食用。

功效详解

黄豆 促进生长发育	+	百合 增强体质	=	增强体质

⦂白萝卜冬瓜豆浆

〔香浓 口感较佳〕

 黄豆　 白萝卜　 冬瓜

材料

白萝卜、冬瓜各15克，黄豆100克，盐1克。

做法

1.将白萝卜、冬瓜洗净，均去皮切丁；黄豆用清水浸泡6小时，洗净沥干。2.将上述材料放入豆浆机中，添水搅打成豆浆，煮沸后滤出豆浆，加盐拌匀即可。

特别提示 白萝卜种类繁多，生吃或榨豆浆以汁多辣味少者为好。

养生宜忌

Ⓥ咳嗽痰多及身有余热者宜喝此豆浆。

Ⓧ白萝卜性凉，腹泻者最好慎食。

⦂雪梨豆浆

〔清爽 甘甜〕

 雪梨　 黄豆　 白糖

材料

雪梨1个，黄豆60克，白糖5克。

做法

1.雪梨洗净去皮去核，切成小碎丁；黄豆加水泡至发软，捞出洗净。2.将上述材料放入豆浆机中，添水搅打成豆浆，煮沸后滤出雪梨豆浆，趁热加入白糖拌匀即可饮用。

特别提示 雪梨，不论形色，总以心小肉细，嚼之无渣，而味纯甘者为佳。

养生宜忌

Ⓥ此豆浆适合经常使用嗓子的人食用。

Ⓧ雪梨不宜与芥菜同食。

：桂圆山药豆浆

〔美味可口〕

 黄豆　 桂圆　 山药

材料

桂圆20克，黄豆60克，山药、冰糖各10克。

做法

1.桂圆去壳，去核，洗净备用；黄豆加水泡至发软，捞出洗净；山药洗净切丁备用。

2.将上述材料放入豆浆机中，添水搅打成豆浆，烧沸后滤出豆浆，趁热加入冰糖拌匀。

特别提示 山药宜去皮食用，以免产生麻、刺等异常口感。

养生宜忌

Ⓥ 老年人食用桂圆，能防止血管硬化。

Ⓧ 桂圆属温热食物，上火、发炎者忌食。

：山药米豆浆

〔米香味浓〕

 黄豆　 山药　 大米

材料

山药30克，大米20克，黄豆60克，冰糖适量。

做法

1.山药去皮洗净，切小碎丁；黄豆浸泡10小时，捞出洗净；大米洗净泡软。2.将山药、大米、黄豆放入豆浆机中，加水搅打成山药米豆浆，烧沸后滤出豆浆，加入冰糖拌匀即可。

特别提示 山药去皮后放入盐水中浸泡可防氧化。

养生宜忌

Ⓥ 虚弱、疲劳者食用山药，可增强免疫力。

Ⓧ 山药有收涩作用，故大便燥结者忌食。

芦笋山药黄豆浆

〔清甜可口〕

 山药　 黄豆　 白糖

材料

芦笋20克，山药15克，黄豆、白糖各适量。

做法

1.黄豆加水泡至发软，捞出洗净；将芦笋洗净，焯水后切小丁；山药去皮洗净，切小碎丁。2.将上述材料放入豆浆机中，添水搅打成豆浆。滤出豆浆，加白糖拌匀即可。

特别提示 好的山药断层雪白黏液多。

养生宜忌

Ⓥ 此豆浆适用于虚劳咳嗽患者。

Ⓧ 芦笋不宜与香蕉同食。

荷叶豆浆

〔荷香味美〕

 黄豆　 荷叶　 白糖

材料

荷叶10克，黄豆60克，白糖5克。

做法

1.黄豆加水泡至发软，捞出洗净；荷叶洗净备用。2.将荷叶、黄豆放入豆浆机中，添水搅打成豆浆，煮沸后滤出豆浆，加入白糖调味即可。

特别提示 荷叶宜存于干燥通风处。

养生宜忌

Ⓥ 此豆浆适宜产后血晕的妇女食用。

Ⓧ 气血虚弱者慎食此豆浆。

芹枣豆浆

〔芹香味浓〕

 黄豆　 西芹　 红枣

材料

西芹15克，红枣4颗，黄豆60克，冰糖适量。

做法

1.西芹洗净，切碎；红枣去核洗净，切碎；黄豆浸泡10小时，洗净备用。2.将西芹、红枣、黄豆放入豆浆机中，添水搅打成豆浆，并煮沸。3.滤出豆浆，加入冰糖拌匀即可。

特别提示 可根据个人口味加入少许盐调味。

养生宜忌

⊘红枣能养血安神，很适宜贫血者食用。
⊗成年痰多者忌食红枣，以免助火生痰。

猕猴桃豆浆

〔口味独特　营养丰富〕

 黄豆　 猕猴桃　 冰糖

材　料

黄豆50克，猕猴桃1个，冰糖10克。

做　法

1.黄豆加水浸泡4小时泡至发软，捞出洗净；猕猴桃去皮，切成小丁备用。 2.将上述材料放豆浆机中，添水搅打成豆浆，煮沸。滤出猕猴桃豆浆，趁热加入冰糖拌匀。

特别提示 猕猴桃有解热、助消化的作用，食之能预防便秘和痔疮。

养生宜忌

⊘此豆浆清心安神，适宜情绪焦躁者食用。
⊗猕猴桃性寒，月经过多和尿频者忌食。

玉米苹果豆浆

〔香甜美味〕

 黄豆 苹果 玉米

材 料

玉米30克，苹果30克，黄豆60克，冰糖10克。

做 法

1.玉米洗净备用；苹果洗净，去皮，切碎丁；黄豆浸泡12小时，洗净。2.将玉米、黄豆放入豆浆机中，加水搅打成玉米豆浆，烧沸后滤出豆浆，加入冰糖拌匀即可。

特别提示 削皮苹果最好先放入凉水。

养生宜忌

Ⓥ此豆浆适宜气滞不通患者食用。
Ⓧ苹果不宜与海鲜同食。

黑豆雪梨大米豆浆

〔米香味浓〕

 黑豆 雪梨 大米

材 料

黑豆60克，雪梨1个，大米30克。

做 法

1.黑豆用清水浸泡6小时，捞出洗净；大米淘洗净泡软备用；雪梨洗净，去皮去核切小丁。2.将上述材料放入豆浆机中，添水搅打成豆浆，烧沸后滤出豆浆即可。

特别提示 大米最好用清水浸泡2小时。

养生宜忌

Ⓥ雪梨适合咽红肿痛者食用。
Ⓧ黑豆不宜与柿子同食。

⋮西芹芦笋豆浆

〔芹香味浓〕

 黄豆　 西芹　 白糖

材 料

西芹15克，芦笋20克，黄豆80克，白糖少许。

做 法

1.将西芹洗净，切小丁；芦笋洗净，焯水，切小碎丁；黄豆浸泡至软，洗净。

2.将上述材料放入豆浆机中，添水搅打成豆浆，煮沸后滤出豆浆加白糖拌匀。

特别提示 放置过久的西芹不宜制作此豆浆，否则影响口感。

养生宜忌

Ⓥ西芹有降压的作用，故低血压者忌食。
Ⓧ西芹含铁量高，女性食之可使面色红润。

⋮木瓜豆浆

〔爽口味美〕

 黄豆　 木瓜　 白糖

材 料

黄豆80克，木瓜1个，白糖少许。

做 法

1.黄豆加水泡至发软，捞出洗净；木瓜去皮去子，洗净后切成小碎丁备用。2.将黄豆、木瓜放入豆浆机中，添水搅打成木瓜豆浆，煮沸后滤出豆浆，趁热加入白糖拌匀即可。

特别提示 要选择果皮完整、颜色亮丽、无损伤的木瓜。

养生宜忌

Ⓥ爱美者食用此豆浆，能美容养颜。
Ⓧ木瓜含有番木瓜碱，过敏体质者忌食。

芦笋绿豆浆

〔较清爽〕

 绿豆

材　料

芦笋100克，绿豆50克。

做　法

1.芦笋洗净，用沸水焯水，沥干切成小丁；绿豆加水泡至发软，洗净。2.将芦笋、绿豆放入豆浆机中，添水搅打成豆浆，煮沸后滤出豆浆即可。

特别提示 要选择肉质洁白、质地细嫩的新鲜芦笋。

养生宜忌

Ⓥ 此豆浆对心脑血管有益。
Ⓧ 痛风病人不宜多食芦笋。

菠萝豆浆

〔菠萝清香，味甜〕

 黄豆　 菠萝　 白糖

材　料

菠萝50克，黄豆40克，白糖6克。

做　法

1.黄豆加水浸泡3小时，洗净沥干备用；菠萝去皮，切成小碎丁备用。2.将上述材料放入豆浆机中，添水搅打成豆浆，烧沸后滤出菠萝豆浆，趁热加入白糖拌匀即可。

特别提示 菠萝肉最好用淡盐水浸渍。

养生宜忌

Ⓥ 身热烦渴者适合食用此豆浆。
Ⓧ 对菠萝过敏者慎食此豆浆。

土豆豆浆

〔土豆味较浓〕

 黄豆

材料

土豆50克，黄豆100克。

做法

1.将土豆洗净，去皮，切成小碎丁；黄豆加水泡至发软，捞出洗净。2.将土豆和黄豆放入豆浆机中，加水搅打成豆浆，煮沸后滤出豆浆即可。

特别提示 应选表皮光滑、个体大小一致、没有发芽的土豆。

养生宜忌

Ⓥ肥胖者食用土豆可达到瘦身的效果。

Ⓧ土豆含有生物碱，故孕妇忌食。

青葱燕麦豆浆

〔葱香味较浓〕

 黄豆　 青葱　 燕麦

材料

青葱10克，燕麦20克，黄豆100克，白糖10克。

做法

1.将青葱洗净，切碎；黄豆浸泡12小时，洗净备用；燕麦洗净。2.将青葱、燕麦、黄豆放入豆浆机中，添水搅打成豆浆，煮沸后滤出豆浆，加入白糖拌匀即可。

特别提示 燕麦一次不宜吃太多，否则会造成胃痉挛或是胀气。

养生宜忌

Ⓥ胃口不开者食用青葱可促进食欲。

Ⓧ有腋臭者忌食此豆浆，否则会加重病情。

⋮西瓜豆浆

〔清凉解渴〕

 黄豆　 西瓜　 冰糖

材料

西瓜60克，黄豆50克，冰糖适量。

做法

1.西瓜去皮，去子后将瓜瓤切碎丁；黄豆加水泡至发软，捞出洗净。2.将上述材料放入豆浆机中，添水搅打成豆浆，烧沸后滤出豆浆，趁热加入冰糖拌匀即可。

特别提示 成熟的西瓜，用手敲起来会发出比较沉闷的声音。

养生宜忌

Ⓥ此豆浆对热病烦渴者有好处。
Ⓧ西瓜忌与山竹同食。

⋮雪梨猕猴桃豆浆

〔清香爽口〕

 黄豆　 雪梨　猕猴桃

材料

雪梨、猕猴桃各1个，黄豆、白糖各适量。

做法

1.雪梨洗净，去皮去核，切小碎丁；猕猴桃去皮，切丁；黄豆加水泡至发软，捞出洗净。2.将雪梨、猕猴桃和黄豆放入豆浆机中，添水搅打成豆浆，烧沸后滤出豆浆，趁热加入白糖拌匀即可。

特别提示 猕猴桃需挑头尖的。

养生宜忌

Ⓥ此豆浆对心情烦闷者有缓解作用。
Ⓧ腹泻者不宜食用此豆浆。

香橙豆浆

〔橙香美味〕

 黄豆　 橙子　 白糖

材　料

橙子1个，黄豆50克，白糖10克。

做　法

1.橙子去皮去子后切碎；黄豆加水浸泡3小时，捞出洗净。2.将上述材料放入豆浆机中，添水搅打成香橙豆浆，煮沸后滤出豆浆，趁热加入白糖拌匀即可。

特别提示 食用橙子后不要立即饮用牛奶，不然容易导致腹泻、腹痛。

养生宜忌

◎女性吃橙子可增加皮肤弹性，减少皱纹。
⊗空腹时不宜食用此豆浆，否则会刺激胃。

山药青黄豆浆

〔清甜味美〕

 山药　 青豆　 黄豆

材　料

山药25克，青豆40克，黄豆50克，冰糖10克。

做　法

1.山药去皮洗净，切碎；黄豆浸泡12小时，洗净；青豆洗净备用。2.将山药、青豆和黄豆放入豆浆机中，添水搅打成豆浆，烧沸后滤出豆浆，加冰糖拌匀即可。

特别提示 青豆的颜色越绿，其所含的叶绿素越多，品质越好。

养生宜忌

◎脑力劳动者食用青豆，可缓解脑疲劳。
⊗肾病、痛风等患者忌饮此豆浆。

苹果水蜜桃豆浆

〔酸甜可口〕

 黄豆　 苹果　 水蜜桃

材料

苹果1个，水蜜桃1个，黄豆60克，白糖少许。

做法

1.苹果、水蜜桃均去皮去核，洗净后切小丁；黄豆泡发至软，捞出洗净。2.将苹果、水蜜桃、黄豆放入豆浆机中，加水搅打成豆浆，烧沸后滤出豆浆，趁热加入白糖拌匀即可。

特别提示 水蜜桃如冷冻则不需清洗。

养生宜忌

◎此豆浆对肝热血瘀者有益。

⊗糖尿病患者不宜食用此豆浆。

香桃豆浆

〔香浓美味〕

 黄豆　 桃子 　 白糖

材料

黄豆50克，桃子40克，白糖少许。

做法

1.黄豆加水浸泡3小时，捞出洗净；桃子洗净去皮去核备用。2.将上述材料放入豆浆机中，添水搅打成豆浆，煮沸后滤出香桃豆浆，趁热加入白糖拌匀即可。

特别提示 要选择颜色均匀、形状完好、表皮光滑的桃子。

养生宜忌

◎此豆浆对女性闭经有一定食疗功效。

⊗桃子忌与猪肝同食。

：苹果豆浆

〔清甜可口〕

 黄豆　 苹果　 白糖

材料

苹果1个，黄豆60克，白糖5克。

做法

1.将黄豆加水泡至发软，捞出洗净；苹果洗净，去皮去核，切碎丁。2.将上述材料放入豆浆机中，添水搅打成豆浆，并煮熟。滤出豆浆，趁热加入白糖拌匀即可。

特别提示 选购苹果时，以色泽红艳、果皮外有一层薄霜的为好。

养生宜忌

Ⓥ婴幼儿和老年人食用苹果可促进消化。
Ⓧ脾胃虚寒者禁饮此豆浆，否则伤脾胃。

：百合红豆豆浆

〔消热解毒〕

 红豆　 百合

材料

百合10克，红豆80克。

做法

1.百合洗净备用；红豆浸泡6小时，捞出洗净。2.将上述材料放入豆浆机中，添水搅打成豆浆，最后滤出豆浆即可。

特别提示 要选择新鲜、没有变色的百合。

养生宜忌

Ⓥ秋季食用此豆浆，能清心、润肺。
Ⓧ百合性偏凉，风寒咳嗽、脾虚者忌食。

⦂哈密瓜豆浆

〔甘甜美味〕

 黄豆　 哈密瓜　 白糖

材　料

哈密瓜50克，黄豆50克，白糖少许。

做　法

1.黄豆加水泡至发软，捞出洗净；哈密瓜去皮去子，洗净备用。2.将上述材料放入豆浆机中，添水搅打成豆浆，并煮熟。3.滤出哈密瓜豆浆，趁热加入白糖拌匀即可。

特别提示　搬动哈密瓜时应轻拿轻放，不要碰伤瓜皮。

养生宜忌

Ⓥ此豆浆对便秘、咳嗽患者有益。

⊗糖尿病患者及胃寒之人忌食哈密瓜。

⦂葡萄豆浆

〔酸甜可口〕

 黄豆　 葡萄　 白糖

材　料

黄豆50克，葡萄40克，白糖5克。

做　法

1.黄豆加水泡至发软，捞出洗净；葡萄洗净，去皮去子备用。2.将上述材料放入豆浆机中，添水搅打成豆浆，并煮熟。3.滤出葡萄豆浆，最后加入白糖拌匀即可饮用。

特别提示　洗葡萄时将葡萄一颗颗剪下，放入清水中浸泡，然后洗净。

养生宜忌

Ⓥ此豆浆对精神疲劳之人有益。

⊗葡萄忌与白萝卜同食。

百合荸荠梨豆浆

〔清凉爽口〕

 黄豆　 荸荠　 雪梨

材料

百合10克，荸荠20克，雪梨、黄豆各适量。

做法

1.百合洗净，沥干；荸荠去皮洗净，切碎丁；雪梨洗净去皮去核，切碎丁；黄豆浸泡12小时，洗净。2.将所有原材料放入豆浆机中，加水搅打成豆浆，烧沸后滤出豆浆即可。

特别提示 荸荠是水生蔬菜，极易受到污染，应彻底清洗干净再制作。

养生宜忌

⊘ 儿童食用荸荠，有助于牙齿的发育。
⊗ 荸荠属生冷食物，脾肾虚寒者忌食。

山楂豆浆

〔酸甜〕

 山楂　 黄豆　 白糖

材料

山楂60克，黄豆50克，白糖10克。

做法

1.黄豆加水浸泡5小时，洗净沥干；山楂洗净，去皮去核，切成小碎丁。2.将黄豆和山楂放入豆浆机中，加水搅打成豆浆，煮沸后滤出山楂豆浆，趁热加入白糖拌匀即可。

特别提示 山楂以个大、片大、皮红、肉厚、核少者为佳。

养生宜忌

⊘ 山楂能强心，对老年性心脏病很有益。
⊗ 山楂可刺激子宫收缩，故孕妇不宜食用。

：杂果豆浆

〔果香味浓〕

 黄豆 木瓜 苹果

材 料

木瓜、橙子、苹果、黄豆、白糖各适量。

做 法

1.木瓜、橙子、苹果均去皮去子，洗净切小丁；黄豆加水浸泡6小时，捞出洗净。

2.将所有原材料放入豆浆机中，加水搅打成杂果豆浆，煮沸后滤出豆浆，加白糖拌匀即可。

特别提示 水果可根据个人口味搭配。

养生宜忌

Ⓥ此豆浆对慢性萎缩性胃炎患者有益。

Ⓧ孕妇及过敏体质者慎食木瓜。

：火龙果豆浆

〔浓香 口感较佳〕

 黄豆 火龙果 白糖

材 料

黄豆100克，火龙果1个，白糖5克。

做 法

1.黄豆加水浸泡5小时，捞出洗净；火龙果切开，挖出果肉捣碎。2.将黄豆、火龙果果肉放入豆浆机中，添水搅打成火龙果豆浆，煮沸后滤出豆浆，加入白糖拌匀即可饮用。

特别提示 火龙果是热带水果，最好现买现吃。

养生宜忌

Ⓥ此豆浆对咳嗽、气喘有一定疗效。

Ⓧ糖尿病患者应尽量少吃火龙果。

玉米葡萄豆浆

〔酸甜美味〕

 黄豆　 玉米　 白糖

材料

玉米粒30克，葡萄20克，黄豆100克，白糖少许。

做法

1.玉米粒洗净备用；葡萄洗净，去皮去核；黄豆浸泡10小时，洗净。2.将玉米粒、葡萄、黄豆放入豆浆机中，添水搅打成玉米葡萄豆浆，烧沸后滤出豆浆加白糖搅匀即可。

特别提示 因玉米的许多营养都集中在胚尖处，故不要丢弃玉米粒的胚尖。

养生宜忌

Ⓥ 玉米中含有谷氨酸，儿童食之能健脑。
Ⓧ 此豆浆含糖量较高，故糖尿病患者忌饮。

冰镇香蕉草莓豆浆

〔消热解毒〕

 黄豆　 草莓　 香蕉

材料

香蕉1个，草莓5颗，黄豆100克，白糖5克。

做法

1.香蕉去皮，切小块；草莓洗净，切丁；黄豆浸泡10小时，捞出洗净。2.将香蕉、草莓和黄豆放入豆浆机中，添水搅打成豆浆，煮沸后滤出豆浆，加入白糖拌匀，放入冰箱中冰镇半小时即可。

特别提示 没有黑斑的香蕉口感更好。

养生宜忌

Ⓥ 香蕉清热解毒，尤其适宜便秘者食用。
Ⓧ 脾虚者忌饮此豆浆，以免引起胃不适合。

蜜柚黄豆浆

〔酸甜可口〕

 黄豆　 柚子　 白糖

材 料

黄豆50克，柚子60克，白糖少许。

做 法

1.黄豆加水泡至发软，捞出洗净；柚子去皮去子，将果肉切碎丁备用。2.将上述材料放入豆浆机中，加水搅打成豆浆，煮沸后滤出蜜柚黄豆浆，加入白糖拌匀。

特别提示 味道太苦的柚子不宜食用，更不适合用来做饮料。

养生宜忌

♡ 此豆浆对慢性支气管炎患者有益。
⊗ 脾虚泄泻者不宜食用此豆浆。

椰汁豆浆

〔香甜〕

 黄豆

材 料

黄豆80克，椰汁适量。

做 法

1.黄豆加水泡发6小时，捞出，洗净备用。2.将黄豆、椰汁放入豆浆机中，添水搅打成椰汁豆浆，煮沸后滤出豆浆即可。

特别提示 椰汁越快食用越好。

养生宜忌

♡ 此豆浆对浮肿、尿少者有益。
⊗ 体内热盛者不宜食用此豆浆。

⦿ 芋艿豆浆　〔芋香味浓〕

材　料　芋艿2个，黄豆100克。

 黄豆　 芋艿

做　法　1.黄豆加水泡至发软，捞出洗净；芋艿去皮，洗净切碎丁备用。2.将芋艿、黄豆放入豆浆机中，添水搅打成豆浆，煮沸后滤出豆浆即可。

特别提示　制作芋艿豆浆时最好选用小芋艿。

养生宜忌

Ⓥ芋艿营养丰富，体弱者食之能健体强身。
Ⓧ芋头性甘辛、平，有小毒，故肠胃湿热者忌食。

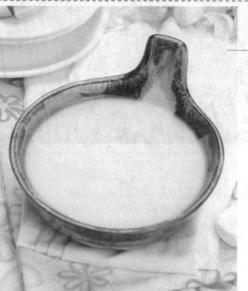

⦿ 黄瓜雪梨豆浆〔清凉爽口〕

材　料　黄瓜10克，雪梨1个，黄豆100克。

 黄豆　　 黄瓜　 雪梨

做　法　1.黄豆加水泡至发软，捞出洗净；黄瓜洗净，去皮后切成小丁；雪梨洗净，去皮去核切丁。2.将上述材料放入豆浆机中，添水搅打成豆浆，煮沸后将豆浆滤出即可。

特别提示　黄瓜切丁后可先焯水再放入豆浆机。

养生宜忌

Ⓥ肺热咳嗽者饮用此豆浆，能有效改善症状。
Ⓧ雪梨含糖量高，故糖尿病患者忌饮用此豆浆。

⦿ 金橘红豆浆　〔酸甜可口〕

材　料　红豆50克，金橘1个，冰糖10克。

 红豆　　 金橘　 冰糖

做　法　1.红豆加水浸泡4小时后捞出，洗净沥干；金橘去皮、去子撕碎。2.将红豆、金橘放入豆浆机中，加适量水搅打成豆浆，煮沸后滤出豆浆，加入冰糖拌匀即可。

特别提示　以果皮脆甜、肉嫩汁多味浓的金橘为佳。

养生宜忌

Ⓥ金橘能增强机体抗寒能力，儿童食之可防感冒。
Ⓧ金橘性温，口舌生疮、便秘者不宜食用。

：胡萝卜黑豆豆浆

〔清甜味浓〕

 黑豆　 胡萝卜

材　料

胡萝卜15克，黑豆50克。

做　法

1.黑豆浸泡4小时，捞出后洗净，备用；胡萝卜洗净，切丁。2.将黑豆、胡萝卜放入豆浆机中，添适量水搅打成豆浆，烧沸后再将豆浆过滤即可。

特别提示 胡萝卜切丁后可先入沸水锅中焯水再倒入豆浆机中。

养生宜忌

♡此豆浆对皮肤粗糙者十分有益。

⊗胡萝卜忌与油菜同食。

：虾皮紫菜豆浆

〔清淡爽口　营养丰富〕

 黄豆　 虾皮　 紫菜

材　料

黄豆100克，虾皮、紫菜各20克，盐少许。

做　法

1.黄豆加水浸泡4小时，洗净；虾皮、紫菜洗净，沥干。2.将上述材料放入豆浆机中，添水搅打成豆浆。滤出豆浆，加少许盐拌匀。

特别提示 紫菜可根据个人口味来决定用量多少。

养生宜忌

♡此豆浆对甲亢患者有益。

⊗紫菜忌与柿子饼同食。

〈花草豆浆〉

花草豆浆，集花草与豆浆于一体，豆浆引花香，花草添美味，相得益彰。花草豆浆不仅有豆浆丰富的营养，而且花草也具有良好的药理作用，对人体健康大有裨益。

菊花枸杞豆浆〔花香浓郁〕

材料
黄豆70克，
菊花15克，
枸杞少许。

黄豆　　菊花　　枸杞

做法
1.黄豆洗净，用清水浸泡3小时；菊花洗净浮尘；枸杞泡发洗净。2.将上述材料放入豆浆机中，加水搅打成豆浆，并煮沸。3.滤出豆浆，即可饮用。

特别提示 最好选用杭白菊，喝起来风味更佳。

养生宜忌
♡ 枸杞有明目的作用，用眼过度、老人很适宜食用。
✕ 枸杞不适宜外感实热、脾虚泄泻者食用。

清凉薄荷豆浆〔清凉芳香〕

材料
黄豆70克，薄荷叶10克。

黄豆　　薄荷叶

做法
1.黄豆用清水泡至发软，捞出洗净；薄荷叶洗净，撕碎。2.将黄豆、薄荷叶放入豆浆机中，加水至上下水位线之间，搅打成豆浆，烧沸后滤出豆浆即可。

养生宜忌
♡ 头痛目赤、咽喉肿痛者食用此豆浆，可缓解病情。
✕ 产妇不宜食用薄荷，否则易引起"退奶"。

玫瑰薏米豆浆

〔花香馥郁〕

 黄豆　 薏米　 玫瑰花蕾

材 料

黄豆60克，薏米30克，干玫瑰花蕾5朵。

做 法

1.黄豆泡软洗净；薏米淘洗干净，浸泡2小时；干玫瑰花蕾洗净。2.将上述材料放入豆浆机中，加适量水搅打成豆浆，烧沸后滤出豆浆。

特别提示 可按照个人口味加入少许蜂蜜，味道更好。

养生宜忌

⊘此豆浆对月经不调的女性有好处。

⊗汗少、便秘者不宜食用此豆浆。

绿茶百合豆浆

〔甘甜可口〕

 黄豆　 百合　 绿茶

材 料

黄豆60克，鲜百合10克，绿茶茶叶5克。

做 法

1.黄豆洗净，用清水泡软；鲜百合洗净待用；用绿茶泡水，取汁待用。2.将上述材料放入豆浆机中，加适量水搅打成豆浆，并煮沸。滤出豆浆，即可饮用。

特别提示 百合为药食兼优的滋补佳品，四季皆可食用，但更宜于秋季食用。

养生宜忌

⊘此豆浆对冠心病患者有益。

⊗喝此豆浆后短时间内不宜服用药物。

美颜杂花豆浆

〔沁人心脾〕

 黄豆　　 金银花　　 桂花

材 料
黄豆50克，金银花、菊花、玫瑰花、茉莉花、桂花各少许。

做 法
1.黄豆用清水泡软，捞出洗净；各种花均洗净浮尘。2.将上述材料放入豆浆机中，添水搅打成豆浆，并煮沸。3.滤出豆浆，即可饮用。

特别提示 加入少许藕粉，美味又开胃。

养生宜忌
♥咽干口燥者食用此豆浆，可改善症状。
✗此豆浆性寒凉，脾胃虚寒者忌食。

金银花豆浆

〔清热解毒、生津止渴〕

 黄豆　　 金银花　　 冰糖

材 料
黄豆60克，金银花15克，冰糖少许。

做 法
1.黄豆用清水浸泡至发软，捞出洗净；金银花洗净浮尘。2.将黄豆、金银花放入豆浆机中，加适量水搅打成豆浆，并煮沸。3.滤出豆浆，趁热加入冰糖拌匀即可。

特别提示 优质的金银花气清香、花蕾呈棒状，且表面呈黄、白、青色。

养生宜忌
♥此豆浆抗炎解毒，适宜扁桃体炎者食用。
✗冰糖含糖量高，糖尿病患者忌食。

⋮菊花绿豆浆

〔清新怡人〕

 绿豆

 杭白菊

材 料
绿豆65克，杭白菊10朵。

做 法
1.绿豆洗净，用清水泡软；杭白菊洗净浮尘。2.将绿豆、杭白菊放入豆浆机中，加水搅打成豆浆，并煮沸。3.滤出豆浆，即可饮用。

特别提示 此豆浆加入少许金银花，其清热作用会更好。

养生宜忌
◇此豆浆对风热感冒患者有益。
⊗感受风寒后不宜食用此豆浆。

⋮怡情绿茶豆浆

〔甘鲜醇和〕

 黄豆

 绿茶

材 料
黄豆65克，绿茶茶叶5克。

做 法
1.黄豆洗净，用清水浸泡3小时至发软；绿茶茶叶洗净浮尘。2.将黄豆、绿茶茶叶放入豆浆机中，加水至上下水位线之间，搅打成豆浆，烧沸后滤出豆浆即可。

特别提示 此豆浆中可视情况适量加些小米或西瓜。

养生宜忌
◇此豆浆有一定的醒酒作用。
⊗女性经期最好不要多喝绿茶。

57

绿茶豆浆

〔清香味甘〕

 绿豆  甘菊 绿茶

材 料

绿豆70克，绿茶茶叶5克，甘菊5朵。

做 法

1.绿豆洗净泡软；绿茶茶叶、甘菊洗净浮尘。2.将上述材料放入豆浆机中，加适量水搅打成豆浆，并煮沸。滤出豆浆，装杯即可。

特别提示 绿豆具有解毒清心的作用，夏季多喝可以消暑止渴。

养生宜忌

○ 高血脂者食用此豆浆，可降低血脂。
⊗ 绿豆性寒凉，故女性月经期间应忌食。

茉莉花豆浆

〔甜美甘洌〕

 黄豆 茉莉花   蜂蜜

材 料

黄豆70克，茉莉花20克，蜂蜜5克。

做 法

1.黄豆用清水泡软，捞出洗净；茉莉花洗净备用。2.将黄豆、茉莉花放入豆浆机中，添水搅打成豆浆，并煮沸。3.滤出豆浆，晾凉，加入蜂蜜拌匀即可。

特别提示 夏秋季节蜜蜂处于活跃阶段，故蜂蜜中含有教较多微生物，应忌食。

养生宜忌

○ 女性饮用此豆浆，具有抗衰老的作用。
⊗ 茉莉花辛香偏温，内热、便秘者忌食。

⋮茉莉绿茶豆浆

〔清香甘醇〕

 黄豆　 茉莉花　 绿茶

材 料
黄豆60克，茉莉花、绿茶各5克。

做 法
1.黄豆泡软洗净；用茉莉花、绿茶泡成茉莉绿茶，取汁待用。2.将黄豆放入豆浆机中，倒入茉莉绿茶，搅打成豆浆，烧沸后滤出即可。

特别提示 泡茶时可用少许热水醒茶，再加冷水冲。

养生宜忌
◎此豆浆对体内有虚火者有益。
⊗绿茶不宜与枸杞同食。

⋮清心菊花豆浆

〔甘甜润喉〕

 黄豆　 菊花

材 料
黄豆70克，菊花5朵。

做 法
1.黄豆洗净，用清水泡至发软；菊花洗净浮尘。2.将黄豆、菊花放入豆浆机中，加适量水搅打成豆浆，并煮沸。3.滤出豆浆，装杯即可饮用。

特别提示 选用无污染的黄山贡菊，口感更高。

养生宜忌
◎此豆浆对目赤肿痛者有益。
⊗痰湿型高血压患者不宜食用此豆浆。

香草豆浆

〔预防肠癌 胃癌〕

黄豆

材料

黄豆70克，香草15克，玫瑰花瓣少许。

做法

1.黄豆用清水浸泡3～5小时，捞出洗净；香草、玫瑰花瓣分别洗净备用。2.将黄豆、香草放入豆浆机中，加适量清水。3.搅打成豆浆，烧沸后滤出，最后撒上玫瑰花瓣即可。

特别提示 黄豆以色泽嫩绿、柔软、颗粒饱满、未浸水者为佳。

养生宜忌

ⓥ黄豆能抗癌，故癌症患者可多食。
ⓧ黄豆多食易发生腹胀，故消化不者忌食。

清口龙井豆浆

〔消食去腻、开胃养胃〕

黄豆

龙井茶

材料

黄豆70克，龙井茶5克。

做法

1.黄豆预先用水泡软，捞出洗净；龙井茶用开水泡好备用。2.将黄豆放入全自动豆浆机中，添水搅打成豆浆，并煮沸。3.将煮熟的黄豆浆过滤，加入龙井茶汤调匀即可。

特别提示 此豆浆有助于增强老人记忆力，是延年益寿的佳品。

养生宜忌

ⓥ儿童食用此豆浆，能提高牙齿抗龋能力。
ⓧ发烧病人忌饮此豆浆，以免加重病情。

绿豆百合菊花豆浆

〔清热活血〕

 绿豆  百合 菊花

材料

绿豆40克，百合30克，菊花、冰糖各10克。

做法

1.绿豆洗净，泡软；百合泡发，洗净，分瓣；菊花洗净浮尘，泡成菊花茶。2.将绿豆、百合放入豆浆机中，添水搅打成豆浆，烧沸后滤出豆浆，加入冰糖、菊花茶即可。

特别提示 此豆浆可适量加些决明子。

养生宜忌

⊘此豆浆对头眼昏花者有益。
⊗菊花性寒，阳虚体质不宜长期食用。

香草黑豆米浆

〔利湿去火〕

  黑豆 大米

材料

黑豆70克，大米20克，迷迭香、薰衣草各5克。

做法

1.将黑豆泡软，洗净；大米洗净，浸泡；迷迭香、薰衣草洗净。2.将所有原材料放入豆浆机中，添水搅打成豆浆。烧沸后滤出豆浆即可。

特别提示 黑豆不宜生吃，尤其是肠胃不好的人。

养生宜忌

⊘此豆浆对自感腰膝酸痛者有益。
⊗小儿不宜多吃黑豆。

玫瑰花油菜黑豆浆

〔舒肝解郁　活血化瘀〕

 黄豆　 黑豆　 油菜

材料

黄豆50克，黑豆、油菜各20克，玫瑰花5克。

做法

1.黄豆、黑豆浸泡10～12小时，洗净；玫瑰花洗净浮尘，泡开，切碎；油菜择洗干净，切碎。2.将上述材料放入豆浆机中，添水搅打成豆浆，烧沸后滤出豆浆即可。

特别提示 黑豆煮熟食用利肠，炒熟食用闭气，生食易造成肠道阻塞。

养生宜忌

Ⓥ老年人饮用此豆浆，能补肾虚。
Ⓧ黑豆不易消化，肠胃功能差者忌食。

菊花雪梨黄豆浆

〔维持机体的健康〕

 黄豆　 菊花　 雪梨

材料

黄豆50克，菊花10克，雪梨20克。

做法

1.黄豆泡软，洗净；菊花浸泡；雪梨洗净，去皮去核切块。2.将所有原材料放入豆浆机中，添水搅打成豆浆，烧沸后滤出豆浆即可。

特别提示 梨性寒，不宜多食，否则会引发腹泻。

养生宜忌

Ⓥ咽喉干疼者饮用此豆浆，可缓解症状。
Ⓧ雪梨含糖量高，糖尿病患者忌食。

荷桂茶豆浆

〔润肠排毒〕

 黄豆　 荷叶　 桂花

材　料

黄豆60克，荷叶、绿茶、桂花各5克，冰糖少许。

做　法

1.黄豆泡软洗净；荷叶、绿茶、桂花入沸水煮成荷桂茶，取汁待用。2.将黄豆放入豆浆机中，加入荷桂茶，搅打成豆浆。3.烧沸后滤出豆浆，加入冰糖拌匀。

特别提示 新鲜绿茶色泽鲜绿、有光泽，闻之有浓浓的茶香。

养生宜忌

Ⓥ 此豆浆对咳嗽痰多者有益。

Ⓧ 孕妇不宜食用此豆浆。

黄绿豆茶豆浆

〔消除辐射的影响〕

 黄豆　 绿豆　 绿茶

材　料

黄豆、绿豆各25克，绿茶5克，冰糖15克。

做　法

1.黄豆泡软，洗净；绿豆洗净，浸泡；绿茶用沸水泡成茶水。2.将黄豆、绿豆放入豆浆机中，添水搅打成豆浆，烧沸后滤出豆浆，加入冰糖、绿茶调匀即可。

特别提示 新鲜的绿豆应是鲜绿色的，老的绿豆颜色会发黄。

养生宜忌

Ⓥ 此豆浆对高脂血症患者有益。

Ⓧ 慢性肠炎患者忌多食绿豆。

〈保健豆浆〉

豆浆营养丰富，是许多人补充营养、养生保健的理想选择。春季饮豆浆，滋阴润燥；夏季饮豆浆，消热防暑；秋季饮豆浆，养阴防燥；冬季饮豆浆，滋养进补。

增强免疫力

● 糙米花生浆 〔强身壮骨〕

材 料

糙米70克，熟花生仁20克，白糖适量。

糙米 　 花生仁 　 白糖

做 法

1. 糙米洗净，浸泡；熟花生仁搓掉外皮。2. 将糙米、熟花生仁放入豆浆机中，添水搅打成豆浆，烧沸后滤出豆浆，加入白糖拌匀即可。

特别提示 糙米也叫玄米，是经过去壳加工后仍保留些许外层组织的稻米。

养生宜忌

▽ 常饮糙米豆浆，能改善青春痘等不良皮肤症状。
✗ 消化不良者应忌食糙米，以免加重胃的负担。

● 薏米百合豆浆 〔补虚 增强免疫力〕

材 料

黄豆70克，薏米、干百合各20克，白糖适量。

黄豆 　 百合 　 白糖

做 法

1. 黄豆泡发洗净；薏米、干百合分别洗净，浸泡。
2. 将黄豆、薏米、百合放入豆浆机中，添水搅打成豆浆，烧沸后滤出豆浆，加入白糖拌匀即可。

养生宜忌

▽ 薏米是极佳的美容食材，很适宜女性食用。
✗ 薏米性凉，故怀孕妇女及正值经期的女性忌食。

温补杏仁豆浆

〔养心润肺、抗衰老〕

 黄豆 杏仁

材 料

黄豆50克，杏仁50克。

做 法

1. 黄豆泡软，洗净；杏仁去皮，洗净。
2. 将所有原材料放入豆浆机中，添水搅打成豆浆，煮沸后滤出豆浆即可。

特别提示 杏仁储藏于干爽环境中，其保质期可长达两年。

养生宜忌

ⓥ 此豆浆对便秘患者有益。
ⓧ 阴虚咳嗽及便溏者忌食此豆浆。

高钙豆浆

〔增强身体免疫力〕

 黑豆 大米 木耳

材 料

黑豆、大米各50克，黑木耳25克。

做 法

1. 干黑豆泡软，洗净；大米洗净泡软；干黑木耳泡发洗净，撕成小朵。2. 将所有原材料放入豆浆机中，添水搅打成豆浆，烧沸后滤出豆浆即可。

特别提示 优质的黑木耳乌黑光滑、背面呈灰白色、片大均匀、木耳瓣舒展、体轻干燥、半透明、胀性好、无杂质。

养生宜忌

ⓥ 此豆浆对缺铁性贫血患者有益。
ⓧ 有出血倾向的人不宜食用木耳。

风味杏仁豆浆

〔强身壮骨〕

 黄豆　 杏仁

材 料

黄豆50克，杏仁20克。

做 法

1.黄豆泡软，洗净；杏仁去皮洗净。 2.将所有原材料放入豆浆机中，添水搅打成豆浆，烧沸后滤出豆浆即可。

特别提示 因为杏仁含有小毒，故一次性不可大量食用，以免影响身体健康。

养生宜忌

◯杏仁止咳平喘，很适宜老年咳喘者食用。
⊗婴儿不宜食用杏仁豆浆。

补虚饴糖豆浆

〔补虚　增强免疫力〕

 黄豆　 饴糖

材 料

黄豆100克，饴糖50克。

做 法

1.黄豆泡软，洗净。 2.将黄豆放入豆浆机中，添水搅打成豆浆，煮沸后滤出豆浆，加入饴糖拌匀即可。

特别提示 在食用黄豆时应将其煮熟、煮透，若黄豆半生不熟时食用，常会引起恶心、呕吐等症状。

养生宜忌

◯肺热咳嗽饮用此豆浆可润肺止咳。
⊗呕吐者不忌食饴糖，以免加重病情。

五色滋补豆浆

〔强健筋骨〕

 黄豆　 绿豆　 红豆

材料

黄豆35克，绿豆、黑豆、薏米、红豆各20克。

做法

1.黄豆、绿豆、黑豆、红豆泡软，洗净；薏米洗净，浸泡。2.将所有原材料放入豆浆机中，添水搅打成豆浆，烧沸后滤出豆浆即可。

特别提示 色泽暗淡无光、干瘪的红豆不宜选用。

养生宜忌

♡红豆不宜与牛肚同食。
⊗素体虚寒者不宜食用此豆浆。

八宝豆浆

〔强健筋骨〕

 黄豆　 红豆　 花生

材料

黄豆50克，红豆40克，核桃仁1个，芝麻5克，莲子3粒，花生、薏米、百合、冰糖各适量。

做法

1.黄豆、红豆、莲子、薏米、百合、花生仁泡软，洗净；核桃仁洗净。2.将所有原材料放入豆浆机中，添水搅打成豆浆，煮沸后滤出，加入冰糖拌匀即可。

特别提示 水肿患者、哺乳期妇女适合食用此豆浆。

养生宜忌

♡此豆浆尤适合哺乳期妇女食用。
⊗花生不宜与黄瓜同食。

清爽开胃豆浆

〔健脾宽中〕

 黄豆　 白糖

材　料

黄豆65克，白糖少许，油条1根。

做　法

1.干黄豆洗净，用清水浸泡4小时，捞出待用；油条撕成小段。2.将黄豆放入全自动豆浆机中，加水搅打成豆浆。3.烧沸后滤出豆浆，加入白糖拌匀，即可搭配油条食用。

特别提示 常出现遗精的肾亏者不宜多食。

养生宜忌

Ⓥ黄豆补虚开胃，是虚弱者首选补益食品。
Ⓧ黄豆性偏寒，胃寒者和脾虚者不宜多食。

高粱红枣豆浆

〔和胃健脾〕

 黄豆　 红枣　 蜂蜜

材　料

黄豆45克，高粱、红枣各15克，蜂蜜适量。

做　法

1.黄豆、高粱分别泡发洗净，用清水浸泡至发软；红枣洗净去核，切碎。2.将上述材料放入豆浆机中，添水搅打成豆浆，并煮熟。3.过滤装杯，待温热时加入蜂蜜调匀即可。

特别提示 高粱红枣豆浆适宜儿童食用。高粱忌与瓠子同食。

养生宜忌

Ⓥ高粱豆浆对成人脾胃气虚极有补益。
Ⓧ此豆浆含糖量高，糖尿病者忌饮用。

助消化高粱豆浆

〔温中 益肠胃〕

 黄豆　 高粱米　 白糖

材料
黄豆50克，高粱米30克，白糖适量。

做法
1.黄豆预先加水泡软，洗净；高粱米预先浸泡3小时。2.将上述材料放入全自动豆浆机中，加水搅打煮熟成豆浆。3.将高粱豆浆过滤，加入适量白糖调匀即可。

特别提示 此豆浆可适量添加糙米。

养生宜忌
√ 脾胃虚弱之人尤适合食用此豆浆。
✗ 大便燥结者应少食高粱米。

薄荷大米二豆浆

〔提神醒脑 清补脾胃〕

 黄豆　 大米　 绿豆

材料
黄豆40克，绿豆30克，大米10克，薄荷叶、冰糖各适量。

做法
1.黄豆、绿豆加水泡至发软，捞出洗净；大米淘洗干净，加水泡3小时；薄荷叶洗净。2.将上述材料放入豆浆机中，添水搅打成豆浆，并煮熟。滤出豆浆，加入冰糖调匀即可。

特别提示 新鲜薄荷叶忌久煮。干薄荷叶可先加开水泡成薄荷茶后再加入豆浆。

养生宜忌
√ 此豆浆对牙龈肿痛者有益。
✗ 绿豆不宜与海鱼同食。

红绿二豆浆

〔健脾养胃、安心养神〕

 红豆　 绿豆

材料
红豆、绿豆各40克。

做法
1.将红豆、绿豆加水泡至发软，捞出洗净。2.将泡好的红豆、绿豆放入全自动豆浆机中，添水搅打成豆浆，并煮熟。3.将煮熟的红绿二豆浆过滤，装杯即可。

特别提示 绿豆能清热消暑，红豆能润肠通便，二者宜与谷类食品一同食用。

养生宜忌
Ⓥ红豆含叶酸，故怀孕女性很适合食用。
Ⓧ绿豆性寒凉，女性月经期间忌食。

百合莲子二豆饮

〔清热滋阴、健脾胃〕

  绿豆　 红豆　 莲子

材料
红豆、绿豆各30克，百合、莲子各适量。

做法
1.红豆、绿豆加水泡至发软，捞出洗净；莲子泡软，去心洗净；百合洗净，分成小片。2.将上述材料一起放入全自动豆浆机中，添水搅打成豆浆，煮沸后即可。

特别提示 因莲心有苦味，故制作豆浆时要将莲心去除。

养生宜忌
Ⓥ脑力劳动者常饮莲子豆浆，可以健脑。
Ⓧ莲子是滋补之品，脘腹胀闷者忌用。

山楂糙米浆

〔健胃消食，补血润肺〕

 糙米 山楂 冰糖

材料

糙米60克，山楂20克，冰糖适量。

做法

1.糙米洗净，加水浸泡2小时；鲜山楂洗净去核，切成小块。2.将糙米、山楂放入豆浆机中，添水搅打成豆浆，并煮沸。3.将煮熟的豆浆稍冷却，加入冰糖拌匀即可。

特别提示 儿童在吃山楂后要及时漱口，以防伤害牙齿。

养生宜忌

Ⓥ 此豆浆对高血脂症患者有益。
Ⓧ 孕妇不宜食用山楂，以免诱发流产。

黄金米豆浆

〔提高免疫力〕

 黄豆

材料

黄金米、黄豆各50克。

做法

1.黄豆泡软，洗净；黄金米洗净，泡软。
2.将所有原材料放入豆浆机中，添水搅打成豆浆，煮沸后滤出豆浆即可。

特别提示 黄金米只需微微淘洗一次即可，以免营养物质流失。

养生宜忌

Ⓥ 此豆浆对免疫力较弱的人有益。
Ⓧ 患有严重肾病患者忌食此豆浆。

乌发黑芝麻豆浆

〔改善发质〕

黄豆 黑芝麻 白糖

材 料

黄豆100克，黑芝麻、白糖适量。

做 法

1.黄豆浸泡至发软，捞出洗净；黑芝麻淘洗净，碾碎。2.将黄豆、黑芝麻、白糖放入豆浆机中，添水搅打成豆浆，烧沸后滤出，加入白糖调匀即可。

特别提示 黄豆的泡发时间以10～12小时为宜。

养生宜忌

♡黑芝麻是补钙佳品，很适宜儿童食用。
⊗腹泻者不宜饮用此豆浆，否则不利健康。

芝麻花生黑豆浆

〔改善脱发 须发早白〕

黑豆 黑芝麻 花生仁

材 料

黑豆70克，黑芝麻、花生仁各10克，白糖15克。

做 法

1.黑豆泡软，洗净；花生仁洗净；黑芝麻冲洗干净，沥干水分，碾碎。2.将所有原材料放入豆浆机中，添水搅打成豆浆，烧沸后滤出豆浆，加入白糖拌匀即可。

特别提示 花生仁不宜去红衣，红衣能补血、养血、止血。

养生宜忌

♡老年人食用此豆浆，能降压降脂。
⊗黑豆不易消化，消化功能差的人忌食用。

红枣米润豆浆

〔润肤滑肌〕

 黄豆　 大米　 红枣

材料

黄豆、大米各40克，红枣2颗，白糖少许。

做 法

1.黄豆用水泡至发软，捞出；大米淘洗干净；红枣去核洗净，切块。2.将上述材料放入全自动豆浆机中，加适量清水搅打成豆浆。3.烧沸后滤出豆浆，加入白糖拌匀。

特别提示 应选用外观完整、坚实、饱满、无虫蛀、无霉点、没有异物夹杂的大米。

养生宜忌
✔此豆浆特别适合脾胃气虚之人食用。
✘脘腹胀满者忌食红枣。

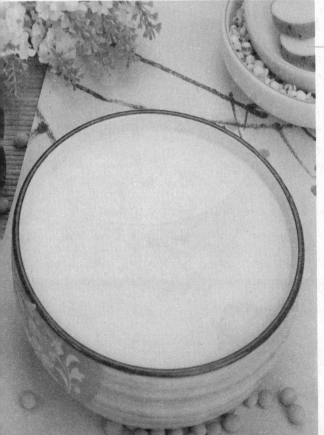

山药薏米豆浆

〔健脾胃　祛湿〕

 黄豆　 薏米　 山药

材料

黄豆55克，薏米25克，山药30克。

做 法

1.黄豆泡软，洗净；薏米洗净，浸泡2个小时；山药去皮，洗净，切碎，泡在清水里。2.将黄豆、薏米、山药放入豆浆机中，添水搅打成豆浆，烧沸后滤出豆浆即可。

特别提示 如果想加糖调味，糖的用量不宜多，因为糖吃多了对祛湿不利。

养生宜忌
✔病后体虚者尤其适合食用此豆浆。
✘有实邪者慎食此豆浆。

养颜燕麦核桃豆浆

〔养颜润肤〕

 黄豆　 核桃仁　 燕麦

材　料

黄豆65克，核桃仁、燕麦各20克，冰糖少许。

做　法

1.黄豆预先用清水浸泡至软，捞出洗净；核桃仁、燕麦洗净。2.将泡好的黄豆、核桃仁、燕麦放入豆浆机中，添水搅打成豆浆，并煮沸。3.滤出豆浆，加入冰糖拌匀即可。

特别提示 燕麦以浅土褐色、外观完整、散发清淡香味者为佳。

养生宜忌

ⓥ食用核桃仁能补气养血，女性应多食用。
ⓧ核桃仁油腻滑肠，腹泻者忌食。

红枣养颜豆浆

〔补血养虚　润肤焕颜〕

  黄豆　 红枣　 白糖

材　料

黄豆70克，去核红枣2颗，白糖少许。

做　法

1.黄豆洗净，用清水浸泡4小时，捞出待用；红枣洗净。2.将泡好的黄豆、红枣放入豆浆机中，加适量清水搅打成豆浆，并煮沸。3.滤出豆浆，加入白糖拌匀即可。

特别提示 红枣的表皮坚硬，不易消化，制作前可先去除红枣皮。

养生宜忌

ⓥ红枣为补养佳品，女性常食可养颜。
ⓧ大便秘结者应忌食红枣，以免助火生痰。

：芝麻蜂蜜豆浆

〔健康营养头发〕

 黄豆　 黑芝麻　 蜂蜜

材 料
黄豆65克，黑芝麻、蜂蜜各20克。

做 法
1.黄豆泡软，洗净；黑芝麻冲洗干净，沥干水分，碾碎。2.将黄豆、黑芝麻、蜂蜜放入豆浆机中，添水搅打成豆浆，烧沸后滤出，待温热时调入蜂蜜即可。

特别提示 夏秋季节不宜食生蜂蜜。

养生宜忌
🗸 蜂蜜配黑芝麻可润肠通便。
⊗ 慢性肠炎患者不宜食用此豆浆。

：蜂蜜核桃豆浆

〔滋养乌黑头发〕

 黄豆　 核桃仁　 蜂蜜

材 料
黄豆60克，核桃仁40克，蜂蜜10克。

做 法
1.黄豆泡软，洗净；核桃仁碾碎。2.将黄豆、核桃仁、蜂蜜放入豆浆机中，添水搅打成豆浆，烧沸后滤出，待温热时调入蜂蜜即可。

特别提示 不宜撕去核桃仁表面那层褐色的薄皮，会损失一部分营养。

养生宜忌
🗸 核桃仁配蜂蜜可益精血、乌须发。
⊗ 阴虚火旺者忌食核桃仁。

健脑益智

﹕黑红绿豆浆

〔提神健脑 增强免疫力〕

黑豆 绿豆 红豆

材料

黑豆、绿豆、红豆各30克，白糖适量。

做法

1.黑豆、绿豆、红豆分别泡软，捞出洗净。2.将所有原材料放入豆浆机中，添水搅打成豆浆，烧沸后滤出豆浆，调入适量白糖即可。

特别提示 此豆浆做好后尽量在4小时内喝完，否则很容易变质。

养生宜忌

Ⓥ红豆含铁质，女性多食用能使气色红润。
Ⓧ绿豆性寒，脾胃虚弱者应忌食。

﹕杏仁榛子豆浆

〔抵抗疲劳〕

黄豆 杏仁 榛子仁

材料

黄豆60克，杏仁、榛子仁各15克。

做法

1.黄豆泡发洗净；杏仁、榛子仁碾碎。

2.将黄豆、杏仁、榛子仁放入豆浆机中，添加水搅打成豆浆，待烧沸后滤出豆浆即可。

特别提示 因杏仁含有小毒，故一次性不可食用过多，以免影响身体健康。

养生宜忌

Ⓥ电脑办公人群多吃榛子对视力有益。
Ⓧ榛子含丰富的油脂，胆功能不良者忌食。

:杏仁豆浆

〔抵抗疲劳〕

 黄豆　 杏仁　 白糖

材料

黄豆100克，杏仁30克，白糖适量。

做法

1.黄豆泡软，洗净；杏仁略泡，洗净。

2.将黄豆、杏仁放入豆浆机中，添水搅打成豆浆，烧沸后滤出豆浆，加入白糖拌匀即可。

特别提示 杏仁分为甜杏仁和苦杏仁，这里要用甜杏仁。

养生宜忌

Ⓥ此豆浆对便秘、高脂血症患者有益。

Ⓧ杏仁不宜与黄芪相配。

:核桃豆浆

〔滋养脑细胞〕

 黄豆　 核桃仁　 白糖

材料

黄豆100克，核桃仁30克，白糖适量。

做法

1.黄豆泡软，洗净；核桃仁洗净。2.将黄豆、核桃仁放入豆浆机中，添水搅打成豆浆，烧沸后滤出豆浆，加入白糖拌匀即可。

特别提示 核桃吃多了容易上火，每天吃两三个即可。

养生宜忌

Ⓥ脑力劳动者尤适合食用此豆浆。

Ⓧ核桃不宜与野鸡肉同食。

黑芝麻花生豆浆

〔使精力旺盛〕

黄豆 花生仁 黑芝麻

材 料

黄豆50克，花生仁25克，黑芝麻5克，冰糖适量。

做 法

1.黄豆泡软，洗净；黑芝麻略冲洗，晾干水后碾碎；花生仁洗净。2.将黄豆、黑芝麻、花生仁放入豆浆机中，添水搅打成豆浆，烧沸后滤出豆浆，加入冰糖拌匀即可。

特别提示 花生仁不要剥去红衣，此红衣可以补血。

养生宜忌

◎儿童、老年人饮用此豆浆，可补充脑力。
✕花生有止血作用，故有血栓的人忌食用。

红枣绿豆豆浆

〔补气提神〕

黄豆 绿豆 红枣

材 料

黄豆、绿豆、红枣各50克。

做 法

1.黄豆、绿豆泡软，洗净；红枣洗净，去核切碎。2.将黄豆、绿豆、红枣放入豆浆机中，添加一些水搅打成豆浆，待烧沸后滤出豆浆即可。

特别提示 服补药时不要吃绿豆，以免降低药效。

养生宜忌

◎失眠者饮此豆浆有助于改善睡眠质量。
✕绿豆性凉，脾胃虚寒者忌饮用此豆浆。

干果豆浆

〔提神健脑　明目养肝〕

黄豆　开心果　牛奶

材料

黄豆40克，榛子仁20克，松子仁、开心果各15克，牛奶20克。

做法

1.黄豆泡软，洗净；榛子仁、开心果均去壳碾碎；松子仁碾碎。2.将所有原材料放入豆浆机中，添水搅打成豆浆，烧沸后滤出豆浆，加入牛奶调匀即可。

特别提示 这道干果豆浆油脂的含量较高，要特别注意。

养生宜忌

Ⓥ睡眠不好的人适合食用此豆浆。
Ⓧ牛奶不宜与韭菜同食。

牛奶开心果豆浆

〔延缓衰老〕

黄豆　开心果　牛奶

材料

黄豆40克，开心果15克，牛奶适量。

做法

1.黄豆泡发，洗净；开心果碾碎。2.将所有原材料放入豆浆机中，添水搅打成豆浆，烧沸后滤出豆浆，加入牛奶调匀即可。

特别提示 新鲜的牛奶呈乳白色或稍带微黄色，无凝结，无沉淀。

养生宜忌

Ⓥ正在长身体的人可适量食用此豆浆。
Ⓧ开心果热量高，血脂高的人慎食。

小麦核桃红枣豆浆

〔 增强免疫力　延缓衰老 〕

 核桃　 红枣　 小麦仁

材料

黄豆50克，小麦仁20克，核桃2个，红枣4枚。

做法

1.黄豆、小麦仁洗净，泡软；核桃去皮，碾碎；红枣洗净，去核，切碎。2.将所有原材料放入豆浆机中，添水搅打成豆浆，烧沸后滤出豆浆即可。

特别提示 核桃一次吃太多不易消化。

养生宜忌

♡老年人畅饮此豆浆，能健体、抗衰老。
⊗核桃仁油腻滑肠，腹泻者忌食。

花粉木瓜薏米绿豆浆

〔 抗电磁辐射 〕

 绿豆　 木瓜　 薏米

材料

绿豆40克，木瓜50克，薏米、油菜花粉各20克。

做法

1.绿豆、薏米洗净，泡软；木瓜去皮，除子，洗净，切丁。2.将所有原材料放入豆浆机中，添水搅打成豆浆，烧沸后滤出豆浆，待豆浆温热时加入油菜花粉调匀即可。

特别提示 油菜花粉不宜在豆浆滚烫时加入，不然高温会破坏花粉的营养。

养生宜忌

♡此豆浆具有通乳的作用，产妇宜饮用。
⊗怀孕女性忌食薏米，否则对胎儿不利。

山楂红豆浆

〔排毒瘦身〕

黄豆　红豆　山楂

材料

黄豆45克，红豆、山楂各20克。

做法

1.黄豆、红豆洗净，泡软；山楂去核，洗净，切碎。2.将所有原材料放入豆浆机中，添水搅打成豆浆，烧沸后滤出豆浆即可。

特别提示 不要把山楂当成健脾之品经常食用，它只消不补，久食伤胃气。

养生宜忌

Ⓥ此豆浆对高脂血症患者有益。
Ⓧ山楂忌与虾仁同食。

排毒瘦身

绿豆红薯豆浆

〔排除体内废气〕

黄豆　绿豆　红薯

材料

黄豆45克，绿豆20克，红薯30克。

做法

1.黄豆、绿豆洗净，泡软；红薯去皮，洗净，切碎。2.将所有原材料放入豆浆机中，添水搅打成豆浆，烧沸后滤出即可。

特别提示 红薯须保持干燥，不宜放在塑料袋中。

养生宜忌

Ⓥ此豆浆适合免疫力较弱之人食用。
Ⓧ红薯不宜与鸡蛋同食。

燕麦糙米豆浆

〔有助于肠道排毒〕

 黄豆 燕麦片   糙米

材 料

黄豆45克，燕麦片20克，糙米15克。

做 法

1.黄豆、糙米均洗净，泡软。2.将黄豆、糙米放入豆浆机中，添水搅打成豆浆，烧沸后滤出豆浆，冲入燕麦片即可。

特别提示 糙米一定要浸泡，浸泡后的糙米不但更容易打碎，也更易于营养的吸收。

养生宜忌

Ⓥ 食用燕麦易有饱足感，瘦身者最宜食用。

⊗ 燕麦片易造成奶水减少，故产妇忌饮。

海带豆浆

〔排出体内毒素〕

 黄豆 海带 白糖

材 料

黄豆45克，水发海带30克，白糖适量。

做 法

1.黄豆泡发洗净；海带洗净，切碎。2.将黄豆、海带放入豆浆机中，添水搅打成豆浆，烧沸后滤出豆浆，加入适量白糖调味即可。

特别提示 这款豆浆不宜与茶水一同饮用，会影响海带中铁的吸收。

养生宜忌

Ⓥ 男性长期食用海带，有温补肾气的作用。

⊗ 海带有催生作用，故孕妇不宜食用。

⦂解毒胡萝卜豆浆

〔清除体内积聚的毒素〕

黄豆 胡萝卜 白糖

材料
黄豆50克，胡萝卜30克，白糖适量。

做法
1.黄豆泡软，洗净；胡萝卜去皮洗净，切碎。2.将胡萝卜、黄豆放入豆浆机中，添水搅打成豆浆，烧沸后滤出豆浆，加入白糖拌匀即可。

特别提示 为更好吸收胡萝卜中的营养，喝此豆浆时最好吃些油脂类食物。

养生宜忌
Ⓥ 此豆浆对皮肤粗糙者有益。
Ⓧ 胡萝卜忌与山楂同食。

⦂香蕉草莓豆浆

〔排出肠胃毒素〕

黄豆 草莓 白糖

材料
黄豆100克，草莓6颗，香蕉1/4根，白糖适量。

做法
1.黄豆泡软，洗净；草莓去蒂，洗净切块；香蕉去皮切块。2.将黄豆、草莓、香蕉放入豆浆机中，添水搅打成豆浆，烧沸后滤出豆浆，加入白糖调味即可。

特别提示 此豆浆寒凉，不宜多饮。

养生宜忌
Ⓥ 此豆浆对神经衰弱及贫血患者有益。
Ⓧ 尿路结石者不宜食用草莓。

草莓豆浆

〔祛湿 防癌〕

 黄豆　 草莓　 冰糖

材料

黄豆100克，草莓30克，冰糖适量。

做法

1.黄豆泡发洗净；草莓去蒂洗净，切块。

2.将黄豆、草莓放入豆浆机中，添水搅打成豆浆，烧沸后滤出豆浆，加入冰糖拌匀即可。

特别提示 草莓含有较多草酸钙，尿路结石病人不宜吃得过多。

养生宜忌

✓咽喉肿痛者饮此豆浆，可缓解症状。

✗冰糖含糖量高，糖尿病患者忌食。

红薯山药麦豆浆

〔预防癌症〕

 黄豆　 山药　 红薯

材料

黄豆50克，山药30克，红薯、小麦各20克。

做法

1.黄豆泡发洗净；山药、红薯去皮洗净，切小块，泡清水里；小麦洗净，浸泡1小时。2.将所有原材料放入豆浆机中，添水搅打成豆浆，烧沸后滤出豆浆即可。

特别提示 红薯含有"气化酶"，故一次不要吃得过多，以免引起胃不适。

养生宜忌

✓便秘者食用此豆浆能缓解症状。

✗腹泻者忌饮此豆浆，以免加重病情。

● 果仁豆浆 〔强身抗癌〕

材 料 黄豆100克，腰果、榛子各30克，冰糖适量。

 黄豆   腰果 冰糖

做 法 1.黄豆泡发洗净；腰果、榛子洗净，浸泡半小时。2.将黄豆、腰果、榛子放入豆浆机中，添水搅打成豆浆，烧沸后滤出豆浆，加入冰糖拌匀即可。

特别提示 腰果可以选用熟的。

养生宜忌

Ⓥ 此豆浆对心脑血管疾病患者有益。

Ⓧ 腰果不宜与白酒同食。

● 糙米豆浆 〔抑制癌细胞增长〕

材 料 糙米、黄豆各50克，冰糖适量。

 黄豆 糙米 冰糖

做 法 1.黄豆、糙米分别泡发，洗净。2.将糙米、黄豆放入豆浆机中，添水搅打成豆浆，烧沸后滤出豆浆，加入冰糖拌匀即可。

特别提示 糙米一次不能吃得太多。

养生宜忌

Ⓥ 此豆浆对肠胃功能障碍者有益。

Ⓧ 糙米忌与羊肉同食。

● 绿豆海带无花果豆浆 〔消除辐射〕

材 料 绿豆50克，海带20克，无花果20克，冰糖适量。

 绿豆 海带 冰糖

做 法 1.绿豆洗净，泡软；海带洗净，切碎；无花果洗净。2.将所有材料放入豆浆机中，添水搅打成豆浆。烧沸后滤出豆浆，加冰糖拌匀即可。

特别提示 服药前后1小时内不要饮用此豆浆。

养生宜忌

Ⓥ 此豆浆尤适宜骨质疏松者食用。

Ⓧ 海带不宜与猪血同食。

〈食疗豆浆〉

除了传统的黄豆浆外，豆浆还有很多品种，五谷、红枣、枸杞、百合等都可以成为豆浆的配料，可起到不同的食疗作用。

● 黑豆青豆薏米豆浆 〔预防心血管疾病〕

材 料
黑豆50克，青豆、薏米各25克。

黑豆　　青豆　　薏米

做 法
1.黑豆、青豆、薏米用清水泡软，捞出洗净。
2.将上述材料放入豆浆机中，加水至上下水位线之间。3.搅打成豆浆，煮沸后滤出即可。

特别提示 黑豆用有盖容器密封保存，置于阴凉、干燥、通风处可保存很长时间。

养生宜忌
⊘ 黑豆含粗纤维高，很适宜肥胖者食用。
⊗ 薏米性凉，经期女性应忌饮此豆浆。

功效详解

| 黑豆 软化血管 | + | 青豆 降低血液胆固醇 | = | 预防心血管疾病 |

降压降糖

86

荷叶小米黑豆豆浆

〔解肥腻　降血压〕

荷叶　小米　黑豆

材料

黄豆、黑豆、小米各30克，干荷叶1片。

做法

1.黄豆、黑豆用清水浸泡3小时；小米洗净；干荷叶洗净，撕碎。2.将上述材料放入豆浆机中，添水搅打成豆浆，并煮沸。3.滤出豆浆，装杯即可。

特别提示 小米易遭虫害，在装米的容器中放入1袋新花椒可防虫蛀。

养生宜忌

Ⓥ此豆浆尤适合产妇产后食用。
Ⓧ小米不宜与醋同食。

黄豆桑叶黑米豆浆

〔预防高血糖〕

黄豆　桑叶　黑米

材料

黄豆、黑米各40克，干桑叶6克。

做法

1.黄豆、黑米用清水浸泡至软，捞出洗净；干桑叶洗净。2.将上述材料放入豆浆机中，加水至上下水位线之间。3.搅打成豆浆，烧沸后滤出即可。

特别提示 黑米以颜色黑亮、颗粒饱满，表面似有膜包裹者为佳。

养生宜忌

Ⓥ此豆浆对肺热咳喘者有益。
Ⓧ桑叶不宜多食，否则对身体不利。

薏米荞麦红豆浆

〔降低血液胆固醇〕

 红豆　 薏米　 荞麦

材料

红豆50克，荞麦、薏米各25克。

做法

1.红豆、薏米用清水浸泡3小时，捞出洗净；荞麦淘洗干净。2.将上述材料放入豆浆机中，加水搅打成豆浆，并煮沸。3.滤出豆浆，即可饮用。

特别提示 颗粒完整、形状饱满、色泽为褐色、散发清淡气息的荞麦为上品。

养生宜忌

♡消化不良者食用此豆浆能改善症状。
⊗红豆利尿消肿，故尿频者忌饮此豆浆。

荞麦枸杞豆浆

〔降低血液胆固醇〕

 黄豆　 荞麦　 枸杞

材料

黄豆50克，荞麦30克，枸杞10克。

做法

1.黄豆、枸杞用清水泡软，捞出洗净；荞麦淘洗干净。2.将黄豆、荞麦放入豆浆机中，加水搅打成豆浆，并煮沸。3.滤出豆浆，撒上枸杞点缀即可。

特别提示 脾胃虚寒、消化功能不佳、经常腹泻的人不宜食用。

养生宜忌

♡黄豆富含铁，尤其适宜贫血者食用。
⊗腹泻者不宜饮此豆浆,反之会迁延更久。

高粱小米豆浆

〔预防糖尿病〕

 黄豆　 小米　 高粱

材　料
黄豆50克，高粱、小米各25克。

做　法
1.黄豆用清水浸泡至发软，捞出洗净；高粱、小米淘洗干净。2.将上述材料放入豆浆机中，加水至上下水位线之间。3.搅打成豆浆，烧沸后滤出即可。

特别提示 高粱有红、白之分，红高粱多用于酿酒。

养生宜忌
♡ 胃寒多湿者可适量食用高粱。
⊗ 小米忌与猪心同食。

黑豆玉米须燕麦豆浆

〔促进胰岛素分泌〕

 黑豆　 燕麦　 玉米须

材　料
黑豆60克，燕麦30克，玉米须少许。

做　法
1.黑豆、燕麦泡软，捞出洗净；玉米须洗净，剪碎。2.将上述材料放入豆浆机中，加水至上下水位线之间。3.搅打成豆浆，烧沸后滤出即可。

特别提示 黑豆以豆粒完整、大小均匀、颜色乌黑的为佳。

养生宜忌
♡ 燕麦配玉米须十分适合高血压患者。
⊗ 肠道敏感的人不宜多吃燕麦。

● 荞麦山楂豆浆

〔显著降低血脂〕

 黄豆　 荞麦　 山楂

材料

黄豆、荞麦各40克，山楂20克，冰糖少许。

做法

1.黄豆、荞麦洗净，用清水浸泡至发软；山楂洗净，去蒂去核。2.将上述材料放入豆浆机中，加水搅打成豆浆，并煮沸。3.滤出豆浆，趁热加入冰糖拌匀。

特别提示 食用山楂不可贪多，而且食用后还要注意及时漱口，以防对牙齿有害。

养生宜忌

Ⓥ 山楂有强心作用，对老年心脏病很有益。

Ⓧ 山楂可刺激子宫收缩，故孕妇忌食。

功效详解

荞麦		山楂		
降低血液胆固醇	+	降低甘油三酯	=	降低血脂

清肝生菜豆浆

〔降低胆固醇〕

 黄豆 生菜

材 料

黄豆70克，生菜30克。

做 法

1.黄豆用清水泡至发软，捞出洗净；生菜取叶洗净，撕碎。2.将黄豆、生菜叶放入豆浆机中，加水搅打成豆浆，并煮沸。3.滤出豆浆，装杯即可。

特别提示 生菜不宜久存，用保鲜膜封好置于冰箱中可保存2~3天。

养生宜忌

Ⓥ 此豆浆有利于女性保持苗条身材。

⊗ 尿频、胃寒之人应少吃生菜。

柠檬薏米豆浆

〔预防心肌梗死〕

 红豆 薏米 柠檬

材 料

红豆、薏米各30克，柠檬2片。

做 法

1.红豆、薏米用清水浸泡2~3小时，捞出洗净。2.将红豆、薏米、柠檬片放入豆浆机中，加水搅打成豆浆，并煮沸。3.滤出豆浆，装杯即可。

特别提示 整体形状比较圆的柠檬会没那么酸，但是汁水会多一点儿。

养生宜忌

Ⓥ 维生素缺乏者尤适合食用此豆浆。

⊗ 柠檬多热量，糖尿病者应少吃。

百合红豆大米豆浆

〔促进心血管活化〕

 红豆　 大米　 百合

材料

红豆、大米各30克，百合25克，冰糖5克。

做法

1. 红豆用清水泡软，捞出洗净；大米淘洗干净浸泡1小时；百合洗净。2. 将上述材料放入豆浆机中，添水搅打成豆浆，并煮沸。3. 滤出豆浆，加入冰糖拌匀即可。

特别提示 红豆的色泽越深表明含铁量越多，药用价值越高。

养生宜忌

☑ 心慌、失眠者饮用此豆浆可缓解症状。

☒ 百合性偏凉，风寒咳嗽者忌饮此豆浆。

南瓜豆浆

〔促进肝细胞再生〕

 黄豆　 南瓜

材料

黄豆、南瓜各50克。

做法

1. 黄豆洗净泡软；南瓜洗净，去皮去瓤，切丁。2. 将上述材料放入豆浆机中，添水搅打成豆浆。3. 烧沸后滤出豆浆即可。

特别提示 吃南瓜前一定要仔细检查，若发现表皮有溃烂之处，或切开后散发出酒精味等，则不可食用。

养生宜忌

☑ 南瓜能降血压，很适宜高血压者食用。

☒ 发热发烧时忌食南瓜，以防病情恶化。

山楂银耳豆浆

〔加速脂肪的分解〕

 黄豆　 山楂　 银耳

材 料
黄豆60克，山楂1个，银耳20克。

做 法
1.黄豆用清水泡软，捞出洗净；山楂洗净，去核切粒；银耳泡发洗净。2.将上述材料放入豆浆机中，加适量水搅打成豆浆，烧沸后滤出即可。

特别提示 银耳宜用冷开水泡发，泡发后应去掉未发开的部分，特别是淡黄色的东西。

养生宜忌
♡此豆浆对阴虚火旺者有益。
⊗山楂不宜与竹笋同食。

西芹豆浆

〔清肠利便〕

 黄豆　 西芹

材 料
黄豆50克，西芹40克。

做 法
1.黄豆用清水泡软，捞出洗净；西芹洗净，去皮切丁。2.将黄豆、西芹放入豆浆机中，添水搅打成豆浆，并煮沸。3.滤出豆浆，装杯即可饮用。

特别提示 西芹的叶比茎更有营养，打豆浆时不要把西芹的嫩叶扔掉。

养生宜忌
♡此豆浆对高血压患者有益。
⊗肠滑不固、肠胃虚寒者应少吃西芹。

改善失眠

糯米百合藕豆浆

〔安神益心〕

 黄豆　 糯米　 藕

材料

黄豆、糯米各40克，藕20克，鲜百合少许。

做法

1. 黄豆、糯米分别用清水泡软，捞出洗净；藕片、鲜百合洗净待用。 2. 将上述材料放入豆浆机中，加水搅打成豆浆，并煮熟。 3. 滤出豆浆，即可饮用。

特别提示　产妇不宜多食生莲藕。

养生宜忌

♡ 莲藕含铁量高，贫血者应多饮用此豆浆。
⊗ 腹胀者忌食糯米，以免加重症状。

榛子豆浆

〔改善失眠状况〕

 黄豆　 榛子

材料

黄豆、榛子各50克。

做法

1. 黄豆用清水泡至发软，捞出洗净；榛子去壳洗净。 2. 将上述材料放入豆浆机中，加水至上下水位线之间。 3. 搅打成豆浆，烧沸后滤出即可。

特别提示　仁多、外形饱满，且色泽为棕红色的为优质榛子。

养生宜忌

♡ 儿童饮用榛子豆浆，可增强体质。
⊗ 榛子的油脂含量丰富，胆功能弱者忌食。

小米百合葡萄干豆浆

〔舒缓神经衰弱〕

 黄豆　 小米　 百合

材料

黄豆50克，小米30克，百合、葡萄干各10克。

做法

1.黄豆、百合洗净泡软；小米洗净，浸泡1小时；葡萄干洗净。2.将上述材料放入豆浆机中，加水搅打成豆浆，并煮熟。3.滤出豆浆即可。

特别提示 小米以皮薄米实、颜色金黄、无杂质者为佳。

养生宜忌

✓体弱贫血者尤适合食用此豆浆。
✗糖尿病患者应忌食葡萄干。

百合莲子银耳浆

〔增强免疫力　抗肿瘤〕

百合　　莲子　　银耳　　绿豆

材料

绿豆50克，百合、莲子、银耳各15克。

做法

1.绿豆预先浸泡至软，捞出洗净；莲子去心，用开水泡软；银耳泡发，去杂质，洗净撕成小朵；百合洗净。2.将所有原材料放入豆浆机中，添水搅打，煮熟成豆浆即可。

特别提示 好的银耳，耳花大而松散，耳肉肥厚，色泽呈白色或略带微黄，蒂头无黑斑或杂质。

养生宜忌

✓此豆浆尤适合肺肾气虚者食用。
✗虚寒出血者忌食此豆浆。

清香莴苣绿豆浆

〔改善神经衰弱〕

 绿豆　 莴苣

材 料

绿豆60克，莴苣40克。

做 法

1.绿豆用清水泡软，捞出洗净；莴苣洗净，去皮切片。2.将上述材料放入豆浆机中，加水搅打成豆浆，并煮沸。3.滤出豆浆，即可饮用。

特别提示 经常食用新鲜莴苣，可以防治缺铁性贫血。

养生宜忌

♡此豆浆清热解暑，适宜暑热烦渴者食用。
⊗绿豆性寒，寒性体质者忌饮此豆浆。

枸杞百合豆浆

〔润肠排毒〕

 黄豆　 枸杞　 百合

材 料

黄豆60克，枸杞、百合各15克。

做 法

1.黄豆、枸杞用清水泡至发软，捞出洗净；百合洗净。2.将上述材料放入豆浆机中，加水至上下水位线之间，搅打成豆浆，烧沸后滤出即可。

特别提示 新鲜百合用保鲜膜封好置于冰箱中可保存1周左右。

养生宜忌

♡此豆浆明目、润肺，老年人可多饮用。
⊗百合性偏凉，风寒咳嗽者不宜食用。

红豆小米豆浆

〔安眠促睡〕

 红豆　 小米　 冰糖

材　料

红豆60克，小米30克，冰糖少许。

做　法

1.红豆洗净泡软；小米淘洗干净，浸泡2小时。2.将红豆、小米放入豆浆机中，添水搅打成豆浆，并煮沸。3.滤出豆浆，加冰糖拌匀。

特别提示 红豆以豆粒完整、颜色深红、大小均匀、紧实皮薄者为佳。

养生宜忌

Ⓥ此豆浆适合产妇产后调养身体。
Ⓧ小米不宜与南杏仁同食。

安眠桂圆豆浆

〔改善失眠〕

 黄豆　 桂圆　 百合

材　料

黄豆50克，桂圆4颗，百合少许。

做　法

1.黄豆用清水泡软，捞出洗净；桂圆去壳去核；百合洗净待用。2.将上述材料放入豆浆机中，加水搅打成豆浆，烧沸后滤出即可。

特别提示 挑选桂圆时要选颗粒较大，黄褐色，壳面光洁，薄而脆的。

养生宜忌

Ⓥ此豆浆特别适合心脾血虚者食用。
Ⓧ内有痰火者不宜食用此豆浆。

绿豆苦瓜豆浆

〔清热解毒祛湿〕

绿豆　苦瓜

材料

绿豆60克，苦瓜40克。

做法

1.绿豆用清水泡至发软，捞出洗净；苦瓜洗净，去皮去瓤，切片。2.将绿豆、苦瓜放入豆浆机中，添水搅打成豆浆，并煮沸。滤出豆浆，即可饮用。

特别提示 苦瓜含有奎宁，会刺激子宫收缩，引起流产，孕妇忌食。

养生宜忌

♡苦瓜能控制血糖，很适宜糖尿病者食用。

⊗苦瓜性凉，脾胃虚寒者不宜食用。

红枣大麦豆浆

〔增强体质，强身健体〕

黄豆　大麦　红枣

材料

黄豆、大麦各40克，红枣2颗。

做法

1.黄豆洗净，用清水泡软；大麦淘洗干净泡软；红枣洗净，去核。2.将上述材料放入豆浆机中，添水搅打成豆浆，烧沸后滤出即可。

特别提示 大麦以色泽黄褐、颗粒饱满、有淡淡的坚果香味者为佳。

养生宜忌

♡红枣为补养佳品，女性食之能美容养颜。

⊗产妇忌食大麦，否则会减少乳汁分泌。

白萝卜豆浆

〔缓解皮肤病症状〕

 黄豆 白萝卜

材 料

黄豆70克，白萝卜30克。

做 法

1.黄豆洗净，用清水泡软；白萝卜洗净，去皮切丁。2.将上述材料放入豆浆机中，加适量水搅打成豆浆，并煮沸。滤出豆浆，趁热饮用。

特别提示 白萝卜以皮细嫩光滑，比重大，用手指轻弹声音沉重、结实者为佳。

养生宜忌

Ⓥ 此豆浆对脘腹胀气者有益。

Ⓧ 白萝卜忌与人参等补气的中药同食。

薏米红枣豆浆

〔健脾去湿〕

 黄豆 薏米   红枣

材 料

黄豆60克，薏米30克，红枣2颗。

做 法

1.黄豆、薏米用清水浸泡2小时，捞出洗净；红枣洗净，去核切碎。2.将上述材料放入豆浆机中，加水至上下水位线之间，搅打成豆浆，烧沸后滤出即可。

特别提示 薏米以坚实，且味甘淡的为上品。

养生宜忌

Ⓥ 湿热体质之人尤其适合食用薏米。

Ⓧ 红枣不宜与鳝鱼同食。

黑芝麻黑枣豆浆

〔缓解过敏性皮炎状况〕

黑豆 黑芝麻 黑枣

材 料

黑豆70克，黑芝麻15克，黑枣2颗。

做 法

1.黑豆泡软，捞出洗净；黑芝麻洗净；黑枣洗净，去核。2.将上述材料放入豆浆机中，添水搅打成豆浆，并煮沸。3.滤出豆浆即可。

特别提示 好的黑枣皮色乌亮有光，黑里泛红。

养生宜忌

Ⓥ黑枣补肾、养胃，很适宜男性食用。
Ⓧ黑枣性寒，脾胃虚寒者不宜食用。

木耳黑米豆浆

〔抗过敏 抗感染〕

黄豆 黑米 黑木耳

材 料

黄豆、黑米各40克，黑木耳15克。

做 法

1.黄豆、黑米分别洗净，用清水浸泡2小时；黑木耳泡发洗净。2.将上述材料放入豆浆机中，加水至上下水位线之间，搅打成豆浆，烧沸后滤出即可。

特别提示 黑米以颜色黑亮、颗粒饱满，表面似有膜包裹者为佳。

养生宜忌

Ⓥ黑米补血补气，很适宜气血不足者食用。
Ⓧ病后消化弱者忌食黑米，以免延缓病情。

木耳黑豆浆

〔缓解过敏状况〕

 黑豆

 黑木耳

材料

黑豆65克，黑木耳20克。

做法

1.黑豆洗净，用清水泡至发软；黑木耳泡发洗净。2.将黑豆、黑木耳放入豆浆机中，加适量水搅打成豆浆，并煮沸。3.滤出豆浆，装杯。

特别提示 黑木耳宜用温水泡发，泡发后仍然紧缩在一起的部分不宜吃。

养生宜忌

Ⓥ此豆浆对心脑血管疾病患者有益。
Ⓧ木耳不宜与田螺同食。

薏米红绿豆浆

〔调气祛湿、清热解毒〕

 绿豆

 红豆

 薏米

材料

绿豆、红豆、薏米各30克。

做法

1.薏米淘洗干净，泡软；绿豆、红豆淘洗干净，浸泡4~6小时。2.将所有上述料放入豆浆机中，添水搅打成豆浆，烧沸后滤出豆浆即可。

特别提示 薏米性凉，宜把薏米炒一下再使用，健脾效果好。

养生宜忌

Ⓥ此豆浆对高血压、眼病患者有益。
Ⓧ服用温补药时不宜食用绿豆。

红枣花生豆浆

〔促进血液循环〕

 红豆 花生仁   红枣

材 料
红豆、花生仁各40克，红枣2颗。

做 法
1.红豆泡软，捞出洗净；花生仁挑去杂质，洗净；红枣去核，洗净。2.将上述材料放入豆浆机中，添水搅打成豆浆，烧沸后滤出即可。

特别提示 病后体虚、病人术后恢复期以及女性孕期、产后，进食花生均有补养效果。

养生宜忌
◯红枣为补养佳品，女性食之能美容养颜。
✕大便秘结者忌食红枣，以免助火生痰。

枸杞黑芝麻豆浆

〔促进造血功能〕

 黄豆 黑芝麻   枸杞

材 料
黄豆60克，黑芝麻30克，枸杞10克。

做 法
1.黄豆、枸杞用水泡软，捞出洗净；黑芝麻洗净碾碎待用。2.将黄豆、黑芝麻碎放入豆浆机中，加水搅打成豆浆，并煮熟。3.滤出豆浆，撒上枸杞即可。

特别提示 黑芝麻应隔绝空气于阴凉、干燥、通风处保存。

养生宜忌
◯用眼过度者常食用枸杞可缓解视疲劳。
✕黑芝麻多油脂，腹泻便溏者应少食。

麦仁豆浆

〔改善心血不足〕

材料 红豆50克，小麦40克。

做法 1.红豆泡软，捞出洗净； 红豆 小麦
小麦淘洗干净，用清水浸泡2小
时。2.将红豆、小麦放入豆浆机中，加适量水搅打成豆浆。
3.烧沸后滤出豆浆，即可饮用。

特别提示 小麦以色泽深褐，麦粒饱满、完整并有淡淡
坚果味者为佳。

养生宜忌

♡此豆浆特别适合妇女回乳时食用。

⊗小麦不宜与枇杷同食。

红枣豆浆

〔改善气虚血弱〕

材料 黄豆70克，去核红枣3颗。

做法 1.黄豆放入清水中浸泡至 黄豆 红枣
发软，捞出洗净；去核红枣洗净
待用。2.将黄豆、红枣放入豆浆机中，加水搅打成豆浆，
并煮熟。3.滤出豆浆，装杯即可。

特别提示 红枣放置在阴凉通风处可长期保存。

养生宜忌

♡此豆浆对血虚及脾胃气虚之人食用。

⊗红枣不宜与葱同食。

桂圆红枣豆浆

〔滋补养血〕

材料 黄豆65克，桂
圆30克，红枣3颗。 黄豆 桂圆 红枣

做法 1.黄豆用清水
泡软，捞出洗净；桂圆去壳去核洗净；红枣洗净，去核。
2.将上述材料放入豆浆机中，添水搅打成豆浆，烧沸后滤
出即可。

特别提示 桂圆不宜保存，建议现买现食。

养生宜忌

♡此豆浆特别适合失眠多梦者食用。

⊗桂圆助包心火，故火大者忌食。

〈不同人群宜喝豆浆〉

不同的人适宜饮用的豆浆各不相同。譬如，孕妇适宜喝加入水果和粗粮的豆浆。不同人群有针对性地选择适合自己的豆浆，能使豆浆的营养功效得到充分发挥。

：香蕉豆浆 〔防止血压上升〕

材料

黄豆 香蕉 白糖

黄豆50克，香蕉1根，白糖适量。

做法

1.黄豆加水浸泡至变软，洗净；香蕉去皮，切成小块。2.将黄豆、香蕉倒入豆浆机中，加水搅打煮熟成香蕉豆浆。3.加入白糖拌匀。

特别提示 《本草纲目》云："（白糖）久食则助热，损齿。"

养生宜忌

✓ 中虚脘痛者适量进食白糖可镇痛。
✗ 香蕉含钾多，肾功能不全者慎食。

功效详解

黄豆 预防心血 管疾病	+	香蕉 稳定血压	=	防止血压 上升

孕妇

米香豆浆

〔滋补营养〕

 黄豆

 糯米

材料

黄豆50克，糯米30克。

做法

1.黄豆用清水泡软，捞出洗净；糯米淘洗干净，用清水浸泡2小时。2.将黄豆、糯米放入全自动豆浆机中，加水至上下水位线之间。3.搅打成豆浆，烧沸后滤出，即可饮用。

特别提示 糯米以米粒饱满、色泽白、没有杂质和虫蛀现象者为佳。

养生宜忌

✓此豆浆对尿频、自汗者有益。
✗脾胃虚弱者不宜多吃糯米。

百合银耳黑豆浆

〔能有效缓解妊娠反应〕

 黑豆

 百合

 银耳

材料

黑豆50克，百合、水发银耳各20克。

做法

1.黑豆加水泡软，洗净；百合洗净分成小块；银耳泡发，去杂质，洗净撕成小朵。2.将上述材料倒入豆浆机中，加水搅打成浆，煮沸后滤出豆浆即可。

特别提示 用泡发银耳的水代替清水煮制豆浆能更大限度地保留银耳中一些水溶性的成分。

养生宜忌

✓此豆浆可缓解妇女妊娠腰痛。
✗外感风寒之人慎食此豆浆。

⁑ 燕麦苹果豆浆

〔补充营养〕

 黄豆　 苹果　 燕麦

材料

黄豆40克，苹果、燕麦片、白糖各适量。

做法

1.黄豆预先浸泡至软，洗净；苹果取果肉，切成小块。2.将泡好的黄豆和苹果一同倒入豆浆机中，添水搅打煮沸成浆。3.加入燕麦片、白糖搅匀即可。

特别提示 苹果忌与水产品同食，或会导致便秘。

养生宜忌

Ⓥ 此豆浆特别适合习惯性便秘者食用。
Ⓧ 苹果富含糖类，糖尿病人应慎食。

⁑ 玉米银耳枸杞豆浆

〔缓解焦虑性失眠〕

 玉米　 银耳　 枸杞

材料

玉米、黄豆各30克，银耳10克，枸杞、冰糖各适量。

做法

1.黄豆加水泡软，洗净；银耳泡发，去杂质，洗净撕小朵；玉米、枸杞分别洗净。2.将上述材料倒入豆浆机中，加水打成浆，烧沸后滤出豆浆，加冰糖拌匀即可。

特别提示 熟银耳忌久放。

养生宜忌

Ⓥ 银耳能润肺美肤，爱美人士可多食。
Ⓧ 女性经期不宜食用此款豆浆。

：小米豌豆豆浆

〔促进胎儿神经发育〕

 黄豆　 小米　 豌豆

材料
黄豆50克，小米30克，豌豆15克，冰糖10克。

做法
1.黄豆加水浸泡至变软，洗净；小米淘洗干净，清水浸泡2小时；豌豆洗净。2.将上述材料倒入豆浆机中，加水搅打煮熟成浆。3.加入冰糖，搅匀后即可饮用。

特别提示 豌豆多食会发生腹胀。

养生宜忌
♡此豆浆对脾胃不适者有益。
⊗豌豆与醋不宜同食。

：牛奶芝麻豆浆

〔增进骨骼的钙化〕

 黄豆　 黑芝麻　 牛奶

材料
黄豆70克，黑芝麻15克，牛奶适量。

做法
1.黄豆洗净，用清水泡至发软；黑芝麻洗净备用。2.将黄豆、黑芝麻放入豆浆机中，加入牛奶，搅打成豆浆，并煮沸。3.滤出豆浆即可。

特别提示 牛奶不宜保存，建议现买现食。

养生宜忌
♡牛奶能舒缓心情，上班人士可多食。
⊗胰腺炎患者不宜食用此豆浆。

107

红豆红枣豆浆

〔促进产后乳汁分泌〕

 黄豆　 红豆　 红枣

材料
黄豆30克，红豆、红枣各20克，冰糖适量。

做法
1.黄豆、红豆分别浸泡至软，捞出洗净；红枣用温水洗净，去核，切成小块。2.将黄豆、红豆、红枣放入豆浆机中，添水搅打成豆浆，烧沸后滤出豆浆，加入冰糖拌匀即可。

特别提示 服用退烧药时不宜饮用这款豆浆。

养生宜忌
♡营养不良性水肿患者宜食此款豆浆。
⊗红豆能通利水道，尿频者忌食。

腰果小米豆浆

〔增强产妇免疫力〕

 黄豆　 小米　 腰果

材料
黄豆、小米各35克，腰果20克，白糖适量。

做法
1.黄豆预先浸泡至软，捞出洗净；小米淘洗干净；腰果略泡并洗净。2.黄豆、小米、腰果放入豆浆机中，添水搅打成豆浆，煮沸后滤出豆浆，加入冰糖拌匀即可。

特别提示 腰果虽有很好的食疗作用，但不宜过量食用，否则容易出现过敏。

养生宜忌
♡小米搭配黄豆可使营养互补。
⊗腰果油脂丰富，高血脂症患者忌食。

红薯山药豆浆

〔有利于滋补元气〕

 红薯 山药   燕麦片

材　料

黄豆、红薯、山药、大米、小米、燕麦片各适量。

做　法

1.黄豆、大米、小米预先浸泡至软，捞出洗净；红薯、山药分别洗净，去皮，切丁。2.将所有原材料放入豆浆机中，添水搅打成豆浆，煮沸后滤出豆浆，装杯即可。

特别提示 把去皮的山药放冷水中，加少量醋，可防止其氧化变黑。

养生宜忌

Ⓥ 此豆浆对长期腹泻者有益。
Ⓧ 大便燥结者不宜食用此豆浆。

山药豆浆

〔增强免疫力 护胃养虚〕

 黄豆 山药 白糖

材　料

黄豆45克，山药30克，白糖适量。

做　法

1.黄豆预先浸泡至软，捞出洗净；山药洗净去皮切成小块。2.将黄豆、山药放入豆浆机中，添水搅打成豆浆，烧沸后滤出，加入白糖拌匀即可。

特别提示 在选购的时候，大小一样的山药，较重的较好。

养生宜忌

Ⓥ 此豆浆对病后虚弱者有益。
Ⓧ 有实邪者不宜食用此豆浆。

红薯豆浆

〔有助于恢复体形〕

 红薯　 黄豆　 冰糖

材料

红薯40克，黄豆30克，冰糖适量。

做法

1.黄豆加水浸泡至变软，洗净；红薯洗净去皮切成小块。2.将黄豆、红薯倒入豆浆机中，添水搅打煮熟成豆浆。3.滤出豆浆，加入冰糖拌匀即可。

特别提示 红薯含有"气化酶"，一次不要吃得过多，避免出现烧心、吐酸水、肚胀排气等现象。

养生宜忌

✓红薯搭配黄豆，可预防动脉硬化。

✗胃溃疡患者不宜食用红薯。

解腻马蹄黑豆汁

〔增强食欲〕

 马蹄　 黑豆　 冰糖

材料

马蹄100克，黑豆60克，冰糖10克。

做法

1.黑豆洗净，浸泡；马蹄洗净，去皮，切成丁。2.将马蹄和黑豆放入豆浆机中，加水搅打成豆浆，烧沸后滤出豆浆，加入冰糖拌匀即可。

特别提示 黑豆分绿心豆和黄心豆。前者营养价值更高。

养生宜忌

✓马蹄质嫩多津，可治热病津伤之症。

✗马蹄性寒，脾胃虚寒之人不宜多吃。

：薏米豆浆

〔消肿祛湿、滋补美容〕

 黄豆　 薏米　 冰糖

材料

黄豆70克，薏米20克，冰糖适量。

做法

1.黄豆预先浸泡至软，捞出洗净；薏米洗净泡软。2.将薏米、黄豆放入豆浆机中，添水搅打成豆浆，烧沸后滤出豆浆，加入冰糖拌匀即可。

特别提示 薏米夏季受潮极易生虫和发霉，故应储藏于通风干燥处。

养生宜忌
- 此豆浆对水肿患者有益。
- 女性经期不宜食用此豆浆。

：枸杞豆浆

〔安神养血〕

 黄豆　 枸杞

材料

黄豆70克，枸杞15克。

做法

1.黄豆洗净，用清水泡至发软；枸杞泡发洗净。2.将黄豆、枸杞放入全自动豆浆机中，添水搅打成豆浆。3.烧沸后滤出豆浆，装杯即可。

特别提示 不要选择颜色过于鲜艳的枸杞，那些枸杞是经硫黄熏蒸过的。

养生宜忌
- 枸杞与黄豆相配可健脾明目。
- 枸杞不宜与蘿菜同食。

儿童

﹕燕麦芝麻豆浆

〔预防小儿佝偻病〕

 黄豆　 黑芝麻　 燕麦

材 料

黄豆35克，熟黑芝麻10克，燕麦30克，冰糖适量。

做 法

1.黄豆预先浸泡至软，捞出洗净；燕麦淘洗干净，用清水浸泡2小时；黑芝麻擀碎。2.将上述原材料放入豆浆机，添水搅打煮熟成豆浆。3.滤出豆浆，加冰糖拌匀。

特别提示 燕麦也可使用燕麦片代替。

养生宜忌

Ⓥ燕麦富含亚油酸，可预防便秘。
Ⓧ慢性肠炎患者忌食黑芝麻。

﹕巧克力豆浆

〔提神健脑〕

 黄豆　 巧克力

材 料

黄豆65克，巧克力20克。

做 法

1.干黄豆洗净，用清水浸泡3小时。2.将干黄豆放入全自动豆浆机中，加入巧克力，倒入适量清水。3.搅打成豆浆，烧沸后滤出即可。

特别提示 黄豆以豆粒饱满完整、颗粒大、金黄色者为佳。

养生宜忌

Ⓥ巧克力是抗氧化食品，能延缓衰老。
Ⓧ糖尿病患者不宜食用此豆浆。

核桃燕麦豆浆

〔提高智力〕

 黄豆　 核桃仁　 燕麦

材料
黄豆40克，核桃仁、燕麦各10克，冰糖适量。

做法
1.黄豆预先浸泡至软，捞出洗净；核桃仁碾碎；燕麦淘洗干净，用清水浸泡2小时。2.将黄豆、核桃仁、燕麦放入豆浆机中，添水搅打煮熟成豆浆。滤出豆浆，加入冰糖拌匀即可。

养生宜忌
- 燕麦对三高人群有益。
- 痰热咳嗽者忌食核桃仁。

滋养杞米豆浆

〔有利于婴幼儿睡眠〕

 黄豆　 小米　 枸杞

材料
黄豆50克，小米30克，枸杞10克。

做法
1.黄豆预先浸泡至软，捞出洗净，备用；小米加水浸泡3小时，捞出洗净；枸杞用温水洗净。2.将黄豆、小米、枸杞一同放入豆浆机中，添水搅打成豆浆，烧沸后滤出豆浆，装杯即可。

特别提示 此豆浆还可以加入粳米，可提高其营养价值。

养生宜忌
- 此豆浆对消化不良者有益。
- 素体虚寒、小便清长者应少食小米。

营养燕麦紫薯浆

〔抗疲劳 抗衰老〕

 黄豆　 燕麦　 紫薯

材 料
黄豆、燕麦各30克，紫薯适量。

做 法
1.黄豆洗净泡软；燕麦淘洗干净；紫薯蒸熟，去皮切小块。2.将上述材料放入豆浆机中，加水至上下水位线之间。3.搅打成豆浆，烧沸后滤出即可饮用。

特别提示 燕麦一次不宜吃太多，否则会造成胃痉挛或是胀气。

养生宜忌
✓紫薯富含花青素，抗氧化作用较好。
✗湿阻脾胃、气滞食积者应慎食紫薯。

健脑豆浆

〔改善脑循环〕

 黄豆　 核桃仁　 黑芝麻

材 料
黄豆55克，核桃仁10克，熟黑芝麻5克，冰糖适量。

做 法
1.黄豆预先浸泡至软，捞出洗净；核桃仁碾碎；黑芝麻擀成末。2.将黄豆、核桃仁、黑芝麻放入豆浆机中，添水搅打煮沸成豆浆。滤出豆浆，加入冰糖搅拌至化开即可。

特别提示 核桃仁含有较多油脂，不宜多食，多食易致腹泻。

养生宜忌
✓用脑过度者食用核桃仁可缓解疲劳。
✗阴虚火旺者需慎食核桃仁。

小麦玉米豆浆

〔提神醒脑 提高效率〕

 黄豆   小麦   玉米粒

材料

黄豆45克，小麦20克，玉米粒30克，冰糖适量。

做法

1.黄豆预先浸泡至软，捞出洗净；玉米粒洗净；小麦洗净。2.将黄豆、小麦、玉米放入豆浆机中，添水搅打煮沸成豆浆。滤出豆浆，加入冰糖拌匀即可。

特别提示 玉米粒应保留胚尖，因为玉米的许多营养都集中在胚尖。

养生宜忌

Ⓥ 此豆浆对脾胃气虚者有益。
Ⓧ 尿失禁者忌食玉米。

胡萝卜豆浆

〔提高婴幼儿的免疫力〕

 黄豆   胡萝卜

材料

黄豆50克，胡萝卜30克。

做法

1.黄豆加水浸泡至变软，洗净；胡萝卜洗净切成黄豆大小。2.将黄豆和胡萝卜倒入豆浆机中，加水搅打成浆，煮沸后滤出豆浆，即可。

特别提示 饮用此豆浆时最好不要添加白糖，因为其先要在胃内经过消化酶的分解作用，转化为葡萄糖才能被吸收，对消化功能比较弱的婴幼儿不利。

养生宜忌

Ⓥ 此豆浆对食欲不振者有益。
Ⓧ 胡萝卜忌与番茄同食。

豌豆绿豆大米豆浆

〔防止动脉硬化〕

 大米   豌豆   绿豆

材 料

大米75克，豌豆10克，绿豆15克，冰糖适量。

做 法

1.绿豆、豌豆用清水浸泡4小时，洗净；大米淘洗干净。2.将上述材料倒入豆浆机中，加水至上下水位线之间，搅打煮好成豆浆后滤出，加入冰糖拌匀即可。

特别提示 大米和豆类的比例为3:1时，最有利于蛋白质的互补和吸收利用，豌豆和绿豆中的赖氨酸可弥补大米营养的不足。

养生宜忌

◯豌豆富含粗纤维，对便秘患者有益。
⊗绿豆其性寒凉，素体阳虚之人慎食。

黄豆黄芪大米豆浆

〔益气养胃 健脾补虚〕

 黄豆   豌豆   黄芪

材 料

黄豆50克，大米30克，黄芪15克。

做 法

1.黄豆用清水泡软，捞出洗净；大米淘洗干净；黄芪洗净浮尘；将上述材料放入全自动豆浆机中，加水至上下水位线之间。2.搅打成豆浆，烧沸后滤出即可。

特别提示 感冒期间不要服用黄芪。

养生宜忌

◯此豆浆对体虚病弱之人有滋补作用。
⊗大米不可与碱同食，以免营养流失。

南瓜二豆浆

〔增强体质〕

 绿豆　 红豆　 南瓜

材料

绿豆、红豆各30克，南瓜20克，糖适量。

做法

1.绿豆、红豆分别加清水浸泡至软，捞出洗净；南瓜洗净去皮，切成小块。2.将所有原材料放入豆浆机中，添水搅打成豆浆，煮沸后滤出豆浆，装杯即可。

特别提示 一般南瓜放在阴凉处，可保存1个月左右。

养生宜忌

Ⓥ此豆浆适用于中年人和肥胖者。

Ⓧ南瓜最好不要跟海虾同食。

二黑豆浆

〔调养发质〕

 黑豆　 黑芝麻　 花生

材料

黑豆60克，黑芝麻、花生、白糖各适量。

做法

1.将黑豆泡软，洗净；黑芝麻、花生洗净，黑芝麻碾碎。2.将黑豆、黑芝麻、花生、白糖放入豆浆机中，添水搅打成豆浆，烧沸后滤出，加入白糖拌匀即可。

特别提示 品质好的花生色泽分布均匀一致，颗粒饱满，形态完整。

养生宜忌

Ⓥ花生适宜脚气病患者食用。

Ⓧ痛风患者不宜食用花生。

绿豆黑豆浆

〔延年益寿〕

 绿豆　 黑豆　 糙米

材料

绿豆、黑豆各40克，糙米20克。

做法

1.绿豆、黑豆均洗净，用清水浸泡3小时；糙米淘洗干净，泡至发软。2.将上述材料放入全自动豆浆机中，加水至上下水位线之间。3.搅打成豆浆，烧沸后滤出，装杯即可。

特别提示 绿豆较易保存，用容器装好置于阴凉、通风、干燥处即可长时间存放。

养生宜忌

◇此豆浆有维持内分泌平衡的功效。
⊗服用温补药物时不宜食用绿豆。

养生干果豆浆

〔强筋健骨　延年益寿〕

 黄豆　 腰果　 莲子　 薏米

材料

黄豆40克，腰果25克，莲子、板栗、薏米、冰糖各适量。

做法

1.黄豆、薏米分别浸泡至软，捞出洗净；腰果洗净，板栗去皮洗净，莲子去心，均泡软。2.将黄豆、腰果、莲子、板栗、薏米放入豆浆机中，添水搅打成豆浆，煮沸后加入冰糖拌匀即可。

特别提示 腰果不宜久存。

养生宜忌

◇维生素摄入不足的老人宜喝此豆浆。
⊗腹部胀满之人不宜食用莲子。

板栗小米豆浆

〔强身壮骨〕

 黄豆 板栗 小米

材 料

黄豆、板栗肉各40克，小米20克。

做 法

1.黄豆用清水泡软，捞出洗净；板栗肉洗净；小米淘洗干净。2.将上述材料放入豆浆机中，加适量水搅打成豆浆，烧沸后滤出即可。

特别提示 用手捏栗子，如颗粒坚实，一般果肉丰满。

养生宜忌

♡此豆浆对老年肾虚者有益。

⊗板栗不宜与牛排同食。

燕麦枸杞山药豆浆

〔强身健体 延缓衰老〕

 山药 燕麦 枸杞 黄豆

材 料

黄豆40克，山药20克，燕麦片、枸杞适量。

做 法

1.黄豆预先浸泡至软，捞出洗净；山药去皮洗净，切丁；枸杞洗净，泡软。2.将所有原材料放入豆浆机中，添水搅打成豆浆，煮沸后滤出豆浆，装杯即可。

特别提示 山药的横切面应呈雪白色。

养生宜忌

♡此豆浆对肾气亏耗者有益。

⊗山药忌与甘遂同食。

红枣二豆浆

〔防止心血管病变〕

红豆　绿豆　红枣

材料

红豆、绿豆各40克，红枣2颗。

做法

1.红豆、绿豆均洗净，用清水泡至发软；红枣洗净，去核。2.将上述材料放入豆浆机中，加水至上下水位线之间。3.搅打成豆浆，烧沸后滤出豆浆，即可饮用。

特别提示 一看绿豆是否干瘪有皱纹，二看绿豆是否有刺激性的化学气味。

养生宜忌

✓脾虚食少者宜多食红枣。

✗红枣糖分多，不适宜糖尿病者食用。

桂圆糯米豆浆

〔改善烦躁　潮热症状〕

黄豆　桂圆肉　糯米

材料

黄豆50克，桂圆肉、糯米各15克。

做法

1.黄豆预先浸泡10小时至软，洗净；糯米淘洗干净，用清水浸泡2小时；桂圆肉洗净。2.将所有原材料放入豆浆机中，添水搅打成豆浆，煮沸后滤出豆浆，装杯即可。

特别提示 糯米以米粒较大者为佳。

养生宜忌

✓桂圆对脾胃虚寒者有益。

✗发炎、发热者不宜食用此豆浆。

：橘柚豆浆 〔提神醒脑 提高效率〕

材料 黄豆30克，橘子肉60克，柚子肉30克。 黄豆 橘子肉 柚子

做法 1.黄豆预先浸泡至软，捞出洗净。2.将所有原材料放入豆浆机中，加水至上下水位线之间，搅打煮熟成豆浆，装杯即可。

特别提示 此豆浆不宜与药一起饮用，否则会降低药效。

养生宜忌

Ⓥ 此豆浆适合慢性支气管患者食用。
Ⓧ 喝完此豆浆时不宜吃螃蟹，以免对身体不利。

：莲藕豆浆 （清热安神 舒缓情绪）

材料 黄豆50克，莲藕30克。 黄豆 莲藕

做法 1.黄豆预先浸泡10小时，洗净；莲藕洗净去皮，切小丁。2.将泡好的黄豆和藕丁放入豆浆机，搅打成浆，按豆浆机提示煮好豆浆，过滤后倒入杯中即可。

特别提示 将去皮后的莲藕放在醋水中浸泡5分钟后捞起擦干，可使其与空气接触后不变色。

养生宜忌

Ⓥ 莲藕能清热止血，是热病血症的食疗佳品。
Ⓧ 莲藕性偏凉，不可清晨空腹生食。

：燕麦红枣豆浆 （缓解更年期障碍症状）

材料 黄豆40克，红枣20克，燕麦片10克。 黄豆 红枣 燕麦片

做法 1.黄豆加水浸泡至变软，洗净；红枣用温水洗净，去核切丁。2.将所有原材料倒入豆浆机中，加水搅打成浆，并煮沸。滤出豆浆即可。

特别提示 鲜枣适合生吃，制作豆浆最好选择含钙量更高的干枣。

养生宜忌

Ⓥ 红枣加燕麦片可温中祛寒，还可养心神。
Ⓧ 女性经期不宜食用红枣等补血之品。

绿豆花生豆浆

〔提神健脑〕

 绿豆 黄豆 花生

材料

绿豆80克，黄豆、花生各10克，白糖适量。

做法

1. 绿豆、黄豆、花生用水泡软，洗净。
2. 将所有材料放入豆浆机中，加水搅打成浆，烧沸后，加入白糖拌匀即可。

特别提示 此款豆浆性寒，脾胃虚寒者应少饮或不饮。

养生宜忌

Ⓥ 花生适合脚气病患者食用。
Ⓧ 霉变的花生含黄曲霉素，不可食用。

玉米红豆豆浆

〔补血健脑 舒缓神经〕

 黄豆 红豆 玉米粒

材料

黄豆40克，红豆20克，玉米粒30克。

做法

1. 黄豆、红豆分别加水浸泡6小时，至变软，然后洗净捞出备用；玉米粒洗净。
2. 将黄豆、红豆、玉米粒倒入豆浆机中，添水搅打煮沸成豆浆。滤出豆浆，装杯即可。

特别提示 红豆以颜色深红者为佳。

养生宜忌

Ⓥ 此豆浆适合各类型水肿之人饮用。
Ⓧ 玉米粒忌与田螺、牡蛎同食。

莲藕雪梨豆浆

〔养血生肌〕

 黄豆　 雪梨　 莲藕

材 料

黄豆30克，雪梨、莲藕各适量。

做 法

1. 黄豆泡至发软，捞出洗净；雪梨洗净，去皮去核，切小块；莲藕去皮洗净，切片。
2. 将上述材料放入豆浆机中，添水搅打成豆浆。3. 烧沸后滤出豆浆，装杯即可。

特别提示 莲藕不宜保存，尽量现买现食。

养生宜忌
- Ⓥ 此豆浆对燥咳痰多者有益。
- Ⓧ 大便溏泄者不宜食用此豆浆。

板栗燕麦豆浆

〔改善腰腿无力症状〕

 黄豆　 板栗　 燕麦片

材 料

黄豆35克，板栗20克，燕麦片15克，白糖适量。

做 法

1. 黄豆预先浸泡至软，捞出洗净；板栗洗净去壳，切丁。2. 将黄豆、板栗放入浆机中，添水搅打煮沸成豆浆。滤出豆浆，加入燕麦片、白糖拌匀即可。

特别提示 陈年板栗上的毛一般比较少，只在尾尖有一点点。

养生宜忌
- Ⓥ 此豆浆对肾虚者有益。
- Ⓧ 患有风湿病者不宜食用板栗。

‹四季养生豆浆›

"春温、夏长、秋收、冬藏"是四季的特点。遵循自然规律，适时搭配，最大限度发挥豆浆这一养生佳品的功效，得防病、保健于一体。

● 芝麻黑米豆浆 〔开胃益中 保肝益肾〕

材料

黄豆60克，黑米20克，黑芝麻、白糖各适量。

黄豆　黑米　黑芝麻

做法

1.黄豆、黑米分别泡发洗净；黑芝麻洗净，沥干水分后擀碎。2.将黄豆、黑米、黑芝麻放入豆浆机中，加适量清水搅打成浆，并煮沸。3.过滤，

加入白糖即可。

特别提示 将黑芝麻擀碎，能让豆浆更细腻，营养更易被吸收。

养生宜忌

◎ 黑米特别适合脾胃虚弱之人食用。
⊗ 男子滑精忌食黑芝麻。

功效详解 ⋯⋯⋯⋯⋯⋯⋯⋯

| 黑米
健脾暖胃
滋补肝肾 | + | 黄豆
健脾宽中
清热开胃 | = | 开胃益中
保肝益肾 |

春季

124

山药枸杞豆浆

〔养肝明目〕

 黄豆　 山药　 枸杞

材料

黄豆、山药各70克，枸杞10克。

做法

1.将黄豆泡软，洗净；山药去皮，洗净切块，泡在清水里；枸杞洗净。2.将上述材料放入豆浆机中，添水搅打成豆浆，烧沸后滤出豆浆即可。

特别提示 枸杞应置阴凉干燥处，防闷热，防潮，防蛀。

养生宜忌

Ⓥ眩晕耳鸣者尤适合食用此豆浆。
Ⓧ感冒发烧者不宜食用此豆浆。

花生豆浆

〔活血　明目〕

 黄豆　 花生仁

材料

黄豆50克，花生仁35克。

做法

1.将黄豆泡软，洗净；花生仁洗净。2.将上述材料放入豆浆机中，添水搅打成豆浆，烧沸后滤出即可。

特别提示 花生仁以颗粒饱满、肥厚而有光泽者为佳。

养生宜忌

Ⓥ花生含钙高，对儿童有益。
Ⓧ胆囊切除者不宜食用花生。

牛奶花生豆浆 〔强肾补气 延年益寿〕

材料

黄豆50克，花生仁20克，牛奶250毫升，白糖适量。

黄豆　　花生仁　　牛奶

做法

1.黄豆用清水泡软，捞出洗净；花生仁洗净。2.将花生仁、黄豆倒入豆浆机中，加水搅打成豆浆，并煮沸。3.调入白糖，待豆浆凉至温热时倒入牛奶搅拌均匀即可。

特别提示 牛奶不宜在豆浆滚烫时加入，会破坏牛奶的营养。

养生宜忌 ♡ 中年妇女常喝此豆浆可延缓骨质流失。
⊗ 痰湿积饮者慎食牛奶，以免助湿生痰。

功效详解

| 牛奶
润肺润肠
补充营养 | + | 花生仁
健脾和胃
弹性健脑 | + | 黄豆
强肾补气
延年益寿 | = | 强肾补气
延年益寿 |

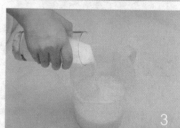

五豆红枣浆

〔养血活血〕

 黑豆　 豌豆　 红枣

材料

黄豆35克，黑豆、青豆、豌豆、花生仁共35克，红枣适量。

做法

1.将五豆预先用水泡软，捞出洗净；红枣洗净去核，切成小块。2.将所有材料放入豆浆机中，添水，待豆浆搅打煮熟制作完毕。3.过滤装杯即可。

特别提示 红枣也可以直接用红枣片代替。

养生宜忌

Ⓥ此豆浆对乳汁不通之妇女有益。

⊗豌豆不宜与鸭肉同食。

补肾黑芝麻豆浆

〔护肾补脑　健体强身〕

 黑芝麻　 花生仁　 黑豆

材料

黑芝麻、花生仁各15克，黑豆40克。

做法

1.黑豆预先泡软，捞出洗净；黑芝麻洗净碾碎；花生仁洗净。2.将上述材料放入豆浆机中，添加适量清水，搅打成浆，并煮熟。3.将豆浆过滤即可。

特别提示 黑豆宜存放在密封罐中，置于阴凉处保存。

养生宜忌

Ⓥ此豆浆对于脑力退化的老人有益。

⊗花生不宜与苦瓜同食。

◦ 松花蛋黑米豆浆

〔护肾润肺　降压活血〕

 黄豆　 松花蛋　 黑米

材　料

黄豆30克，松花蛋1个，黑米40克，盐、鸡精各适量。

做　法

1.黄豆加水泡软，洗净；黑米略泡，洗净；松花蛋去壳，切小块。2.将上述材料放入豆浆机中，添加适量清水搅打成浆，并煮熟。3.过滤后添加适量盐、鸡精调味即可。

特别提示 松花蛋入豆浆机前可切碎与其他材料混合放入。

养生宜忌
- ✓黑米尤其适合贫血之人食用。
- ✗脾阳不足者不宜食用松花蛋。

◦ 冰糖白果豆浆

〔降脂防癌　护肾利肺〕

 黄豆   白果 冰糖

材　料

黄豆70克，白果15克，冰糖适量。

做　法

1.黄豆用清水浸泡10小时，洗净；白果去外壳，洗净后用温水浸泡1个小时。2.将黄豆和白果放入豆浆机中，加水，边打浆边煮沸。3.过滤，加入冰糖搅拌至溶化即可饮用。

特别提示 白果有小毒，制作前可先用温水浸泡数小时以去毒。

养生宜忌
- ✓小便白浊、频数者可适量食用白果。
- ✗此豆浆不适宜糖尿病患者食用。

核桃大米豆浆 〔轻身益气 护肾益寿〕

材料
黄豆、大米各30克，核桃仁、冰糖各适量。

 黄豆　 大米　 核桃仁

做法
1.黄豆用水泡软并洗净；大米淘洗干净。2.将黄豆、大米、核桃仁一起放入豆浆机中，添水搅打成浆，并煮沸。3.网罩过滤后添加适量冰糖调味即可。

特别提示 核桃的褐色表皮营养丰富，不要去除。

养生宜忌
✓ 此豆浆对于脑力工作者有利。
✗ 素有内热及痰湿重者不宜食用此豆浆。

功效详解

| 黄豆 | + | 大米 | + | 核桃仁 | = | 轻身益气 |
| 可防治心血管疾病 | | 健脾和胃补中益气 | | 润肺壮阳补肾健肾 | | 护肾益寿 |

清凉冰豆浆

〔清心解渴〕

黄豆

材料
黄豆70克。

做法
1.黄豆用清水浸泡3～5小时，捞出洗净。
2.将泡好的黄豆放入豆浆机中，加水搅打成豆浆，并煮沸。3.滤出豆浆，待凉，放入冰箱冷藏。

特别提示 可按照个人口味加入少许冰糖。

养生宜忌
Ⓥ此豆浆可开胃清热、消暑。
Ⓧ素体脾胃虚寒之人不宜食用此豆浆。

绿桑百合浆

〔解暑 润燥〕

黄豆

黑豆

百合

材料
黄豆、红豆、黑豆各20克，百合10克，干桑叶3片。

做法
1.黄豆、红豆、黑豆、百合用水浸泡，捞出洗净；干桑叶洗净，沥水。2.将上述材料放入豆浆机中，添水搅打成豆浆，并煮沸。滤出豆浆。

特别提示 此豆浆宜用蜜制百合。

养生宜忌
Ⓥ百合长于清肺润燥，可治肺燥咳嗽。
Ⓧ百合性偏凉，虚寒出血者不宜食用。

፧葡萄干酸豆浆

〔活血化瘀〕

 黄豆　 葡萄干　　 柠檬

材料

黄豆70克，葡萄干20克，柠檬1片。

做法

1.将黄豆泡软，洗净；葡萄干用温水洗净；柠檬取汁。2.将黄豆、葡萄放入豆浆机中，添水搅打成豆浆，烧沸后滤出豆浆，加柠檬汁调匀即可。

特别提示 可以根据个人爱好添加柠檬的数量。

养生宜忌

Ⓥ此豆浆对冠心病、贫血患者有益。
Ⓧ肥胖之人不宜多吃葡萄干。

፧山楂大米豆浆

〔改善血瘀型痛经〕

 黄豆　 山楂　 大米

材料

黄豆60克，山楂25克，大米20克，白糖10克。

做法

1.黄豆泡软，洗净；大米淘洗干净；山楂洗净，去蒂，除核，切碎。2.将上述材料放入豆浆机中，添水搅打成豆浆，烧沸后滤出豆浆，加入白糖调匀即可。

特别提示 山楂每日推荐食用量为3~4个，不要过量食用。

养生宜忌

Ⓥ此豆浆对心血管疾病患者有益。
Ⓧ孕妇不宜多食此豆浆。

▋蒲公英小米绿豆浆

〔调气祛湿　清热解毒〕

绿豆　小米　蒲公英

材　料

绿豆60克，小米、蒲公英各20克，蜂蜜10克。

做　法

1.绿豆泡软，洗净；小米洗净，浸泡2个小时；蒲公英煎汁，去渣留汁。2.将绿豆、小米放入豆浆机中，添水搅打成豆浆，烧沸后滤出豆浆，待豆浆温热时加入蜂蜜即可。

特别提示 小米的每餐食用量为60克，不宜多食。

养生宜忌

Ⓥ小米适宜作为老人及产妇的滋补品。
Ⓧ脾胃功能不好的人不宜服用蒲公英。

▋慈姑桃子小米绿豆浆

〔活血消积〕

绿豆　桃子　　小米

材　料

黄豆50克，慈姑30克，桃子1个，绿豆15克，小米10克。

做　法

1.黄豆浸泡6小时，洗净；绿豆、小米洗净，浸泡；慈姑去皮，洗净，切碎；桃子洗净，去核，切碎。2.将所有原材料放入豆浆机中，添水搅打成豆浆，烧沸后滤出豆浆即可。

特别提示 孕妇不宜饮用此豆浆。

养生宜忌

Ⓥ慈姑敛肺止咳，适合咳嗽患者食用。
Ⓧ便秘者不宜食用慈姑。

苹果柠檬豆浆

〔利湿去火〕

黄豆　苹果　柠檬

材　料

黄豆70克，苹果1个，柠檬1/2个。

做　法

1.将黄豆泡软，洗净；苹果去核、皮，切小块；柠檬挤汁。2.将苹果、黄豆放入豆浆机中，添水搅打成豆浆，烧沸后滤出豆浆，调入柠檬汁即可。

特别提示 这道豆浆带豆渣饮用，能获取足量的膳食纤维。

养生宜忌

○ 柠檬对维生素C缺乏者十分有益。

⊗ 肾炎和糖尿病患者不宜食用此豆浆。

绿豆薏米浆

〔清心安神〕

绿豆　薏米

材　料

绿豆80克，薏米、冰糖各少许。

做　法

1.绿豆、薏米泡水3小时至发软，捞出洗净。2.将泡好的绿豆、薏米放入全自动豆浆机中，添水搅打成豆浆。3.烧沸后滤出豆浆，加入冰糖拌匀即可。

特别提示 绿豆以颗粒细致、鲜绿者为佳。

养生宜忌

○ 此豆浆对湿热体质者有益。

⊗ 胃阳不足者不宜食用此豆浆。

夏季

大米百合荸荠豆浆 〔去火润燥〕

材料 黄豆、大米30克，荸荠50克，百合10克。

 黄豆　 荸荠　 百合

做法 1.黄豆泡软，洗净；百合泡发，洗净，分瓣；大米洗净；荸荠去皮，洗净，切小丁。2.将上述材料放入豆浆机中，添水搅打成豆浆，烧沸后滤出豆浆即可。

养生宜忌
Ⓥ 此豆浆可养心安神，适合神经衰弱者食用。
Ⓧ 有血瘀者不宜食用此豆浆。

百合莲子绿豆浆 〔清热降压 镇定心神〕

材料 绿豆60克，莲子、百合各10克，白糖适量。

 绿豆　 莲子　 百合

做法 1.绿豆加水浸泡8小时，捞出洗净；莲子泡软去心，洗净；百合洗净，分成小片。2.将上述材料放入豆浆机中，添水搅打成豆浆，并煮熟。3.过滤后加入适量白糖调匀即可。

特别提示 若没有新鲜的百合，也可用泡发的干百合代替。

养生宜忌
Ⓥ 莲子适合癌症病人及放疗、化疗后食用。
Ⓧ 风寒咳嗽者不宜食用此豆浆。

山药薏米豆浆 〔滋养皮肤〕

材料 黄豆、山药各40克，薏米25克。

 黄豆　 山药　 薏米

做法 1.黄豆、薏米放入清水中泡至发软，捞出洗净；山药洗净，切片。2.将上述材料放入全自动豆浆机中，添水搅打成豆浆。3.烧沸后滤出豆浆，装杯即可。

养生宜忌
Ⓥ 薏米能清热利尿，对浮肿病人有一定食疗功效。
Ⓧ 妇女怀孕早期忌食薏米，以防流产。

紫薯南瓜豆浆〔祛湿健体〕

材料 黄豆35克,紫薯15克,南瓜、白糖适量。 黄豆 紫薯 南瓜

做法 1.黄豆泡软,洗净;紫薯、南瓜去皮洗净,切丁状。2.将黄豆、紫薯、南瓜、白糖放入豆浆机中,添水搅打成豆浆,烧沸后滤出豆浆,调入白糖即可。

养生宜忌
- ♡ 此豆浆对免疫力较弱者有益。
- ⊗ 不宜往此豆浆中再添加草莓等酸性水果。

三豆消暑浆 〔清热解毒〕

材料 黄豆、红豆、黑豆各25克,冰糖5克。 黄豆 红豆 黑豆

做法 1.黄豆、红豆、黑豆放入清水中浸泡至发软,捞出洗净。2.将上述材料放入豆浆机中,加水至上下水位线之间,搅打成豆浆,并煮沸。滤出豆浆,加冰糖拌匀。

特别提示 黑豆表面有天然的蜡质,会随存放时间的长短而逐渐脱落,所以,表面有研磨般光泽的黑豆不要选购。

养生宜忌
- ♡ 黑豆对肾阴亏虚者有补益作用。
- ⊗ 女性经期不宜食用此豆浆。

大米莲藕豆浆〔活血补益〕

材料 黄豆、大米、莲藕各30克,绿豆20克。 绿豆 大米 莲藕

做法 1.黄豆、绿豆泡软,洗净;大米洗净,浸泡半小时;莲藕去皮,洗净,切碎。2.将上述材料都放入豆浆机中,添水搅打成豆浆,烧沸后滤出即可。

特别提示 藕孔较小的莲藕质量较好。

养生宜忌
- ♡ 身体内热者尤适合食用此豆浆。
- ⊗ 服药时不要喝此豆浆,以免降低药效。

秋季

﹕莲枣红豆浆

〔养护心肌〕

 红豆　 莲子　 红枣

材料

红豆40克，莲子20克，红枣10克，白糖适量。

做法

1.红豆泡软洗净；莲子泡软，洗净去心；红枣加温水泡发，洗净，去核切小块。2.将上述材料放入豆浆机中，加水搅打成豆浆，并煮沸。3.过滤，加入适量白糖调匀即可。

特别提示 此豆浆可加入黑芝麻。

养生宜忌

Ⓥ此豆浆尤其适合女性产后贫血者。
Ⓧ平素大便干结难解者不宜食用莲子。

﹕竹叶米豆浆

〔清心除烦　去春燥〕

 红豆　 莲子　 竹叶

材料

黄豆60克，人米10克，竹叶3克。

做法

1.将黄豆预先用水浸泡8小时，捞出洗净；大米淘洗净，加清水浸泡1小时；竹叶洗净，用开水泡成竹叶茶。2.将黄豆、大米放入全自动豆浆机杯体中，添水搅打成豆浆，并煮沸。3.将豆浆过滤，加入竹叶茶调匀即可。

特别提示 搅打豆浆时，可以不加水，直接用竹叶茶替代。

养生宜忌

Ⓥ此豆浆对烦热不安者有益。
Ⓧ胃寒便溏者不宜食用此豆浆。

：宁心百合红豆浆

〔养心安神〕

 红豆　 百合　 白糖

材料

红豆70克，百合10克，白糖适量。

做法

1.红豆预先加水泡6～8小时，捞出洗净；百合洗净，分成小片。2.将泡好的红豆和百合一起放入全自动豆浆机中，加水搅打成豆浆。3.过滤后加入白糖调匀即可。

特别提示 鲜百合注意冷藏，干百合使用时最好先用温水略泡。

养生宜忌

Ⓥ此豆浆对素体多湿、肺弱者有益。
Ⓧ大便稀薄者不宜食用此豆浆。

：花生百合莲子浆

〔清热养心　除肺燥〕

 花生仁　 莲子　 银耳

材料

花生仁50克，百合、莲子、银耳各10克，冰糖适量。

做法

1.银耳泡软，去杂质，分成小朵；莲子泡软去心洗净；百合洗净备用；花生仁洗净。
2.将上述材料一起放入豆浆机中，添水搅打成豆浆，并煮沸。过滤后加冰糖调味。

特别提示 花生百合莲子浆的豆渣具有丰富的营养，可加白糖调成可口豆渣，搭配食用。

养生宜忌

Ⓥ此豆浆对失眠、烦热者有益。
Ⓧ慢性胃炎者不宜食用花生。

●黑豆银耳浆

〔滋阴润肺〕

材　料

黑豆50克，鲜百合
25克，泡发银耳20
克，冰糖适量。

黑豆　　　百合　　　银耳

做　法

1.黑豆预先加水浸泡8小时，洗净捞出；鲜百合洗净，撕小块；银耳泡发洗净，撕小块。2.将上述材料放入豆浆机中，添加适量清水，搅打成浆并煮沸。3.过滤，加入冰糖搅匀即可饮用。

特别提示　黑豆银耳浆适宜春季饮用，秋季饮用时可适量多加些百合。

养生 ⓥ 此豆浆适合热病后出虚汗者食用。
宜忌 ⓧ 黑豆忌与蓖麻子、厚朴同食。

功效详解

| 黑豆
益胃生津
祛风除湿 | + | 百合
清心安神
开胃润肺 | + | 银耳
滋阴润肺
改善睡眠 | = | 滋阴润肺
益胃安神 |

莲子花生豆浆 〔补脾和胃 清肺理气〕

材 料
黄豆50克，莲子、花生各10克，白糖适量。

黄豆   莲子   花生

做 法
1.黄豆预先泡软，洗净；莲子加水泡软，去心洗净；花生去壳，洗净。2.将上述材料放入豆浆机中，添水搅打成浆并煮熟。3.过滤后调入白糖即可饮用。

特别提示 可将黄豆换成红豆，具有补血的功效。

养生宜忌 ✓ 此豆浆对脾肾亏虚者有益。
✗ 腹胀痞满者不宜食用此豆浆。

功效详解

黄豆	+	莲子	+	白糖	=	补脾和胃
可防治心血管疾病		滋补益气健脑益智		健脾和胃润肺化痰		清肺理气

●绿红豆百合豆浆 <small>〔润肺止咳 滋养脾胃〕</small>

材料

红豆、绿豆各30克，百合10克。

绿豆　　　　红豆　　　　百合

做法

1.红豆、绿豆加水泡至发软，洗净捞出；百合洗净，撕成小块。2.将上述材料装入豆浆机，加适量清水打成豆浆并煮沸。3.将豆浆用网罩过滤，装杯即可。

特别提示 此豆浆适量加些甘草，还能起到解毒清热的养生功效。

养生宜忌 ✓ 此豆浆对于心情抑郁者有益。
✗ 绿豆忌与狗肉同食。

功效详解

绿豆	红豆	百合	
清热消暑 利尿消肿	润肠通便 消热解毒	润肺清心 开胃安神	润肺止咳 滋养脾胃

绿豆 + 红豆 + 百合 = 润肺止咳 滋养脾胃

①

②

③

杏仁大米豆浆 〔润肺止咳 延年益寿〕

材料

杏仁15克，大米、黄豆各30克，白糖适量。

 杏仁   大米   黄豆

做法

1.黄豆用水泡软并洗净；大米淘洗干净；杏仁略泡并洗净。2.将上述材料放入豆浆机中，加适量清水搅打成豆浆，并煮熟。3.过滤后加入适量白糖调匀即可。

特别提示 杏仁上有小洞的是蛀粒，有白花斑的为霉点，这样的杏仁不能食用。

养生宜忌 Ⓥ 此豆浆适合咳嗽、肺燥之人食用。
⊗ 产妇、糖尿病患者不宜食用此豆浆。

功效详解

| 杏仁 解郁散风 降气润燥 | + | 大米 健脾和胃 补中益气 | + | 黄豆 可防治心 血管疾病 | = | 润肺止咳 延年益寿 |

 1

 2

 3

补肺大米豆浆

〔避免秋燥 改善咳嗽〕

 黄豆　 大米　 冰糖

材料

黄豆40克，大米30克，冰糖适量。

做法

1.黄豆预先入水浸泡至发软，捞出洗净；大米淘洗干净。2.将黄豆、大米放入豆浆机中，加适量水搅打成豆浆，并煮熟。3.过滤，加入冰糖调匀即可饮用。

特别提示 冰糖很容易生螨，存放日久的冰糖不要生吃，应煮开后食用。

养生宜忌

Ⓥ此豆浆对干咳无痰者有较好的作用。
Ⓧ有消化性溃疡者不宜食用此豆浆。

甘润莲香豆浆

〔清润滋补 除燥润肺〕

 黄豆　 莲子　 冰糖

材料

黄豆50克，莲子20克，冰糖适量。

做法

1.黄豆加水泡至发软，捞出洗净；莲子加水泡软，去心洗净。2.将所有材料放入豆浆机中，加水搅打成豆浆，并煮熟。3.过滤，趁热加入冰糖调匀即可。

特别提示 莲子放入开水中，倒少许老碱，使劲揉搓，可很快去除莲子皮。

养生宜忌

Ⓥ此豆浆对心神不安及肺燥者有益。
Ⓧ便秘及脘腹胀闷者慎食此豆浆。

小米红枣豆浆

〔养护心肌〕

黄豆　小米　红枣

材料

黄豆40克，小米、红枣、白糖各适量。

做法

1.黄豆加水浸泡6小时，捞出洗净；小米洗净；红枣洗净，去核切碎。2.将上述材料放入豆浆机中，添水搅打成豆浆，并煮熟。3.过滤后即可饮用。

特别提示 黄豆豆浆可加白糖调味，最好不要加红糖调味，否则不利于豆浆中营养物质的吸收。

养生宜忌

♡此豆浆对体虚胃弱者有益。

⊗气滞者不宜食用此豆浆。

小米绿豆浆

〔补气养胃　促进消化〕

绿豆　小米　葡萄干

材料

绿豆、小米各35克，葡萄干10克。

做法

1.绿豆预先加水浸泡8小时，捞出洗净；小米淘洗干净，用清水浸泡2小时；葡萄干用温水洗净。2.将上述材料一同倒入豆浆机中，加水至上、下水位线之间。3.接通电源，按照提示将豆浆制作完毕，过滤即可。

特别提示 葡萄干以粒大、壮实、味柔糯者为上品。

养生宜忌

♡此豆浆对心烦血虚者有益。

⊗绿豆不宜与海鱼同食。

：人参红豆紫米豆浆

〔大补元气　养血补虚〕

 黄豆　 人参　 蜂蜜

材料

黄豆20克，人参5克，红豆30克，紫米20克，蜂蜜10克。

做法

1.黄豆、红豆均加水泡软，洗净；紫米洗净，浸泡；人参洗净煎汁，留汁备用。

2.将上述材料倒入豆浆机中，加水搅打成豆浆煮沸后，过滤，放入蜂蜜即可。

特别提示 人参也可以用高丽参、水参、红参代替。此豆浆因滋补性较强，不宜天天饮用。

养生宜忌

Ⓥ人参对久病虚羸者有益。

Ⓧ孕妇及儿童不宜食用人参。

：黄豆红枣糯米豆浆

〔补气补血　健脾养胃〕

 黄豆　 糯米　 红枣

材料

黄豆40克，糯米、红枣各15克，冰糖适量。

做法

1.黄豆、糯米分别淘洗干净，用水泡软；红枣用温水洗净，去核切成小块。2.将上述材料倒入全自动豆浆机中，加水打成浆，倒入杯中，调入冰糖即可。

特别提示 糯米多食易引起腹胀。

养生宜忌

Ⓥ此豆浆对血虚、多汗者有益。

Ⓧ素有痰热风病者不宜食用此豆浆。

● 黑米南瓜豆浆〔加强胃肠蠕动〕

材料 黄豆
50克，黑米、
南瓜各30克。

 黄豆 黑米 南瓜

做法 1.黄豆用清水泡软，捞出洗净；黑米淘洗干净
泡软；南瓜洗净，去皮去瓤，切丁。2.将上述材料放入
豆浆机中，添水搅打成豆浆，烧沸后滤出，即可饮用。

养生宜忌
Ⓥ 此豆浆适合久病气虚者食用。
Ⓧ 患有脚气、黄疸者忌食此豆浆。

● 红薯芝麻豆浆〔通便排毒〕

材料 黄豆、
红薯各40克，
黑芝麻15克。

 黄豆 红薯 黑芝麻

做法 1.黄豆洗净，用清水泡至发软；红薯洗净，
去皮切丁；黑芝麻洗净。2.将上述材料放入豆浆机
中，加适量水搅打成豆浆，烧沸后滤出即可饮用。

特别提示 红薯耐储存，置于阴凉通风处可保存
1~2个月，但要注意防止虫蛀。

养生宜忌
Ⓥ 吸烟者食用此豆浆可有效预防肺气肿。
Ⓧ 腹胀、腹满者应慎食此豆浆。

● 黄芪大米豆浆〔改善气虚 气血不足〕

材料 黄豆60克，
黄芪25克，大米20
克，蜂蜜适量。

 黄豆 黄芪 大米

做法 1.黄豆预先泡软，洗净；大米淘洗干净；黄
芪煎汁备用。2.将黄豆、大米放入豆浆机中，淋入黄
芪汁，添水搅打煮熟成豆浆。过滤晾凉，加入蜂蜜调
味后饮用即可。

养生宜忌
Ⓥ 大米与黄豆搭配，不仅营养均衡，还能健脾胃。
Ⓧ 热病患者不宜食用此豆浆。

黑豆糯米豆浆

〔降低血糖〕

 黑豆　 糯米　 白糖

材 料
黑豆50克，糯米20克，白糖适量。

做 法
1.黑豆入水浸泡8小时，捞出洗净；糯米洗净泡软。2.将黑豆、糯米放入全自动豆浆机中，添水搅打成豆浆。3.过滤，加入适量白糖调匀即可。

特别提示 加入糯米的黑豆浆较黏稠，可适量多加清水。

养生宜忌
♡此豆浆可治体虚所致自汗、盗汗。
⊗痰火偏盛之人忌食糯米。

红枣枸杞豆浆

〔养肝明目〕

 黄豆　 红枣　 枸杞

材 料
黄豆45克，红枣15克，枸杞10克。

做 法
1.将黄豆浸泡6～16小时，捞出洗净；将红枣洗净去核；枸杞洗净备用。2.将上述材料装入豆浆机网罩内，杯体内加入清水，启动豆浆机，搅打成浆并煮熟。3.过滤装杯即可。

特别提示 红枣洗净后最好浸泡10分钟左右。

养生宜忌
♡此豆浆适合肾虚精亏及血虚者食用。
⊗枸杞不宜与绿茶同食。

第二章
养生豆奶

　　豆奶，充分利用动植物蛋白资源，应用动植物蛋白互补原理将二者有效搭配，能提高蛋白效价和生物价。大豆中的大部分可溶性营养成分在制作过程中转移到了豆奶中，因此，长期饮用豆奶可以摄取大量优质的蛋白质、大豆油脂、维生素和矿物质。

豆奶的营养价值

◎豆奶充分利用动植物蛋白资源，运用动植物蛋白互补原理将二者有效搭配，提高蛋白效价和生物价，综合了大豆和牛奶两种物质的营养，含多种维生素和矿物质，有较高的营养价值。

1 蛋白质、氨基酸的配比更合理

黄豆中，蛋白质的含量高达40%，而且都是优质蛋白质；还含有人体所必需的氨基酸，其中赖氨酸的含量高于谷物。黄豆中所含氨基酸的比例是植物性食物当中最合理、最接近于人体所需的比例。

牛奶中的蛋氨酸含量较高，可以补充大豆蛋白质中蛋氨酸的不足。鲜牛奶的蛋白质含量为3.4%，主要包括酪蛋白、乳清蛋白和脂肪球膜蛋白三种。牛奶中乳蛋白的消化吸收率一般为97%～98%，属完全蛋白。豆奶将动、植物中的蛋白互补，使氨基酸的配比更合理、更利于人体的消化吸收。

2 不饱和脂肪酸含量高

豆奶中的脂肪主要是植物脂肪，不饱和脂肪酸含量较高，胆固醇含量低，可以预防动脉硬化。

3 膳食纤维丰富

豆奶是经过超微粉碎工艺加工而成的，不除豆渣，大豆子叶被全部利用，所以膳食纤维的含量比同类产品高。膳食纤维有润肠通便的作用，可以预防直肠癌。

4 含有低聚糖

豆奶中含有大豆低聚糖，可以提高人体免疫力，延缓衰老。

5 含有大豆异黄酮

豆奶中含有大豆异黄酮，大豆异黄酮是植物雌激素，长期食用可以预防乳腺癌、前列腺癌、骨质疏松，减轻或避免更年期综合征。

6 含有大豆卵磷脂

豆奶中含有大豆卵磷脂，大豆卵磷脂可以抗衰老、激活脑细胞，提高老年人的记忆力与注意力。

7 含有乳脂肪

豆奶中的牛奶脂肪含量约占3.6%，且呈乳糜化状态，以极小脂肪球的形式存在，摄入人体后可经胃壁直接吸收。乳脂肪是一种消化率很高的食用脂肪，它能为机体提供能量，保护机体。乳脂肪不仅使豆奶具备特有的奶香味，而且其中还含有多种脂肪酸和少量磷脂，脂肪酸中的不饱和脂肪酸和磷脂中的卵磷脂、脑磷脂、神经磷脂等都具有保健作用。

8 含有乳糖

豆奶中的牛奶乳糖是特有的碳水化合物，乳糖的营养功能是提供热能和促进金属离子，如钙、镁、铁、锌等的吸收，对婴儿的智力发育非常重要。另外钙的吸收程度与乳糖数量成正比，丰富的乳糖含量能起到预防佝偻病的作用。

9 含有多种矿物质

豆奶中含有丰富的矿物质，如钾、钠、钙，铁等，还含有微量元素镁。而牛奶中含有丰富的钙，且钙磷比例适当，有利于钙的吸收，是钙质的最好来源。如果每天饮用250克牛奶，就可以补充300毫克左右的钙，达到推荐供给量的35%，这对解决中国人膳食钙缺乏具有重要意义。

10 含有维生素

维生素对维持人体正常生长及调节多种机能具有重要作用。牛奶中含有丰富的维生素，如维生素A、维生素D、维生素E、维生素B_1、维生素B_2等。

豆奶的 养生功效

◎豆奶含有多种人体必需的维生素，可防止不饱和脂肪酸氧化，去除过剩的胆固醇，防止血管硬化，减少褐斑，有预防老年病的养生功效。

1 调节女性内分泌

常喝豆奶的女性显得年轻，中老年女性喝豆奶对延缓衰老也有明显好处。豆奶中含有氧化剂、矿物质和维生素，还含有一种植物雌激素——大豆异黄酮，可调节女性内分泌，明显改善身体素质。

2 预防乳腺癌和子宫癌

常喝豆奶可以调节女性体内的雌激素与孕激素水平，使分泌周期变化保持正常，能有效预防乳腺癌、子宫癌的发生。

3 强身健体

豆奶中含丰富的蛋白质、脂肪、碳水化合物、磷、铁、钙、镁以及维生素、核黄素等，对增强体质大有好处。

4 防治糖尿病

豆奶中含有大量的纤维素，能有效地阻止身体对糖的吸收，因而能防治糖尿病，是糖尿病患者日常必不可少的好食品。

5 防治支气管炎

豆奶中所含的麦氨酸有防止平滑肌痉挛的作用，从而可减少支气管炎的发作。

6 防治高血压

豆奶中所含的豆固醇、钾、镁等营养物质，是有力的抗钠物质。钠是高血压发生和复发的主要根源之一，如果能适当地控制体内钠的数量，即能防治高血压。

7 防治冠心病

豆奶中所含的豆固醇、钾、镁、钙等营养素能加强心肌血管的兴奋度，改善心肌营养，降低胆固醇，促进血液流通。

8 防治脑中风

豆奶中所含的镁、钙等元素，能降低脑血脂，有效防止脑梗死、脑出血的发生。豆奶中所含的卵磷脂还能减少脑细胞死亡，提高脑功能。

9 防治癌症

豆奶中的蛋白质、硒、钼等元素都有很强的抑癌和治癌能力。

10 延缓衰老、预防老年痴呆

豆奶中所含的硒、维生素E、维生素C等营养素，有很强的抗氧化功能，可延缓衰老、预防老年痴呆。

常喝豆奶 有何好处

◎豆奶是时下流行的养生饮品之一，因营养价值高及口感独特，在未来有可能替代牛奶。豆奶中蛋白质和矿物质含量丰富，营养较为均衡，经常饮用对人体健康大有裨益。

豆奶含有丰富的营养成分，特别是含有丰富的蛋白质以及较多的微量元素镁，此外，还含有维生素B_1、维生素B_2等，是一种较好的营养食品。

豆奶还被西方营养学家称作"健脑"食品，因为豆奶中所含的大豆磷脂可以激活脑细胞，提高老年人、儿童的记忆力与注意力。

大豆磷脂是人体细胞构成的基本物质之一，是组成大脑细胞和神经细胞必不可少的成分。生物体中磷脂的代谢与脑的机能状态有关。人在服用大豆磷脂后，经过体内水解而生成胆碱、甘油磷酸及脂肪酸，具有较强的生理活性和营养价值，因此，老年人经常服用大豆磷脂对改善神经化学功能和大脑机能起到了促进作用。适当补充磷脂可缓解脑细胞的退化与死亡，增强体质。

大豆磷脂能够抗衰老，是因为磷脂具

有保护和恢复细胞的作用。细胞膜是由磷脂、蛋白质、胆固醇组成的，它们承担着代谢过程中供应细胞维持生命所必需的物质和排泄废物的功能。因此，对老年人来说，大豆磷脂是一种激发脑细胞活力效果比较明显的保健食品。

豆奶属高纤维食物，能解决便秘问题，增强肠胃蠕动，使小腹不再凸出。豆奶除了补充营养，增强免疫力之外，还能减少面部青春痘、暗疮的发生，使皮肤白皙润泽，容光焕发。

豆奶属出汗食物。水聚集在体内无法排出，是造成水肿型肥胖的主要凶手。如果在减重期间多吃一些利尿及耗热出汗的食物，不但能减少水肿机会，还能带走一部分热量，让你吃好的同时能瘦身。

豆奶含有丰富的不饱和脂肪酸，能分解体内的胆固醇，促进脂质代谢，使皮下脂肪不易堆积。

〈原味豆奶〉

原味豆奶是一种很好的健脾益智的营养饮品，且能最大限度上保持豆子原本的味道，其适用人群也较为广泛。

● 黄豆豆奶 〔增强免疫力 抗衰老〕

材料

黄豆70克，牛奶50毫升，白糖适量。

黄豆　　牛奶　　白糖

做法

1. 将干黄豆预先用水浸泡6~8小时，捞出洗净。

2. 将黄豆放入家用豆浆机中，加水至上下水位线之间，搅打成豆浆，煮熟。

3. 将豆浆过滤，加入牛奶和少许白糖，搅拌均匀即可。

特别提示 挑选黄豆时，应以颗粒饱满、无虫害、无霉变者为佳。

养生宜忌

♡ 老年人食用此豆奶可增强记忆力。

⊗ 患有严重肝病、动脉硬化的人禁食。

● 黑豆豆奶 〔补充营养 延缓衰老〕

材 料
黑豆70克，鲜牛奶50毫升。

 黑豆
 黑豆
 牛奶

做 法
1.黑豆加水，泡至发软，捞出洗净。2.将黑豆放入豆浆机中，搅打成汁，加热煮熟。3.将煮熟的黑豆浆过滤，调入温热的鲜牛奶，搅拌均匀即可。

特别提示 黑豆用水浸泡时，会有轻微掉色，属于正常现象。

养生宜忌 ⊘ 高血压患者多食黑豆，有很好的疗效。
⊗ 黑豆不宜生吃，肠胃不好的人会出现胀气。

功效详解

| 黑豆 滋补肝肾 抗衰老 | + | 牛奶 美容养颜 营养均衡 | = | 补充营养 延缓衰老 |

红豆豆奶

（净化血液　利尿消肿）

 红豆　 牛奶

材料

红豆40克，鲜牛奶60毫升，白糖适量。

做法

1. 红豆用清水洗净，提前一晚上泡发。
2. 将泡好的红豆放入豆浆机中，加入适量水磨成豆浆。
3. 加入鲜牛奶，煮沸，加入适量的白糖拌匀即可。

特别提示 红豆有补血、促进血液循环、强化体力、增强抵抗力的效果。

养生宜忌

♡ 水肿、哺乳期妇女适合食用红豆。
⊗ 红豆不宜与羊肉同食。

绿豆豆奶

（清热解毒　抗疲劳）

 绿豆　 牛奶

材料

绿豆40克，鲜牛奶20毫升，白糖适量。

做法

1. 将绿豆洗净，浸泡10～12小时。
2. 将浸泡好的绿豆倒入豆浆机，加水，启动机器，磨成豆浆。
3. 再放入准备好的鲜牛奶搅匀，煮沸，过滤，依个人口味加入白糖即可饮用。

特别提示 绿豆性凉，脾胃虚弱者不宜多食用。

养生宜忌

♡ 冠心病、中暑、暑热烦渴适宜食用。
⊗ 绿豆忌与鲤鱼、榧子、狗肉同食。

〈加料豆奶〉

加料豆奶由于添加的原料各有不同，故其营养成分也各有不同，保健功效也随之各有侧重。

● 马蹄豆奶 〔清热润燥 开胃通便〕

材料
马蹄25克，黄豆45克，牛奶、白糖各适量。

黄豆　　白糖　　牛奶

做法
1.将黄豆浸泡6小时，捞出洗净；马蹄洗净，去皮，切小块。2.将黄豆、马蹄倒入豆浆机中，加适量水，再加入适量牛奶，拌打成豆奶。3.过滤好后，依据个人口味加白糖，拌匀即可。

特别提示 马蹄可用于治疗热病烦渴、痰热咳嗽、咽喉疼痛等症。

养生宜忌
♡ 儿童和发烧病人最宜食用马蹄。
⊗ 脾肾虚寒和有血淤者忌食马蹄。

● 黄瓜豆奶 〔美容瘦身 抗衰老〕

材料
黄瓜70克，黄豆50克，牛奶50毫升，白糖少许。

黄瓜　　黄豆　　牛奶

做法
1.黄瓜去皮，洗净后切小块；黄豆泡发8小时，洗净备用。2.将黄瓜、黄豆放入豆浆机中，加适量水磨成豆浆，煮沸后过滤。3.加入白糖、牛奶，搅拌均匀即可。

养生宜忌
♡ 糖尿病患者吃黄瓜，对血糖也有降低作用。
⊗ 腹痛腹泻、肺寒咳嗽者应少吃黄瓜。

胡萝卜豆奶

〔平肝明目 宽中健脾〕

 胡萝卜　 黄豆　 牛奶

材 料

胡萝卜30克，黄豆40克，牛奶适量。

做 法

1.胡萝卜洗净，切小块；将黄豆放入温水中浸泡10小时，洗净备用。2.将上述原料一起倒入豆浆机中，加适量水搅打成浆，并煮沸。3.过滤，加入牛奶拌匀即可。

特别提示 胡萝卜中含有的琥珀酸钾有降血压的效果。

养生宜忌

Ⓥ 夜盲症患者多食胡萝卜有治疗作用。
Ⓧ 胡萝卜过量食用，会改变皮肤色素。

咖啡豆奶

〔提神护心 舒缓心情〕

 黄豆　 牛奶　 咖啡粉

材 料

黄豆60克，咖啡粉10克，牛奶50毫升，白糖少许。

做 法

1.黄豆用温水浸泡6小时，洗净后沥干水分。2.将黄豆、咖啡粉倒入豆浆机内，加适量牛奶搅打成浆，煮至豆浆机提示豆奶做好。3.依个人口味加入白糖即可饮用。

特别提示 冲泡过久的咖啡味道会变差,这是因为咖啡中的丹宁酸煮沸后的会分解成焦梧酸。

养生宜忌

Ⓥ 缺铁性贫血适宜食用黄豆。
Ⓧ 低碘者和对黄豆过敏者禁食。

⦂燕麦豆奶

〔降低胆固醇〕

燕麦 黄豆 牛奶

材料

燕麦30克,黄豆50克,牛奶50毫升,冰糖适量。

做法

1.燕麦洗净;黄豆浸泡至软,捞出洗净。2.将燕麦、黄豆放入豆浆机中,添水搅打成豆浆,并煮沸。3.滤出豆浆,加入冰糖和牛奶拌匀。

特别提示 燕麦中富含膳食纤维,具有延缓人体细胞衰老的作用。

养生宜忌
- Ⓥ 老年人心脑病患者适宜多食燕麦。
- ⊗ 燕麦一次不宜吃太多,会造成胀气。

⦂花生豆奶

〔补气养血、美容养颜〕

黄豆 花生仁 牛奶

材料

黄豆40克,花生仁30克,牛奶50毫升。

做法

1.黄豆预先泡水6～8小时,捞出洗净;花生仁洗净。2.将黄豆、花生仁一起放入豆浆机中,添水搅打成豆浆,煮沸,过滤。3.加入适量牛奶搅匀即可。

特别提示 花生霉变后含有大量致癌物质,所以霉变的花生制品忌食。

养生宜忌
- Ⓥ 病后体虚者多饮此豆奶能增强免疫力。
- ⊗ 慢性肠炎患者、痛风患者忌食。

⦿紫薯豆奶 〔增强免疫力 健脾和胃〕

材 料

紫薯50克，黄豆50克，
牛奶适量。

紫薯　　　黄豆　　　牛奶

做 法

1.紫薯去皮，洗净，切小块；干黄豆泡发6~8小时，捞出沥干水分。2.将紫薯、泡发好的黄豆都放入豆浆机中，加牛奶至上下水位线间，搅打成豆奶。3.加热烧沸后，滤出豆奶即可。

特别提示 紫薯糖分含量高，吃多了可刺激胃酸大量分泌，使人感到胃部灼热。

养生宜忌 ♡ 肠胃不佳，消化不良者可多食紫薯有助消化。
⊗ 湿阻脾胃、气滞食积者应慎食紫薯。

功效详解 ⋯⋯⋯⋯⋯⋯⋯⋯

紫薯 抗疲劳 健脾美容	+	牛奶 增强免疫力 润肠通便	=	增强免疫力 健脾和胃

：薏米绿豆豆奶

〔瘦身排毒
利水消肿〕

材 料

薏米20克，绿豆40克，
牛奶50毫升，白糖适量。

薏米　　绿豆　　牛奶

做 法

1.薏米、绿豆分别洗净，
绿豆泡发3小时，薏米泡发6小时。2.将薏米、绿豆均放入
豆浆机中。3.加入牛奶，搅打成汁，加热煮熟后过滤，加
入适量白糖，调匀即可。

特别提示 制作此款豆奶时，如果想要快速、方便，也可
以将薏米换成薏米粉。

**养生
宜忌** ☑中暑、暑热烦渴、疮毒患者适宜食用绿豆。
　　　　☒绿豆忌与鲤鱼、榧子、狗肉同食。

功效详解

| 绿豆
清热排毒
润喉止痛 | + | 薏米
健脾胃
利水祛湿 | = | 瘦身排毒
利水消肿 |

〈果味豆奶〉

　　果味豆奶不仅能增添水果之清香，还可尽收其营养，是一款特别适宜女性、儿童饮用的保健饮品。

⦿ 橘子豆奶 〔增强免疫力 健脾理气〕

材料
橘子1个，黄豆50克，牛奶适量。

黄豆　　　橘子　　　牛奶

做法
1.橘子去皮，剥成瓣；黄豆泡至发软，捞出洗净。2.将橘子、黄豆放入豆浆机中，加少许水，搅打成豆浆，煮沸。3.调入牛奶搅拌均匀即可。

特别提示 橘子豆奶最好不要空腹饮用，以免对胃黏膜产生刺激，引起不适。

养生宜忌
⦾ 冠心病、血脂高的人多吃有益。
⦻ 肾功能虚寒的老人不可多吃。

功效详解

橘子 润肺化痰 增强免疫力	+	牛奶 健脾润肠 壮骨和胃	=	增强免疫力 健脾理气

菠萝柠檬豆奶

〔排毒瘦身 滋润皮肤〕

菠萝 黄豆 牛奶

材料

菠萝、柠檬各20克，黄豆50克，牛奶50毫升，白糖适量。

做法

1.柠檬剥皮，掰成瓣；菠萝去皮，洗净，用盐水浸泡30分钟，切丁；黄豆浸泡6小时，捞出洗净。2.将柠檬、菠萝、黄豆倒入豆浆机内，加牛奶搅打成浆，煮至豆浆机提示豆奶做好。3.依个人口味加入白糖。

养生宜忌

♡ 肾结石患者食菠萝有好的治疗作用。
⊗ 严重肝或肾疾病患者忌食菠萝。

橙子黑豆奶

〔生津止渴 疏肝理气〕

橙子 黑豆 牛奶

材料

橙子1个，黑豆40克，牛奶50毫升，白糖适量。

做法

1.橙子去皮，切小块；黑豆浸泡8小时，洗净待用。2.将橙子、黑豆放入豆浆机中，加少许水打成豆浆，过滤煮沸。3.趁热加白糖拌至融化，加适量牛奶调和即可。

特别提示 空腹时不宜饮用此款豆奶，否则橙子所含的有机酸会刺激胃黏膜，对胃不利。

养生宜忌

♡ 适宜女性多吃有助于增加皮肤弹性。
⊗ 不宜过量食用。

甜瓜豆奶

〔消暑清热　生津解渴〕

黄豆　牛奶　白糖

材　料

甜瓜50克，黄豆45克，牛奶50毫升，白糖15克。

做　法

1.甜瓜去皮去子，洗净后切小块；干黄豆泡发8小时，捞出洗净。2.将甜瓜、黄豆放入豆浆机中，添水搅打成豆浆，煮沸后滤出，趁热加入白糖拌匀。3.加少许牛奶，轻轻搅拌均匀即可。

特别提示 甜瓜可消暑清热。

养生宜忌

Ⓥ肾病患者食甜瓜有益营养吸收。
Ⓧ脾胃虚寒、腹胀便溏者应忌食。

草莓豆奶

〔润肺生津　清热凉血〕

草莓　黄豆　牛奶

材　料

草莓40克，黄豆50克，牛奶60毫升。

做　法

1.草莓去蒂，洗净后切丁；黄豆浸泡8小时，捞出洗净。2.将草莓、黄豆放入豆浆机中，加少许水搅打成豆浆，烧沸后过滤。3.待豆浆放至温热时，加适量牛奶调匀即可。

特别提示 用盐水浸泡草莓10分钟，再用清水冲洗，能更好地洗净草莓。

养生宜忌

Ⓥ再生障碍性贫血可多食草莓。
Ⓧ尿路结石病人不宜吃得过多。

苹果豆奶

〔补中焦　益心气〕

 苹果 黄豆 牛奶

材料
苹果1个，黄豆45克，牛奶50毫升，白糖少许。

做法
1.苹果洗净，去核后切成小块；黄豆预先泡软，洗净备用。2.将黄豆和苹果都放入全自动豆浆机中，添水搅打成豆浆并煮熟，过滤。3.将牛奶调入过滤后的豆浆中，加白糖拌匀即可。

特别提示 苹果最好不要削皮。

养生宜忌
Ⓥ 中老年女性多食苹果能防止中风。
Ⓧ 心肌梗死、糖尿病患者不宜多吃。

樱桃豆奶

〔补血养颜　健脾和胃〕

 白糖 黄豆 牛奶

材料
樱桃30克，黄豆50克，牛奶、白糖各适量。

做法
1.樱桃去蒂洗净，备用；干黄豆泡发后捞出洗净。2.将樱桃、黄豆放入豆浆机中，添水搅打成豆浆，煮熟，趁热放入白糖拌匀。3.待豆浆温时调入牛奶搅拌均匀即可。

特别提示 应选颜色鲜艳、果粒饱满、表面有光泽和弹性的樱桃。

养生宜忌
Ⓥ 关节炎病人每天食樱桃可缓解病症。
Ⓧ 热性病及虚热咳嗽者要忌食。

香蕉豆奶

〔润肠通便　养阴生津〕

 黄豆　 牛奶　 香蕉

材料

香蕉半个，黄豆50克，牛奶70毫升，白糖少许。

做法

1.香蕉去皮，切小块；黄豆预先用水泡发6小时，洗净后备用。2.将香蕉、黄豆放入豆浆机中，添适量水搅打成豆浆，煮熟后过滤。3.调入牛奶和白糖拌匀即可。

特别提示 患有严重肝病、肾病、痛风、消化性溃疡的人要少食黄豆类产品。

养生宜忌

♡水泻不止的乳糖酶缺乏者可食香蕉。

⊗消化不良、肾功能不全者慎食香蕉。

山楂豆奶

〔开胃消食　助消化〕

 山楂　 黄豆　 牛奶

材料

山楂15克，黄豆45克，牛奶50毫升，白糖10克。

做法

1.山楂洗净，去核切粒；黄豆用清水泡软，捞出洗净。2.将山楂和黄豆放入豆浆机中，加适量水搅打成豆浆，烧沸后滤出豆浆。3.调入牛奶、白糖拌匀即可。

特别提示 如果不喜欢山楂的酸，可以先用水煮一下再来打浆，这样能去掉一些酸味。

养生宜忌

♡老年人常吃山楂制品能延年益寿。

⊗孕妇忌吃山楂，有可能诱发流产。

：菠萝豆奶

〔清理肠胃　减肥美容〕

菠萝　黄豆　牛奶

材料

菠萝30克，黄豆40克，牛奶45毫升。

做法

1.菠萝去皮，洗净，放入盐水中浸泡20分钟，捞出，切小块；黄豆浸泡6小时，洗净。2.将菠萝、黄豆、牛奶倒入豆浆机中搅打成浆，煮至豆浆机提示豆奶做好。3.滤出豆奶，装杯即可。

特别提示 切忌过量食用未经处理的生菠萝，否则会中毒。

养生宜忌

⊘菠萝适宜肾炎，高血压病患者食用。
⊗血液凝固功能不全等患者忌食菠萝。

：猕猴桃豆奶

〔清热除烦　有利于心脑血管健康〕

猕猴桃　黄豆　牛奶

材料

猕猴桃40克，黄豆45克，牛奶、白糖各适量。

做法

1.猕猴桃洗净，去皮，切片；黄豆用温水浸泡7小时，洗净。2.将上述原料一起倒入豆浆机内，添水搅打成浆，煮沸。3.将豆浆进行过滤，然后调入适量牛奶、白糖，拌匀。

特别提示 猕猴桃能阻断致癌物质亚硝胺合成的活性成分，阻断率达98%，所以猕猴桃有防癌抗癌作用。

养生宜忌

⊘猕猴桃适宜消化不良者食用。
⊗月经过多和尿频者忌食猕猴桃。

葡萄干豆奶

〔开胃消食　润肺护肤〕

 葡萄干　 黄豆　 牛奶

材料

葡萄干30克，黄豆50克，牛奶50毫升。

做法

1.葡萄干洗净，控干水分；黄豆用温水浸泡6小时，洗净，捞出沥干水分。2.将葡萄干、黄豆倒入豆浆机内，加适量水，启动机器，搅打成浆。3.过滤后调入牛奶，拌匀即可饮用。

特别提示 多吃葡萄，可以缓解手脚冰冷、腰痛、贫血等现象，提高免疫力。

养生宜忌

Ⓥ葡萄干适宜孕妇和贫血患者食用。
Ⓧ患有糖尿病的人忌食葡萄干。

香蕉李子豆奶

〔润肠通便　降血压〕

 香蕉　 李子　 黄豆

材料

香蕉1个，李子20克，黄豆45克，牛奶50毫升，白糖适量。

做法

1.香蕉去皮，切小块；李子洗净，去核切小块；干黄豆预先泡发6～8小时，捞出洗净。2.将香蕉、李子、黄豆、白糖一同放入豆浆机中，添水搅打成豆浆，烧沸后滤出豆浆。3.加入牛奶调匀即可。

特别提示 香蕉不要放入冰箱中保存，在10～25℃条件下储存较适宜。

养生宜忌

Ⓥ肝有病的人宜食用李子。
Ⓧ脾虚痰湿及小儿不宜多吃李子。

香蕉桃子豆奶

〔养阴生津 润肠通便〕

香蕉 桃子 黄豆

材料

香蕉半个,桃子1个,黄豆45克,牛奶50毫升,白糖适量。

做法

1.香蕉去皮,切小块;桃子洗净,去皮去核,切小块;黄豆泡至发软,洗净。2.将上述材料一起放入豆浆机中,加水搅打成浆,煮沸后滤出豆浆。3.加入牛奶和白糖拌匀即可。

特别提示 在水中放少许食用碱,将桃子放入浸泡3分钟,搅动几下,桃毛就会自动上浮,更易清洗。

养生宜忌

Ⓥ 适合水肿病人食用桃子。
⊗ 胃肠功能不良者不宜多吃桃子。

椰子味豆奶

〔补脾益肾 促进消化〕

椰子 黄豆 牛奶

材料

椰汁40毫升,牛奶20毫升,黄豆20克,白糖适量。

做法

1.黄豆洗净,用清水浸泡10~12小时,捞出洗净。2.将浸泡好的黄豆与准备好的椰汁倒入豆浆机内,启动机器,打至豆浆机提示完成。3.加入牛奶,旺火煮沸,依照个人的口味加入白糖即可。

特别提示 如果夏季温度过高,浸泡黄豆时最好放入冰箱冷藏。

养生宜忌

Ⓥ 久病体虚人群可多食椰子改善体质。
⊗ 病毒性肝炎、脂肪肝忌食用椰子。

獼猴桃橙子豆奶 〔减肥健美 预防眼病〕

材 料

獼猴桃、橙子、黄豆各30克，牛奶适量。

 獼猴桃　橙子　 黄豆

做 法

1 橙子剥皮，掰成一瓣一瓣；獼猴桃将表面绒毛洗净，去皮，切块；黄豆浸泡6小时，洗净。2 将橙子、獼猴桃、黄豆放入豆浆机中，加牛奶至上下水位线之间，搅打成豆奶，并煮沸。3 将豆奶进行过滤，装杯即可。

特别提示 獼猴桃中特有的膳食纤维能够促进消化吸收。

养生 宜忌 ♡ 胸膈满闷、恶心欲吐者宜食獼猴桃。
⊗ 糖尿病患者忌食獼猴桃。

功效详解

獼猴桃 解热减肥 生津止渴	＋	橙子 清肠护眼	＝	减肥健美 预防眼病

〈保健豆奶〉

豆奶含有丰富的营养成分，有很好的保健功效。豆奶还被西方营养学家称作"健脑"食品，因为豆奶中所含的大豆磷脂可以激活脑细胞，提高人的记忆力与注意力。

黑米桑叶豆奶 〔补益肝肾 乌发壮骨〕

材料

黑米30克，桑叶10克，黄豆45克，牛奶、白糖各适量。

黑米　　桑叶　　白糖

做法

1.黑米、黄豆淘洗干净，分别用温水浸泡7小时；桑叶洗净，切细。2.将黑米、桑叶、黄豆放入豆浆机内，按规定加入清水，搅打成浆，煮沸。3.往机体内倒入适量牛奶，拌匀后装杯，趁热加少许白糖，搅匀即可饮用。

特别提示 黑米具有开胃益中、暖脾暖肝、明目活血、滑涩补精之功效。

养生宜忌

◎ 黑米适宜产后血虚、贫血等病人食用。
⊗ 消化功能弱者忌食黑米。

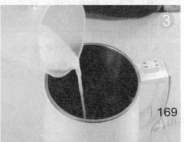

甘薯南瓜豆奶

〔防癌抗癌 宽中健脾〕

 南瓜　 黄豆　 牛奶

材料

甘薯15克，南瓜20克，黄豆40克，牛奶、白糖各适量。

做法

1.甘薯、南瓜去皮，洗净，切丁；黄豆浸泡6小时，洗净。2.将黄豆、甘薯、南瓜倒入豆浆机内，添水搅打成浆，煮沸后进行过滤。3.加入适量牛奶和白糖，搅拌均匀后即可饮用。

特别提示 食用南瓜能帮助食物消化。

养生宜忌

✓南瓜适合中老年人和肥胖者食用。
✗脚气、黄疸患者忌食南瓜。

玉米山药红豆豆奶

〔益肾补脾 降压防癌〕

 玉米　 山药　 红豆

材料

玉米粒30克，山药30克，红豆45克，牛奶40毫升，白糖适量。

做法

1.玉米粒洗净；山药去皮，洗净，切小块；红豆泡发8小时，捞出洗净备用。2.将红豆、玉米粒、山药放入豆浆机中，加入适量水，搅打成豆浆，煮沸后过滤。3.调入白糖和牛奶即可饮用。

特别提示 玉米有开胃益智等功效。

养生宜忌

✓玉米适合于胆石症患者食用。
✗皮肤病患者忌食玉米。

草莓枸杞豆奶

〔润肺生津　健脾和胃〕

草莓　枸杞　黄豆

材料

草莓30克，枸杞10克，黄豆40克，牛奶50毫升。

做法

1.草莓去蒂，洗净切块；枸杞略泡，洗净；干黄豆泡软，洗净备用。2.将草莓、枸杞、黄豆放入豆浆机中，添水搅打成豆浆，烧沸。3.待豆浆放至温热时，加入牛奶调和即可。

特别提示 草莓有润肺生津、健脾和胃、利尿消肿、解热祛暑之功效。

养生宜忌

Ⓥ草莓适宜于扁桃体癌患者食用。
Ⓧ尿路结石病人不宜吃得过多草莓。

杏仁红枣豆奶

〔解郁散风　降气润燥〕

杏仁　红枣　黄豆

材料

杏仁20克，红枣15克，黄豆45克，牛奶、白糖各适量。

做法

1.杏仁用温水略泡，洗净；红枣泡发，去核；干黄豆泡软，洗净。2.将上述材料放入豆浆机中，加适量水磨成豆浆，煮沸过滤。3.调入适量牛奶和白糖，拌匀即可。

特别提示 红枣表皮藏污纳垢，可稍浸泡数分钟，再洗净。

养生宜忌

Ⓥ杏仁适用于脾胃虚弱者食用。
Ⓧ痰多者和大便秘结者忌食杏仁。

梨子银耳豆奶

〔润肺止咳 降低血压〕

 梨子　 银耳　 黄豆

材料

梨子1个，银耳15克，黄豆45克，牛奶50毫升，白糖10克。

做法

1.梨子洗净，去皮、去核后切成小碎丁；银耳用温水泡开，去除杂质后洗净；黄豆泡软，洗净备用。2.将上述材料都放入豆浆机中，加少许水搅打成豆浆，煮沸过滤。3.趁热加入白糖，待温时放入牛奶调匀即可。

特别提示 应选表皮光滑、无孔洞虫蛀、无碰撞的梨，且要能闻到果香。

养生宜忌

♡梨子适合肝炎，肾功能佳者食用。
⊗糖尿病人应少食梨子。

枸杞百合豆奶

〔营养滋补 养心安神〕

 枸杞　 百合　 牛奶

材料

枸杞10克，鲜百合15克，黄豆45克，牛奶、白糖各适量。

做法

1.鲜百合洗净，撕小块；枸杞加水略泡，洗净；干黄豆预先用水浸泡，捞出洗净。2.将鲜百合、枸杞、黄豆放入豆浆机中，加水搅打成豆浆，并煮熟。3.过滤后加适量白糖和牛奶调匀即可。

特别提示 百合有助于增强体质，抑制肿瘤细胞的生长。

养生宜忌

♡百合适用中老年人更年期患者食用。
⊗虚寒出血、脾虚便溏者忌食用百合。

栗子燕麦甜豆奶

〔益气健脾 延缓衰老〕

 栗子
 燕麦
 黄豆

材料

栗子30克，燕麦20克，黄豆30克，牛奶、冰糖各适量。

做法

1.栗子去壳，去内膜，洗净切好；燕麦泡好洗净，沥干；黄豆浸泡6小时，洗净。
2.将牛奶稍加热，加入冰糖拌匀。3.栗子、燕麦、黄豆放入豆浆机内，加入调好的牛奶，搅打成豆奶，即可。

特别提示 栗子含有核黄素，常吃对难愈的小儿口舌疮和成人口腔溃疡有益。

养生宜忌

Ⓥ栗子适宜骨质疏松患者食用。
Ⓧ患有风湿病的人不宜食用栗子。

小米百合葡萄干豆奶

〔养心润肺 焕颜美肌〕

 小米
 百合
 百合
 葡萄干

材料

小米、百合各20克，葡萄干25克，黄豆40克，牛奶45毫升。

做法

1.黄豆浸泡10小时，洗净待用；百合择洗干净，分瓣；葡萄干洗净，控干水分。2.将上述原料一起倒入豆浆机内，加牛奶至合适位置，搅打成浆，煮至豆浆机提示豆奶做好。3.过滤后装杯即可饮用。

特别提示 小米具有益肾和胃的作用。

养生宜忌

Ⓥ老人、病人、产妇宜食用小米。
Ⓧ气滞者忌食用小米。

橘子桂圆豆奶

〔健脾　顺气　止渴〕

 橘子　 桂圆　 牛奶

材　料

橘子半个，桂圆20克，黄豆45克，牛奶、白糖各适量。

做　法

1.橘子去皮，切成小块；桂圆去壳去核，备用；干黄豆泡软，洗净备用。2.将橘子、桂圆、黄豆一起放入豆浆机中，添适量水搅打成豆浆，煮沸后过滤。3.将牛奶、白糖加入，调匀即可。

特别提示 要选择果皮颜色金黄、平整、柔软的橘子。

养生宜忌

◎桂圆适宜于体弱者、女性食用。
✕上火发炎症状的时候不宜食用桂圆。

樱桃银耳红豆豆奶

〔缓解肺热　清热利尿〕

 银耳　 牛奶　 红豆

材　料

樱桃45克，银耳15克，红豆40克，牛奶50毫升。

做　法

1.樱桃洗净，去核；银耳泡发洗净，撕成小朵；红豆泡软，洗净备用。2.将上述材料放入豆浆机中，添水搅打成豆浆，烧沸后滤出豆浆。3.调入适量牛奶即可。

特别提示 将泡好的红豆放入锅中，加水煮沸后捞出过凉，这样可以减少榨汁时的豆腥味。

养生宜忌

◎水肿、哺乳期妇女适合食用红豆。
✕尿频者不宜食用红豆。

፥枸杞蚕豆豆奶

〔健脾利湿〕

枸杞 黄豆 牛奶

材 料

枸杞10克，蚕豆、黄豆各30克，牛奶、白糖各适量。

做 法

1.将蚕豆略泡，去皮洗净；黄豆泡发至软，洗净；枸杞洗净。2.将以上材料均放入豆浆机中，加水搅打成豆浆，煮沸后过滤。3.加白糖搅拌至融化，再加牛奶调匀即可。

特别提示 蚕豆以颗粒大、果仁饱满，无发黑、虫蛀、污点者为佳。

养生宜忌

Ⓥ 枸杞是用眼过度者、老人的食用佳品。
Ⓧ 高血压患者不宜食用枸杞。

፥山楂青豆豆奶

〔开胃消食 增强免疫力〕

山楂 青豆 牛奶

材 料

山楂15克，青豆50克，牛奶、白糖各适量。

做 法

1.山楂洗净，切小粒；青豆洗净，备用。2.将山楂、青豆放入豆浆机中，加适量牛奶，搅打成豆奶。3.煮沸后过滤，加少许白糖拌匀即可。

特别提示 山楂含丰富的黄酮类化合物，具有保护心肌的作用。

养生宜忌

Ⓥ 老年性心脏病患者适宜食用山楂。
Ⓧ 孕妇最好不宜食用山楂或山楂制品。

〈养生豆奶〉

豆奶有防治高血压、冠心病、糖尿病等多种疾病的养生功效，美国食品和药物管理局已认定豆奶为健康食品并批准实施新的商标法。

● 糙米花生豆奶 〔补血养胃 美容减肥〕

材料

糙米25克，花生30克，黄豆40克，牛奶40毫升，白糖适量。

 糙米   花生   黄豆

做法

1.糙米淘洗干净，泡好；花生剥壳留仁，略加冲洗，沥干；黄豆浸泡8小时，捞出洗净。2.将上述材料放入豆浆机内，添水搅打成浆。3.煮沸后进行过滤，放入牛奶并拌匀，再加少许白糖调味即可。

特别提示 糙米胚芽中富含的维生素E能促进血液循环，有效维护全身机能。

养生宜忌

⊘ 花生适用于产后乳汁不足者食用。
⊗ 消化不良者应忌食。

山楂枸杞红豆豆奶 〔开胃消食 保肝护肾〕

材料

山楂20克，枸杞10克，红豆45克，牛奶、白糖各适量。

山楂　　枸杞　　红豆

做法

1.山楂洗净，去核切小粒；枸杞用温水洗净，备用；红豆预先用水泡软，洗净待用。2.将山楂、枸杞、红豆放入豆浆机中，添水搅打成豆浆。3.过滤豆浆，加牛奶，煮沸，依据个人口味添加适量白糖即可。

特别提示 山楂以个大、皮红、肉厚、核小者为佳。

养生宜忌 ✓ 山楂适宜老年性心脏病食用，有强心作用。
✗ 山楂不适宜孕妇食用，会刺激子宫收缩。

功效详解

| 山楂 降血压 促消化 | + | 枸杞 护肝明目 补肾强筋 | = | 开胃消食 保肝护肾 |

清凉薄荷绿豆豆奶

〔疏散风热 清利头目〕

 薄荷　 绿豆　 牛奶

材　料

薄荷20克，绿豆50克，牛奶、白糖各适量。

做　法

1.绿豆用温水浸泡6小时，洗净；薄荷洗净，用开水泡好，加入白糖拌匀。2.将绿豆、薄荷水倒入豆浆机内，加适量牛奶至上下水位线之间，搅打成浆。3.煮沸后装杯即可。

特别提示 绿豆能厚肠胃、滋脾胃。

养生宜忌

✓绿豆暑热烦渴、疮毒患者适宜食用。
✗绿豆忌与鲤鱼、榧子、狗肉同食。

百合杏仁绿豆豆奶

〔清心润肺 美容排毒〕

 百合　 杏仁　 绿豆

材　料

百合15克，杏仁20克，绿豆55克，牛奶、白糖各适量。

做　法

1.百合泡发，洗净后撕成小朵；杏仁洗净，控干水分；绿豆用温水浸泡6小时，洗净。2.将百合、杏仁、绿豆混合放入豆浆机杯体中，加清水至上下水位线之间，打成豆浆，煮好后过滤。3.将煮好的豆浆倒入杯子中，再倒入适量牛奶和白糖，搅拌均匀即可。

养生宜忌

✓支气管不好者食百合有助病情改善。
✗百合性偏凉，风寒咳嗽者不宜食用。

玉米渣小米绿豆豆奶

〔滋阴养血　防癌抗癌〕

 玉米渣　 小米　 绿豆

材　料

玉米渣30克，小米25克，绿豆35克，牛奶、冰糖各适量。

做　法

1.玉米渣、小米淘洗干净，控干水分；绿豆浸泡6小时，洗净备用。2.将玉米渣、小米、绿豆加入豆浆机机体内，加牛奶至上下水位线之间，搅打成浆后煮沸。3.将豆奶过滤后加冰糖搅拌至冰糖化开即可。

特别提示 小米中缺乏赖氨酸，而大豆富含赖氨酸，可以互补。

养生宜忌

Ⓥ玉米适宜心脏病患者食用。
Ⓧ皮肤病患者忌食玉米。

玉米须燕麦黑豆豆奶

〔益肾补脾　降压防癌〕

 玉米须　 燕麦　 黑豆

材　料

玉米须10克，燕麦20克，黑豆50克，牛奶50毫升，白糖少许。

做　法

1.玉米须洗净，用刀切成短穗；燕麦泡好，控干水分；黑豆用温水浸泡6小时，洗净。2.将玉米须、燕麦、黑豆放入全自动豆浆机内，注入适量牛奶搅打成浆，并煮沸。3.待豆奶稍凉，调入白糖搅匀即可。

特别提示 玉米须性平，能利尿消肿，有一定的降压降脂作用。

养生宜忌

Ⓥ适宜脚气、黄疸浮肿等症患者食用。
Ⓧ不宜食用过多，会造成胀气。

桂圆小米豆奶

〔滋补养生　补脾和胃〕

 桂圆　 小米　 黄豆

材料

桂圆15克，小米30克，黄豆50克，牛奶、白糖各适量。

做法

1.桂圆去壳去核，备用；小米淘洗干净；黄豆泡发至软，洗净备用。2.将桂圆、小米、黄豆放入豆浆机中，添水搅打成豆浆，煮沸后过滤。3.调入适量牛奶、白糖拌匀即可。

特别提示 桂圆有养血宁神的功效。

养生宜忌

⊘体弱者、女性最适宜食用桂圆。
⊗有上火发炎症状的时候不宜吃桂圆。

高粱小米豆奶

〔温中利气　补益脾胃〕

 高粱　 小米　 黄豆

材料

高粱20克，小米15克，黄豆40克，牛奶、白糖各适量。

做法

1.高粱、小米分别淘洗干净；黄豆用清水浸泡10小时，捞出洗净。2.将高粱、小米、黄豆放入豆浆机内，加牛奶至上下水位线之间，搅打成浆。3.过滤豆奶，加入少许白糖调匀即可饮用。

特别提示 高粱有健脾涩肠之效，可防治小儿脾胃虚弱、消化不良等症。

养生宜忌

⊘高粱适宜于消化不良的儿童食用。
⊗高粱含糖类，糖尿病患者禁食。

莲子百合山药豆奶

〔养心润肺　焕颜美肌〕

莲子　百合　山药

材料

莲子15克，百合10克，山药、黄豆各30克，牛奶40毫升，白糖适量。

做法

1 莲子去芯，洗净；干百合泡开，洗净；山药去皮洗净，切小块；黄豆洗净，浸泡6小时。2 将莲子、百合、山药、黄豆均放入豆浆机中，添水搅打成豆浆，烧沸过滤。3 待豆浆温热时，放入牛奶、白糖搅匀。

特别提示 莲子有养心安神的功效。

养生宜忌

♡ 莲子适宜失眠者、癌症患者食用。
⊗ 便秘和脘腹胀闷者忌食莲子。

菊花银耳绿豆豆奶

〔补脾开胃　益气清肠〕

菊花　银耳　绿豆

材料

菊花5克，银耳10克，绿豆50克，牛奶50毫升，白糖少许。

做法

1 菊花洗净，用热水冲泡成菊花茶；银耳用温水泡发，洗净后撕成小朵；绿豆加水泡至发软，捞出洗净。2 将银耳、绿豆放入豆浆机中，加入菊花茶，搅打成豆浆，煮沸后过滤。3 调入牛奶、白糖拌匀即可。

特别提示 菊花有清热解毒的功效。

养生宜忌

♡ 肝经风热所致目赤涩痛者多食菊花。
⊗ 气虚胃寒、食少泄泻者忌食菊花。

百合绿茶绿豆奶

（降脂防癌　润肤瘦身）

 百合　 绿茶　　 绿豆

材料

百合25克，绿茶10克，绿豆55克，牛奶适量。

做法

1.百合择洗干净，分瓣；绿豆用温水浸泡6小时，洗净，捞出沥干水分；绿茶用开水泡好。2.将百合、绿豆、绿茶水倒入豆浆机内，然后加适量水搅打成浆。3.煮沸后进行过滤，调入适量牛奶，拌匀装杯即可。

特别提示 唐代《本草拾遗》记载绿茶"久食令人瘦"。

养生宜忌

✓百合适宜支气管不好的人食用。
✗脾虚便溏者不宜食用百合。

黑米青豆豆奶

（疏通血管　健脑益智）

 黑米　 青豆　 牛奶

材料

黑米20克，青豆30克，牛奶40毫升，白糖适量。

做法

1.将青豆剥好，洗净备用。2.黑米洗净，浸泡4~6小时。3.将泡好的黑米和青豆倒入豆浆机，加入鲜牛奶和泡黑米的水，一同打浆，煮沸，调入适量白糖即可。

特别提示 多食黑米具有开胃益中、暖脾暖肝、明目活血、滑涩补精之功效。

养生宜忌

✓黑米适宜妇女产后虚弱者食用。
✗老弱病者不宜多食黑米。

山楂二米豆奶

〔开胃下气　美容润肤〕

 山楂　 小米　 糙米

材　料

山楂15克，小米、糙米各10克，黄豆40克，牛奶、白糖各适量。

做　法

1.小米、糙米分别洗净，用温水浸泡1~2小时；山楂洗净，去核；黄豆浸泡4~6小时，洗净。2.将小米、糙米、山楂、黄豆一起放入豆浆机内，加入牛奶，启动机器搅打成浆，并煮至豆浆机提示豆奶做好。3.依照个人口味调入适量白糖即可。

养生宜忌

◎山楂适宜老年性心脏病患者食用。

◎山楂不适合孕妇吃。

荷叶桂花绿豆豆奶

〔止渴消暑　清热解毒〕

 荷叶　 桂花　 绿豆

材　料

干荷叶、桂花、绿豆各20克，牛奶40毫升。

做　法

1.绿豆用清水洗净，浸泡4~6小时。2.将干荷叶和桂花洗净，泡成荷叶桂花茶。3.将绿豆、牛奶倒入豆浆机，再加入荷叶桂花茶，搅打成浆，装杯即可。

特别提示 绿豆不可与西红柿同食，以免损伤人体元气。

养生宜忌

◎女性食用桂花有养颜美容的功效。

◎脾胃湿热的人不适合食用桂花。

薏米百合银耳豆奶

〔润肤美肌　养心润肺〕

 薏米　 百合　 银耳

材料

薏米、百合、银耳各20克，黄豆30克，牛奶、白糖各适量。

做法

1.黄豆洗净，用清水泡至发软；百合、银耳均泡发洗净，撕成小朵；薏米淘洗干净。2.将上述材料倒入豆浆机内，加适量牛奶搅打成豆奶，煮沸后进行过滤。3.装杯，依照个人口味添加白糖即可。

特别提示 薏米是一种美容食品，常食能消除粉刺、雀斑，让皮肤光泽细腻。

养生宜忌

♡薏米适宜体弱、消化不良者食用。
⊗尿多者及怀孕早期的妇女忌食薏米。

杏仁槐花豆奶

〔预防中风　润肺通便〕

 杏仁　 黄豆　 蜂蜜

材料

杏仁20克，槐花15克，黄豆40克，牛奶45毫升，蜂蜜少许。

做法

1.杏仁洗净，控干水分；槐花用温水洗净；黄豆浸泡7小时，洗净，捞出沥干水分。2.将杏仁、槐花、黄豆倒入豆浆机内，加入适量牛奶，搅打成浆并煮沸。3.过滤，将豆奶装入杯中，调入少许蜂蜜拌匀即可。

养生宜忌

♡此豆奶对大便干结者有益。
⊗腹泻、肠滑者不宜食用此豆奶。

〈女性营养豆奶〉

豆奶中含有大豆异黄酮，大豆异黄酮是植物雌激素，长期食用可以预防乳腺癌及骨质疏松，对女性尤其有益。

玉米木瓜豆奶 〔理脾和胃 平肝舒筋〕

材 料
木瓜50克，玉米粒30克，黄豆40克，牛奶、白糖各适量。

木瓜　　玉米　　黄豆

做 法
1.木瓜去皮去子，洗净，切小块；玉米粒洗净；黄豆浸泡8小时，捞出洗净。2.将木瓜、玉米粒、黄豆放入豆浆机中，加适量鲜牛奶，搅打成汁，滤出豆浆煮沸。3.豆浆中调入牛奶，加少许白糖搅匀即可。

特别提示 要选择果皮完整、颜色亮丽、无损伤的木瓜。

养生宜忌
▽ 动脉硬化者食用玉米有食疗作用。
✕ 皮肤病患者忌食玉米。

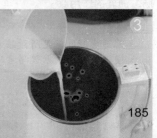

养颜豆奶

〔乌发养颜　补肾养血〕

黑豆　花生仁　黑芝麻

材料
黑豆30克，花生仁、黑芝麻各10克，牛奶适量。

做法
1. 将黑豆浸泡4~6小时，洗净；花生仁洗净，控干水分；黑芝麻洗净，控干水分。
2. 将黑豆、花生仁和洗净的黑芝麻一起装入豆浆机内，加入适量清水，搅打成浆。
3. 过滤，加入牛奶，拌匀即可饮用。

特别提示 黑豆有补肾阴的功效。

养生宜忌
✓黑豆适合盗汗、眩晕、头痛者食用。
✗小儿不宜多食黑豆。

芝麻豆奶

〔益肝养发　补血明目〕

芝麻　黄豆　牛奶

材料
芝麻20克，黄豆40克，牛奶45毫升，白糖少许。

做法
1. 芝麻洗净，控干水分；黄豆浸泡10小时，捞出洗净。2. 将芝麻、黄豆倒入豆浆机中，加入适量牛奶搅打成浆，煮沸。
3. 过滤后加少许白糖，调匀后装杯即可。

特别提示 芝麻有补肝益肾、润燥滑肠、通乳的作用。

养生宜忌
✓芝麻适宜肝肾不足所致眩晕者食用。
✗患慢性肠炎、便溏腹泻者忌食芝麻。

❖ 糯米红枣豆奶

〔补血养颜 健脾养胃〕

 糯米 红枣 牛奶

材料

糯米30克，红枣20克，黄豆30克，牛奶适量。

做法

1.糯米用温水浸泡10小时，洗净；黄豆用清水浸泡6小时，洗净；红枣略泡，洗净去核。2.将上述原料倒入豆浆机内，加清水至上下水位线之间，搅打成浆并煮沸。3.趁热倒入牛奶，拌匀后装杯即可。

特别提示 糯米对食欲不佳、腹胀腹泻等症状有一定缓解作用。

养生宜忌

Ⓥ糯米适合脾胃虚寒者食用。
Ⓧ胃肠消化功能弱者不宜食用糯米。

❖ 红枣花生豆奶

〔补气养血 美容养颜〕

 红枣 花生仁 黄豆

材料

红枣、花生仁各15克，黄豆30克，牛奶、白糖各适量。

做法

1.红枣泡发，洗净后去核；花生仁洗净；黄豆泡软，洗净。2.将上述材料都放入豆浆机中，加适量水搅打成豆浆，煮沸后过滤。3.调入少许牛奶，依据个人口味添加白糖，搅拌均匀即可。

特别提示 花生以粒圆饱满、无霉蛀的为佳。

养生宜忌

Ⓥ病后体虚者食用花生，有补养效果。
Ⓧ霉变的花生有致癌物质，应忌食。

187

红枣豆奶

〔补血养颜 理气和胃〕

 红枣　 黄豆　 牛奶

材料

红枣20克，干黄豆45克，牛奶50毫升，白糖少许。

做法

1.红枣洗净去核；干黄豆洗净，用温水泡发6小时，捞出。2.将红枣、黄豆均放入豆浆机中，加少许水搅打成豆浆，过滤。3.煮沸后加入温牛奶，添加少许白糖，拌匀即可。

特别提示 小儿、成人痰多者和大便秘结者应忌食红枣类饮品，以免助火生痰。

养生宜忌

Ⓥ 肠胃病食欲不振者适宜食用红枣。
Ⓧ 痰多者和大便秘结者应忌食红枣。

当归桂圆红枣豆奶

〔补血养颜 理气和血〕

 桂圆　 红枣　　 当归

材料

当归10克，桂圆、红枣各15克，黄豆45克，牛奶、白糖各少许。

做法

1.当归洗净，煎汁备用；桂圆去壳去核，备用；红枣用温水洗净，去核；黄豆泡软，洗净备用。2.将桂圆、红枣、黄豆都放入榨汁机内，加入适量当归汁液，搅打成豆浆，煮沸后过滤。3.调入适量牛奶和白糖即可。

特别提示 红枣皮中含有丰富的营养成分，制作时最好不要去掉红枣皮。

养生宜忌

Ⓥ 红枣适宜气血不足者食用。
Ⓧ 痰多者和大便秘结者应忌食。

桂圆枸杞红豆豆奶

〔保肝护肾　增强免疫力〕

 枸杞　 桂圆　 红豆

材料
桂圆20克，枸杞10克，红豆50克，牛奶100毫升，白糖少许。

做法
1.桂圆去壳、去核；枸杞用温水洗净；红豆泡软，洗净备用。2.将桂圆、枸杞、红豆放入豆浆机中，加入牛奶，搅打成豆奶，煮沸后过滤。3.依据个人口味调入适量白糖即可。

特别提示 桂圆有滋补作用。

养生宜忌
Ⓥ桂圆体弱者、女性最适宜食用。
Ⓧ上火发炎时不宜食用桂圆。

银耳莲子豆奶

〔润肺去燥　滋补强身〕

 银耳　 莲子　 黄豆

材料
银耳20克，莲子15克，黄豆40克，牛奶、白糖各适量。

做法
1.银耳泡发，去掉杂质，洗净后撕成小朵；莲子去心，用开水泡软；黄豆泡发6小时，洗净。2.将银耳、莲子、黄豆均放入豆浆机中，添水搅打，煮熟成豆浆。3.加入牛奶、白糖搅拌均匀即可。

特别提示 泡发银耳的水可以和银耳一起用来制作豆奶，这样还可以保留一些银耳中水溶性的营养成分。

养生宜忌
Ⓥ银耳适宜手术后病人和产妇食用。
Ⓧ外感风寒者不宜食用此豆奶。

桂圆莲子豆奶

〔养心安神　增强记忆力〕

桂圆　莲子　牛奶

材料

桂圆20克，莲子15克，黄豆40克，牛奶、白糖各适量。

做法

1.桂圆去壳去核，洗净备用；莲子去心洗净，加水泡软；黄豆加水泡6～8小时，捞出洗净。2.将上述材料一起放入豆浆机中，添水磨成豆浆，煮沸过滤。3.加适量牛奶、白糖拌匀即可。

特别提示 多食莲子能预防老年痴呆的发生。

养生宜忌

♡中老年人、脑力劳动者适宜多食。
⊗便秘和脘腹胀闷者忌用莲子。

桂圆红枣黑豆豆奶

〔补虚损　消水肿〕

桂圆　红枣　黑豆

材料

桂圆、红枣各20克，黑豆40克，牛奶50毫升，白糖少许。

做法

1.红枣泡发后洗净，去核；桂圆去壳去核；黑豆泡发一晚，捞出洗净。2.将红枣、桂圆、黑豆均放入豆浆机中，加适量水磨成豆浆，煮沸后过滤。3.倒入牛奶、白糖，搅拌均匀即可。

特别提示 黑豆以豆粒完整、大小均匀、乌黑的为佳。

养生宜忌

♡黑豆适宜长期使用电脑的群体食用。
⊗头痛、水肿、胀满者不宜食用黑豆。

◦ 木瓜莲子黑豆豆奶

〔护肝降酶　降低血脂〕

 木瓜 莲子 黑豆

材 料
木瓜50克，莲子20克，黑豆45克，牛奶、白糖各适量。

做 法
1.木瓜去皮去子，洗净，切小块；将去芯的莲子泡至发软，洗净；黑豆浸泡8小时，洗净备用。2.将上述材料一起放入豆浆机中，加水搅打成汁，过滤后煮沸。3.加入牛奶调匀，放少许白糖即可。

养生宜忌
♡体质虚弱及脾胃虚寒不宜食用木瓜。
⊗过敏体质者应慎食木瓜。

◦ 苹果芦荟豆奶

〔瘦身排毒　美容养颜〕

 苹果 黄豆 牛奶

材 料
苹果1个，芦荟20克，黄豆45克，牛奶、白糖各适量。

做 法
1.苹果洗净，去核后切成小块；鲜芦荟去皮洗净，切成小块；黄豆泡发后洗净备用。2.将上述材料一起放入豆浆机中，添水搅打成豆浆，煮熟后过滤。3.调入白糖和牛奶拌匀即可。

养生宜忌
♡芦荟溃疡病食用，有治疗作用。
⊗儿童不要过量食用，易发生过敏。

椰子汁绿豆豆奶

〔润肺止咳　明目降压〕

绿豆　椰子　牛奶

材　料

绿豆50克，椰子汁45克，牛奶45毫升。

做　法

1.黄绿豆加水浸泡3小时，捞出洗净。
2.将绿豆放入豆浆机中，加少许水搅打成汁，煮沸后过滤。3.将椰子汁、牛奶调入绿豆浆中，搅拌均匀即可。

特别提示 绿豆外用可治疗疮疖。

养生宜忌

Ⓥ绿豆适宜冠心病、中暑者食用。
⊗服补药时不宜吃绿豆。

香蕉百合豆奶

〔润肠通便　排毒养颜〕

香蕉　百合　黄豆

材　料

香蕉1个，鲜百合20克，黄豆50克，牛奶、白糖各适量。

做　法

1.香蕉去皮，切小块；鲜百合洗净，撕成小块；黄豆泡至发软，洗净备用。2.将香蕉、百合、黄豆均放入豆浆机中，加适量水磨成豆浆，煮沸后过滤。3.将牛奶、白糖调入豆浆中即可。

特别提示 应选没有黑斑的香蕉食用，肥大饱满的品质较好。

养生宜忌

Ⓥ百合适宜支气管不好的人食用。
⊗脾虚便溏者不宜选用百合。

香蕉银耳绿豆豆奶

〔润肠通便　养心润肺〕

 香蕉 银耳 绿豆

材料

香蕉1个，银耳15克，绿豆50克，牛奶60克，白糖适量。

做法

1香蕉去皮，切成小块；银耳用温水泡发后去掉杂质，洗净后撕成小块；绿豆泡发后洗净。2将上述材料一同放入豆浆机中，加水搅打后煮熟成豆浆，过滤后依据个人口味加入白糖拌匀。3调入适量牛奶即可。

特别提示 吃香蕉可以保护胃肠道。

养生宜忌

⚥香蕉适宜全身无力、肠麻痹者食用。
⊗胃痛、肾功能不全者不宜食用香蕉。

哈密瓜银耳豆奶

〔防暑　清热解燥〕

 银耳 黄豆 牛奶

材料

哈密瓜40克，银耳15克，黄豆45克，牛奶50毫升，白糖适量。

做法

1哈密瓜去皮去子，洗净，切小块；银耳用温水泡发，去掉杂质，洗净后撕成小朵；黄豆泡软，洗净。2将上述材料均放入豆浆机中，加水打成浆，烧沸后滤出豆浆，加入白糖调匀。3加入温牛奶搅拌均匀即可。

特别提示 挑哈密瓜时用手摸一摸，瓜身坚实微软的，成熟度较适中。

养生宜忌

⚥中暑、口鼻生疮时可食哈密瓜。
⊗糖尿病人应慎食此豆奶。

〈儿童益智豆奶〉

豆奶中含有较多的钙、磷等矿物质及其他营养成分，有益于儿童的生长发育及智力发育。

● 健脑豆奶
〔益智健脑 强健筋骨〕

材 料

核桃仁20克，黑芝麻25克，黄豆50克，牛奶适量，白糖少许。

核桃仁　黑芝麻　黄豆

做 法

1.核桃仁碾碎；黑芝麻洗净，控干水分；黄豆用清水浸泡10小时，捞出洗净。2.将碾碎的核桃仁、黑芝麻、黄豆倒入豆浆机内，加入适量牛奶，启动机器搅打成浆，煮沸。3.过滤并装杯，调入少许白糖即可。

特别提示 核桃仁油腻滑肠，泄泻者慎食；此外，核桃仁易生痰动风助火，痰热喘嗽及阴虚有热者忌食。

养生宜忌

Ⓥ核桃适宜动脉硬化患者食用。
Ⓧ痰热咳嗽者不宜食用核桃。

甘薯山药燕麦豆奶 〔防癌抗癌 延缓衰老〕

材料

甘薯30克，山药20克，燕麦15克，黄豆30克，牛奶适量。

 山药　 燕麦　 牛奶

做法

1 甘薯、山药均去皮，洗净，切片或切小块；燕麦洗净，控干水分；黄豆浸泡6小时，洗净。2 将甘薯、山药、燕麦、黄豆倒入豆浆机机体内，添水搅打成浆，煮沸。3 趁热调入牛奶，搅拌均匀即可。

特别提示 甘薯中含有一种抗癌物质，能够预防结肠癌和乳腺癌。

> **养生宜忌** ⊘ 山药是虚弱、疲劳或病愈者恢复体力的佳品。
> ⊗ 大便燥结者不宜食用山药。

功效详解

| 甘薯 防癌润肺 缓解压力 | + | 山药 健脾护肤 养胃益肾 | = | 防癌抗癌 延缓衰老 |

葡萄橙子红豆豆奶 〔补肝肾 益气血〕

材料

葡萄30克，橙子1个，红豆45克，牛奶、白糖各适量。

牛奶　　橙子　　红豆

做法

1.葡萄洗净，去皮去核；橙子去皮、去子，切小块；红豆浸泡8小时，捞出洗净。2.将葡萄、橙子、红豆放入豆浆机中，添水搅打成豆浆，烧沸后滤出豆浆，趁热加白糖搅匀。3.待温时放入适量牛奶拌匀即可。

特别提示 空腹时不宜过多食用橙子，但是可以饮用此豆奶。

养生宜忌	◎ 葡萄特别适宜四肢筋骨疼痛者食用。
	⊗ 便秘者、脾胃虚寒者应少食葡萄。

功效详解

葡萄 补肾 壮腰	+	橙子 生津止渴 疏肝理气	=	健胃 祛痰 镇咳

核桃红豆豆奶

〔补气养血　提神健脑〕

核桃仁　红豆　黄豆

材料

核桃仁20克，黄豆20克，红豆20克，鲜牛奶40毫升，白糖适量。

做法

1.将红豆洗净，用清水浸泡4～6小时；黄豆提前一晚上泡发，捞出洗净。2.核桃仁洗净，和浸泡好的黄豆、红豆一起磨成浆。3.将核桃豆浆、鲜牛奶一起拌匀，旺火煮沸，加入适量白糖调味即成。

特别提示 红豆以豆粒完整、颜色深红、大小均匀、紧实皮薄者为佳。

养生宜忌

Ⓥ红豆适宜心脏病和肾病食用。
Ⓧ尿频的人应注意少吃红豆。

玉米核桃红豆豆奶

〔补益气血　增强免疫力〕

红豆　核桃仁　玉米

材料

玉米粒20克，核桃仁20克，红豆20克，鲜牛奶40毫升，白糖适量。

做法

1.红豆洗净，浸泡4～6小时；玉米粒洗净；核桃仁洗净。2.将玉米粒、核桃仁和浸泡好的红豆放入豆浆机中，加水磨成浆。3.在豆浆里加入鲜牛奶，煮沸，然后加入适量白糖即可。

特别提示 核桃仁能滋养脑细胞。

养生宜忌

Ⓥ适宜肾虚腰痛、健忘者食用。
Ⓧ有痰火积热或阴虚火旺者忌食核桃。

芝麻核桃黑豆豆奶

〔健脑益智 增强免疫力〕

黑豆 芝麻 核桃仁

材料

黑豆40克，芝麻20克，核桃仁25克，牛奶适量。

做法

1.黑豆洗净，用清水泡软；芝麻洗净，控干水分；核桃仁碾碎。2.将上述材料放入豆浆机中，添水搅打成浆，煮沸后进行过滤。3.装杯，调入适量牛奶，搅拌均匀即可。

特别提示 黑豆浸泡的时候会掉色，这是正常现象，可放心食用。

养生宜忌

ⓥ黑豆适宜头痛、水肿、胀满者食用。
ⓧ小儿不宜多食黑豆。

杏仁坚果红豆豆奶

〔养心润肺 养颜瘦身〕

杏仁 红豆 牛奶

材料

杏仁15克，红豆30克，牛奶35毫升，核桃粉15克，白糖适量。

做法

1.杏仁略泡并洗净；红豆用水泡软，捞出洗净。2.将杏仁、红豆放入豆浆机中，加少许水，搅打成较浓稠的豆浆，煮沸并过滤。3.将核桃粉用热水冲开，与牛奶一起放入豆浆中，加少许白糖，搅拌均匀即可。

特别提示 杏仁以色泽棕黄、颗粒均匀、无臭味者为佳。

养生宜忌

ⓥ杏仁适宜于风邪、肠燥患者食用。
ⓧ慢性肠炎、干咳无痰等不宜食用。

核桃土豆红豆豆奶

〔提神健脑　增强免疫力〕

核桃仁　红豆　土豆

材料

核桃仁25克，土豆、红豆各40克，牛奶、白糖各适量。

做法

1.将红豆洗净，放入温水中浸泡6小时；核桃仁洗净；土豆去皮洗净，切小块。2.将上述准备好的材料均放入豆浆机中，添水搅打成豆浆，然后煮沸过滤。3.放入温热的牛奶，加适量白糖，拌匀即可。

养生宜忌

Ⓥ适量吃些土豆可达到减肥的效果。

Ⓧ孕妇忌食土豆以免增加妊娠风险。

核桃雪梨绿豆豆奶

〔提神健脑　养心润肺〕

核桃仁　雪梨　绿豆

材料

核桃仁20克，雪梨1个，绿豆50克，牛奶、白糖各适量。

做法

1.核桃仁洗净；雪梨洗净，去皮、去核后切小块；绿豆洗净，浸泡。2.将核桃仁、雪梨、绿豆一同放入豆浆机中，加适量水磨成豆浆，煮沸后过滤。3.加入适量牛奶和白糖，调匀即可。

特别提示 雪梨有润肺清燥作用。

养生宜忌

Ⓥ高血压、肝炎患者可多食。

Ⓧ雪梨，脾胃虚寒、血虚者不宜多食。

马蹄核桃红豆豆奶

〔宁心安神　提神健脑〕

 核桃　 红豆　 牛奶

材料
马蹄30克，核桃15克，红豆35克，牛奶50毫升。

做法
1.马蹄去皮，洗净，切小块；核桃去壳，核桃仁碾碎；红豆泡软，洗净。2.将马蹄、核桃碎、红豆倒入豆浆机中，加入牛奶搅打成浆，煮至豆浆机提示豆奶做好。3.依个人口味加入白糖调匀即可饮用。

特别提示 马蹄中含的磷是根茎类蔬菜中较高的，能促进人体生长发育。

养生宜忌
Ⓥ此豆奶适宜糖尿病尿多者食用。
Ⓧ体弱者及小儿遗尿患者忌食马蹄。

花生腰果豆奶

〔健脑补肾　缓解疲劳〕

 花生仁　 腰果　 黄豆

材料
花生仁、腰果各20克，黄豆40克，鲜牛奶40毫升。

做法
1.黄豆浸泡6小时，洗净。2.花生仁、腰果碾碎，和洗净的黄豆一起倒入豆浆机内，加适量水搅打成浆，煮沸。3.过滤，加入鲜牛奶，搅拌均匀即可饮用。

特别提示 食用腰果前最好将腰果洗净并浸泡5个小时。

养生宜忌
Ⓥ适宜心血管疾病患者食用葡萄。
Ⓧ腹泻患者和痰多患者不宜食用葡萄。

葡萄山药豆奶

〔生津液　利小便〕

 山药　 牛奶　 黄豆

材料

葡萄30克，山药40克，黄豆50克，牛奶、白糖各适量。

做法

1.葡萄洗净，去皮去核；山药去皮洗净，切丁；干黄豆泡发8小时，捞出洗净。2.将上述材料一起放入豆浆机中，加水搅打成豆浆，并煮沸。3.滤出豆浆，加白糖、牛奶拌匀即可。

特别提示 常食葡萄可增强人体抗体。

养生宜忌

Ⓥ 贫血、神经衰弱者可多食葡萄。

Ⓧ 孕妇不宜多食葡萄。

猕猴桃薏米绿豆豆奶

〔消除疲劳　解毒通便〕

 猕猴桃　 薏米　 绿豆

材料

猕猴桃30克，薏米25克，绿豆30克，牛奶40毫升，白糖少许。

做法

1.薏米淘洗干净，浸泡2小时；猕猴桃洗净，去皮，切成薄片；绿豆用清水浸泡5小时，洗净。2.将猕猴桃、薏米、绿豆倒入豆浆机内，加适量水搅打成浆，烧沸后过滤。3.将豆浆装杯，调入牛奶和白糖，拌匀即可。

特别提示 猕猴桃中的多种氨基酸具有消除疲劳、促进生长发育的作用。

养生宜忌

Ⓥ 薏米适宜慢性肠炎者食用。

Ⓧ 怀孕妇女及正值经期妇女忌食薏米。

橘子玉米豆奶

〔促进通便 降低胆固醇〕

 橘子 玉米 黄豆

材料

橘子半个，玉米粒30克，黄豆45克，牛奶、白糖各适量。

做法

1 橘子剥去皮，切成小块；玉米粒洗净，捞出沥干；黄豆泡发6小时，洗净备用。2 将上述材料一起放入豆浆机中，加水搅打成豆浆，煮沸过滤。3 加入白糖搅拌至融化，待豆浆放至温热时加入牛奶拌匀即可。

特别提示 橘子有理气止痛的作用。

养生宜忌

Ⓥ 适宜消化不良、口渴咽干者食用。
Ⓧ 肠胃功能欠佳者不宜多食橘子。

马蹄雪梨豆奶

〔清热化痰 润肺美肌〕

 雪梨 黄豆 牛奶

材料

马蹄25克，雪梨1个，黄豆40克，牛奶40毫升。

做法

1.黄豆用清水洗净，浸泡10～12小时。
2.马蹄洗净，去皮，切小块；梨洗净，去皮、核，切片。3.将泡好的黄豆、马蹄、梨片放入豆浆机内，加适量水搅打成浆，煮沸，加入牛奶拌匀即可。

特别提示 脾胃虚寒、腹部冷痛和血虚者不宜多吃雪梨。

养生宜忌

Ⓥ 此豆奶对高血压、肝炎患者有益。
Ⓧ 腹部冷痛和血虚者不宜多食此豆奶。

第四章 豆类佳肴

清爽怡人的大豆、豆香四溢的豆类制品是日常生活中必吃的食物，搭配其他原料，通过简单烹饪，就能制作出道道让人入口难忘的经典佳肴。

豆类制品的 保健作用

◎豆制品是以黄豆、小豆、绿豆、豌豆、蚕豆等豆类为主要原料，经加工而成的食品。大多数豆制品是由大豆的豆浆凝固而成的豆腐及其再制品，包括嫩豆腐、老豆腐、豆腐干、豆腐衣、腐竹、素鸡、油豆腐、豆腐皮、素火腿、臭豆腐等，均有极好的保健作用。

1 预防骨质疏松

在骨骼中，钙以无机盐的形式存在，是构成人骨骼的主要成分，造成骨质疏松的主要原因就是钙的缺乏。豆制品含有丰富的钙及一定量的维生素D，二者结合可有效预防和改善骨质疏松症。

2 提高机体免疫力

机体在不同年龄、不同生理状态下，对营养的需求也是不同的，要提高机体免疫力，首先必须通过膳食的合理搭配来获得平衡的营养。豆制品中含有丰富的赖氨酸、不饱和酸、淀粉蔗糖以及多种维生素和矿物质，能提高机体免疫力。

3 预防肠癌

便秘的原因是由于肠蠕动减慢，食物残渣在肠道内停留时间过长，水分被过多吸收所致，长此以往，肠毒被人体吸收，就是导致肠癌的一个重要原因。常食豆制品能促进肠胃蠕动，并为肠道提供充足的营养素，对防治便秘、肛裂、痔疮、肠癌等有积极的作用。

4 预防心脑血管疾病

心脑血管疾病的危险因素在于高脂肪、高血脂、高血压等，豆制品中所含的豆固醇与不饱和脂肪酸有较好的祛脂作用，加上其热量很低，所以可减轻体重，对预防心脑血管疾病有很好的效果。

5 减肥

豆制品的脂肪、热量均比其他食物低，肥胖者吃后不仅有饱腹感，还不会增加体重，所以有利于减肥。

6 缓解更年期综合征症状

豆制品中含有丰富的雌激素、维生素E以及大脑和肝脏所必需的磷脂，可延缓女性衰老，改善更年期综合征症状。

纷繁的 豆腐种类

◎不同豆腐，营养有别。豆腐是先将黄豆浸泡于清水中，泡涨变软后磨成豆浆，然后用盐卤或石膏"点卤"，使豆浆中分散的蛋白质团粒凝聚而成。市场上的豆腐主要有北豆腐、南豆腐、内酯豆腐、无豆豆腐等几大类。

1 北豆腐

北豆腐又称老豆腐，一般以盐卤（氯化镁）点制，其特点是硬度较大、韧性较强、含水量较低，口感很"粗"，味微甜略苦，但蛋白质含量最高，宜煎、炸、做馅等。

尽管北豆腐有点苦味，但其镁、钙的含量更高一些，能帮助降低血压和血管紧张度，预防心血管疾病的发生，还有强健骨骼和牙齿的作用。

2 南豆腐

南豆腐又称嫩豆腐、软豆腐，一般以石膏（硫酸钙）点制，其特点是质地细嫩、富有弹性、含水量大、味甘而鲜，蛋白质含量在5%以上。烹调宜拌、炒、烩、氽、烧及做羹等。

3 内酯豆腐

内酯豆腐抛弃了老一代的卤水和石膏，改用葡萄糖酸内酯作为凝固剂，添加海藻糖和植物胶保持水分。内酯豆腐虽然质地细腻、口感水嫩，但没有传统的豆腐有营养。这是因为内酯豆腐中的黄豆含量少了，吃起来没有豆腐味；二是豆腐中的钙和镁主要来自石膏和卤水，而葡萄糖酸内酯凝固剂既不含钙也不含镁，因而营养价值下降。

4 无豆豆腐

现在市场上还有许多其他种类的豆腐，如日本豆腐、杏仁豆腐、奶豆腐、鸡蛋豆腐等。虽然同叫"豆腐"，模样同样水润白嫩，吃起来口感爽滑，但却和豆腐一点关系也没有。因为这些"豆腐食品"的原料中压根就没有黄豆。以日本豆腐为例，其实，日本豆腐就是用鸡蛋制成胶体溶液后凝固制成的"鸡蛋豆腐"。

豆腐怎么吃 最健康

◎豆腐是公认的营养食品，它不但天然健康，还简单易做，是我们常吃的家常菜。豆腐做菜，口味可浓可淡，和所有食材都搭。但是，如果想要更好地吸收豆腐的营养，在餐桌上就要给它找"最好的搭档"。

1 配点肉，蛋白质好吸收

黄豆有"植物肉"的美誉，是植物性食物中蛋白质最优秀的食品，所以用大豆做成的豆腐，蛋白质也不会差。不过，豆腐中的蛋白质的含量和比例不是非常合理，也不是特别适合人体消化吸收。如果在吃豆腐的同时加入一些蛋白质质量非常高的食物，就能和豆腐起到互补作用，使豆腐的蛋白质更好地被人体消化吸收。而这些高质量蛋白质的食物，就非肉类和鸡蛋莫属了。因此，肉末烧豆腐、皮蛋拌豆腐等，都能让蛋白质更好地吸收。

2 加蛋黄、血豆腐，更补钙

就像吃钙片的同时需要补充维生素D一样，吃豆腐要补钙，就要搭配一些维生素D丰富的食物，因为在钙的吸收利用过程中，维生素D起着非常重要的作用。

虽然豆腐含钙非常丰富，北豆腐中的钙比同量的牛奶还多，但在吃豆腐时，搭配维生素D含量丰富的食物才能更有效地发挥作用。蛋黄中含有丰富的维生素D，因此鲜美滑嫩的蛋黄豆腐是补钙的优秀菜肴。动物内脏，如肝脏、血液中的维生素D含量也很高，所以将白豆腐和血豆腐一起做成"红白豆腐"，补钙效果也非常理想。另外，鸡胗、猪肝等动物内脏也对增加豆腐的钙吸收有很好的作用。

3 加海带、紫菜，能多补碘

豆腐不但能补充营养，还对预防动脉硬化有一定的作用，这是因为豆腐中含有一种叫皂苷的物质，能防止引起动脉硬化的氧化脂质产生。

但是，皂苷却会带来一个麻烦，就是引起体内碘排泄异常，如果长期食用豆腐，可能导致碘缺乏。所以，烹饪豆腐时加点海带、紫菜等含碘丰富的海产品，就两全其美了。

4 放青菜、木耳，更防病

豆腐虽然营养丰富，但膳食纤维缺乏，单独吃可能会引起便秘。而青菜和木耳中都含有丰富的膳食纤维，正好能弥补豆腐的这一缺点。

另外，木耳和青菜还含有许多能提高免疫力、预防疾病的抗氧化成分，搭配豆腐食用，抗病作用更好。

需要注意的是，菠菜、苋菜等绿叶蔬菜中的草酸含量较高，应先焯一下水再和豆腐一起烹饪，以免影响豆腐中钙的吸收。

豆腐虽好，不可贪食

◎豆制品属于优质蛋白质，赖氨酸多、蛋氨酸少，是唯一能代替动物蛋白的植物性食物，对疾病也有一定的食疗作用。但美味不可贪多，好东西也要适可而止，长期大量食用豆腐也可能引发一些问题。

1 促使动脉硬化

豆制品含有极为丰富的蛋氨酸，蛋氨酸在酶的作用下可转化为半胱氨酸，它会损伤动脉管壁内皮细胞，使胆固醇和甘油三酯沉积于动脉壁上，导致动脉硬化。

2 促使痛风发作

豆腐中的嘌呤含量较高，患有嘌呤代谢失常的痛风病人和血尿酸浓度增高的患者，最好不要多吃，否则很容易诱发"急性痛风"。尤其是痛风发作期间，应该完全禁食豆类；即使在缓解期中，也要有所限制，每周食用最好不要超过1次。

3 导致碘缺乏

制作豆腐的黄豆含有皂角苷，会加速体内碘的排泄，长期过量食用豆腐很容易引起碘缺乏，导致碘缺乏病。

4 引起消化不良

豆腐中含有极为丰富的蛋白质，一次食用过多，不仅阻碍人体对铁的吸收，而且容易使蛋白质消化不良，出现腹胀、腹泻等不适症状。因此，患有急性和慢性浅表性胃炎的病人要忌食豆制品，以免刺激胃酸分泌和引起胃肠胀气。

5 增加肾脏负担

豆类中的蛋白质为植物蛋白，在正常情况下，人吃进体内的植物蛋白质经过代谢，最后大部分成为含氮废物，由肾脏排出体外。但如果豆类食品吃得过于频繁，就会导致体内植物蛋白含量过高，产生的含氮废物也随之增加，从而加重肾脏的代谢负担。对于肾脏排泄废物能力下降的老年人来说，尤其应该控制豆类食品的食用量。一般来说，一周吃两次就足够。

豆腐渣——老人防病良药

◎豆渣是制豆腐时滤去浆汁所剩的渣子，许多人认为它是豆制品的下脚料且口感较差，没有什么营养价值。但现代营养学研究表明，豆腐渣是优良的保健食品，是人们、特别是老年人防病保健的良药。常吃豆腐渣，对中老年人健康大有益处。

1 防治便秘

老年人由于胃肠蠕动功能下降，易产生便秘，而豆腐渣中含有大量植物纤维，常吃豆腐渣能加大粪便体积，促进肠蠕动，使粪便松软，有利于排便，可防治便秘、肛裂、痔疮和肠癌等肛肠疾病。

2 降低胆固醇

胆固醇过高也是威胁老年人健康的主要因素，而豆腐渣中的植物纤维能吸附随食物摄入的胆固醇，从而阻止了人体对胆固醇的吸收，有效降低血液中胆固醇的含量，对预防血黏度增高、高血压、动脉粥样硬化、冠心病、中风等的发生都非常有效。

3 防癌抗癌

豆腐渣中还含有较多的抗癌物质，经常食用能大大降低乳腺癌、胰腺癌及结肠癌的发病率。

4 降低血糖

豆腐渣除了含有食物纤维外，还含有粗蛋白质、不饱和脂肪酸，这些物质有利于延缓肠道对糖的吸收，降低餐后血糖的上升速度，对控制糖尿病患者的血糖十分有利。

5 补充钙质

骨质疏松也是发病率较高、危害较大的老年病，研究表明，豆腐渣中的钙含量也很高，在100克豆腐渣中，含钙100毫克，和同量牛奶的含钙量相等，且豆腐渣中的钙容易被人体消化吸收，常食豆腐渣对防治中老年人骨质疏松症极为有利。

6 增强免疫力

豆腐渣不仅富含多种营养物质，并且热量较低，有增强老年人免疫力的食疗功效。

品种繁多的 豆腐干

◎豆腐干是豆腐的再加工制品，其咸香爽口，硬中带韧，久放不坏。豆腐干营养丰富，含有大量蛋白质、脂肪、碳水化合物，还含有钙、磷、铁等多种人体所需的矿物质。豆腐干种类繁多，根据其制作工艺不同，可分为以下几种。

1 卤制豆腐干

以豆腐干为原料，添加调味料卤制而成的食品，如白干、名干、香干、臭干等。其中臭干是经"臭卤"浸渍而制成的产品。

2 油炸豆腐干

以豆腐干为原料，经植物油炸制而成的产品，如炸豆腐干、油丝等。

3 熏制豆腐干

以豆腐干为原料，经造型、盐水煮制、烟熏等工序加工而成的具有熏香味的食品，如熏干、熏卷等。

4 炸卤豆腐干

以豆腐为原料，经造型、油炸等工序，再添加调味料卤制而成的食品，如花干、素肚等。

5 炒制豆腐干

以豆腐为原料，再经油炸、卤制，最后炒制而成的食品，分油炒和糖炒两类。

6 蒸煮豆腐干

以豆腐干为原料，经蒸煮工艺制成的食品，如素鸡等。

7 选购方法

①购买豆腐干时尽量去具有冷藏保鲜设备的副食商场、超市，并尽量选择有防污染包装的豆制品，例如经真空压缩的保鲜膜。②对于用真空袋保存的豆制品，选购时注意查看包装袋上标签是否齐全，尽量选择生产日期与购买日期相近的豆制品。③留意真空包装是否出现漏气现象或抽取不彻底现象，此类食品保质期会大打折扣，不宜购买。④遵循"少量购买、及时食用"的原则，不宜大量囤货。此外，当天剩下的豆干，应用保鲜袋扎紧放置冰箱内并尽快吃完。如发现袋内有异味或豆干制品表面发黏，请不要食用。

〈豆腐家常菜〉

豆腐是我国炼丹家——淮南王刘安发明的绿色健康食品。其品种繁多，具有风味独特、制作工艺简单、食用方便的特点。

香葱豆腐 〔降低血压〕

材　料　豆腐1块，香葱50克。

调　料　盐3克，蒸鱼豉油4克，香油3克，辣椒油5克，花椒粉3克，姜、蒜、红椒各少许。

做　法　1.豆腐切块；牛肉、姜、青蒜切丁备用。2.加热油锅，放入牛肉末炒至变色出香味，依次加入姜末、豆瓣酱、豆豉、干辣椒翻炒，然后加水、盐、鸡精调味，再将豆腐倒入锅中。3.出锅之前，放入青蒜、花椒粉，加入水淀粉，翻炒片刻出锅。

养生宜忌
- ♡ 多吃香葱能缓解风寒感冒轻症。
- ⊗ 患有胃肠道疾病的人不宜多吃香葱。

麻辣豆腐 〔降低血糖〕

材　料　豆腐2块。

调　料　洋葱、青葱、干辣椒面各10克，盐、蒸鱼豉油、花椒面、醋、香油各适量。

做　法　1.豆腐、洋葱、青葱切小块，干辣椒切末。2.将豆腐、洋葱、青葱、干辣椒末、盐、蒸鱼豉油、花椒面、醋放在碟上，拌匀。3.淋上香油即可。

养生宜忌
- ♡ 喝香油对慢性咽炎者有益。
- ⊗ 豆腐不宜与碳酸饮料同食。

蘸汁盐卤豆腐 〔降低血压〕

材　料　黄豆500克。

调　料　盐、口蘑、淀粉、盐卤、葱末、蒜泥、辣椒油、酱油各适量。

做　法　1.黄豆用凉水泡涨洗净，磨成稀糊，加水搅匀。2.旺火烧沸浆汁，装入瓷桶，盐卤用水化开，倒入浆汁内，静置一会，撇去泡沫，制成豆腐脑。锅内烧沸水，入酱油、口蘑、盐，水再沸时，加入淀粉勾芡，即成卤。把豆腐脑盛入碗中，浇上卤和葱末、蒜泥。淋上辣椒油即成。

养生宜忌
- ⊘ 黄豆是更年期妇女的理想食品。
- ⊗ 患疮痘期间不宜吃黄豆及其制品。

百合豆腐 〔防癌抗癌〕

材　料　鲜百合30克，豆腐2块，西红柿、青椒各1个，水发黄花菜20克。

调　料　蒜片15克，鸡汤适量，盐、味精、水淀粉、香油各5克。

做　法　1.百合洗净；西红柿洗净，切块；青椒洗净切块；豆腐洗净，切块；水发黄花菜洗净，挤干水分。2.锅中加油烧热，爆香蒜片，加入百合快炒，再依次将青椒、豆腐、西红柿倒入炒匀，淋入鸡汤，放入黄花菜烩煮3分钟，用少许淀粉勾芡，放盐、味精调味，淋上香油即可。

养生宜忌
- ⊘ 经常牙龈出血的人吃西红柿有助于改善症状。
- ⊗ 不宜空腹大量食用西红柿。

深山老豆腐 〔保肝护肾〕

材　料　老豆腐400克。

调　料　盐3克，姜末、蒜末、葱丝、香菜、红椒、老抽、红油、鸡粉、香油各适量。

做　法　1.老豆腐洗净，加少许盐煮3分钟，捞出切片；红椒切碎，少许切丝。2.起油锅，爆香姜蒜末，入红椒碎，炒出红油。原锅内，加盐、老抽、鸡粉、红油、水煮沸，淋入香油，制成酱汁，即可起锅。3.老豆腐放入酱汁内，撒上炒熟的姜、蒜、红椒碎末，再放上葱丝、香菜、红椒丝，即成。

养生宜忌
- ⊘ 红椒可预防感冒和促进血液循环。
- ⊗ 阴虚火旺者不宜食用红椒。

香椿拌豆腐 〔保肝护肾〕

材　料 北京老豆腐150克，香椿50克。

调　料 盐5克，味精2克，香油5克，葱油3克。

做　法 1.豆腐洗净切丁；香椿洗净切末。2.锅中注入水烧开，分别放入豆腐和香椿焯烫，捞出沥水。3.将备好的豆腐和香椿摆入盘中，调入调味料拌匀即可食用。

大厨献招 豆腐过水不要太久，以免变硬。

养生宜忌
- ✓ 适量进食香椿对有泌尿系统疾病患者有益。
- ✗ 有慢性疾病者应少食或不食香椿。

三杯豆腐 〔降低血压〕

材　料 九层塔100克，豆腐220克。

调　料 低盐酱油5毫升。

做　法 1.九层塔挑取嫩叶，洗净；豆腐洗净，切方块备用。2.起油锅，放入豆腐炸至两面酥黄，捞起沥干。3.加入2碗水、低盐酱油，转大火煮沸，再转小火煮至水分收干，加入九层塔和豆腐拌匀即可。

大厨献招 可放入少许葡萄酒，味道更好。

适合人群 一般人都可食用，尤其适合老年人食用。

养生宜忌
- ✓ 适量进食九层塔对腹胀气滞者有益。
- ✗ 血尿酸偏高的人不宜食用豆腐。

西红柿豆腐 〔增强免疫力〕

材　料 西红柿2个，老豆腐2块。

调　料 青葱段5克，盐、味精各3克，生抽10克。

做　法 1.西红柿洗净，表面打十字花刀，焯水捞出，撕去皮切片；豆腐洗净，切成长条，入油锅煎至两面微焦，捞出沥油。2.锅里留少许底油烧热，放入西红柿片翻炒匀，再倒入豆腐一起炒，加盐、生抽调味，盖上锅盖，以中火焖5分钟，加味精、青葱段炒匀即可。

养生宜忌
- ✓ 适量进食西红柿对急慢性肝炎患者有益。
- ✗ 溃疡活动期患者不宜食用此菜。

● 浇汁豆腐 〔补血养颜〕

材料 豆腐300克，虾肉、瘦肉各50克，木耳、黄瓜、胡萝卜、青豆各10克。

调料 咖喱、盐、香菜段各适量。

做法 1.豆腐、瘦肉洗净切小块；木耳洗净撕小片；黄瓜、胡萝卜洗净切豆丁。2.锅放油，放入虾肉、瘦肉、木耳、黄瓜、胡萝卜、青豆爆炒；放入咖喱和适量水，大火烧开；倒入豆腐，加盐烧3分钟。3.装碟，放上香菜点缀即成。

养生宜忌
- Ⓥ 此菜对中老年男性有益。
- Ⓧ 正值上火之时不宜食用虾肉。

● 蒜香银丝豆腐 〔补血养颜〕

材料 豆腐500克，粉丝、蒜蓉、火腿、虾肉各适量。

调料 蒸鱼豉油、香油、红椒末、辣椒油、醋、姜、蒜各适量。

做法 1.豆腐洗净，切片；火腿切成丝；虾肉焯熟；粉丝煮熟；姜、蒜切末。2.取盘，将火腿丝摆在盘底，放上豆腐片，再均匀地铺上粉丝，放上姜、蒜末，摆上虾肉，放入蒸鱼豉油、香油、红椒末、辣椒油、醋、盐调味。3.最后摆上几片香菜叶装饰即成。

大厨献招 喜欢麻辣口味的，可撒上花椒面。

养生宜忌
- Ⓥ 适量进食虾肉对肾阳虚亏者有益。
- Ⓧ 虾肉不宜与菠萝同食。

● 花生皮蛋拌豆腐 〔提神健脑〕

材料 豆腐600克，花生米100克，皮蛋2个，熟芝麻10克。

调料 盐4克，味精2克，葱花15克，蒜蓉20克，红油少许。

做法 1.豆腐洗净，放入热水浸泡片刻，取出，切丁，待冷却。2.皮蛋去壳切丁；油锅烧热，将花生米、红油、盐、味精、蒜蓉炒成味汁；将皮蛋放在豆腐上，淋入味汁，撒上葱花和芝麻即可。

大厨献招 此菜拌好后应立即食用，以免花生米口感变差。

养生宜忌
- Ⓥ 适量吃花生米对有脾胃不振者有益。
- Ⓧ 皮蛋不宜与李子同食。

：老干妈辣豆腐 〔防癌抗癌〕

材 料 豆腐400克,小白菜10克,老干妈10克。

调 料 豆豉、盐、红辣椒、葱各适量。

做 法 1.豆腐洗净;红辣椒、葱切末。2.锅放大量油烧热,放豆腐炸至金黄色捞起;锅留油少许,放老干妈、豆豉、红辣椒爆香,放水煮开后放盐、豆腐、小白菜继续烧3分钟。3.捞起装碟,撒上葱花。

养生宜忌
▽小白菜含钙量高,是防治佝偻病的理想蔬菜。
⊗大便溏薄者不宜食用小白菜。

：双椒豆腐 〔养心润肺〕

材 料 豆腐500克。

调 料 青红辣椒各15克,花生20克,盐、蚝油各适量。

做 法 1.豆腐洗净;辣椒切片。2.锅放油,将豆腐炸至金黄色;锅留油少许,放辣椒、花生、蚝油爆香,放入盐、水烧开后放豆腐烧3分钟。3.装碟即可。

大厨献招 蚝油可以用豆瓣酱代替。

适合人群 一般人都可食用,尤其适合男性食用。

养生宜忌
▽此菜对抵抗力低下者有益。
⊗血黏度高者不宜食用花生。

：咸菜豆腐 〔开胃消食〕

材 料 老豆腐1盒,咸酸菜75克,红椒丁25克。

调 料 豆豉1汤匙(切细),姜1片(切细),鲜酱油少许。

做 法 1.咸菜洗净,切小薄片,用清水浸15分钟,沥干水;老豆腐切四方厚片,放入开水中煮2分钟后捞起,沥干水,排在碟上。2.咸酸菜放在开水锅中煮2分钟捞起,挤干水,排在老豆腐上。3.豆豉、姜、红椒丁拌匀放在咸酸菜上蒸7分钟,淋少许油、鲜酱油即成。

养生宜忌
▽姜可祛寒,治腹痛。
⊗邪热亢盛者不宜食用姜等性热之物。

炝炒神仙豆腐 〔降低血压〕

材　料 神仙豆腐500克。

调　料 盐3克，大蒜、鸡精、花椒油、香油、红枣各适量

做　法 1.神仙豆腐用冷水冲洗，切成丁；大蒜切段。2.豆腐用开水焯透，捞出，沥干水分，装盘备用；将大蒜、红枣、盐、鸡精、花椒油放在一起炒出香味，倒在焯好的豆腐盘里，拌匀。3.淋上香油即可。

养生宜忌

♡ 花椒油对脾胃虚寒的人有益。

⊗ 肝炎患者忌食红枣。

丝瓜炒豆腐 〔降低血糖〕

材　料 豆腐、丝瓜各150克，鱿鱼50克。

调　料 蚝油、盐、香油、鸡精各适量

做　法 1.豆腐、丝瓜、鱿鱼切块。2.锅放油烧热，放鱿鱼小炒；再放入丝瓜炒1分钟；加水烧开，倒入豆腐、蚝油、盐烧煮。3.撒上鸡精、淋上香油装碟。

大厨献招 不要买大肚的丝瓜，肚大的丝瓜子多。

适合人群 一般人都可食用，尤其适合老人食用。

养生宜忌

♡ 丝瓜对产后乳汁不通的妇女有益。

⊗ 孕妇及腹泻者应慎食丝瓜。

葱油豆腐 〔增强免疫力〕

材　料 豆腐400克，洋葱、香菇各200克，青椒、红椒各30克。

调　料 盐3克，味精1克，酱油5克，水淀粉适量

做　法 1.豆腐洗净切片，下入油锅中稍煎；洋葱洗净切成片；香菇洗净泡发，焯水后切成片；青椒、红椒洗净切块。2.锅中倒油烧热，倒入洋葱片、青椒、红椒炒香，下入香菇、豆腐翻炒。3.倒入酱油，调入盐、味精入味，用水淀粉勾芡，收汁即可。

养生宜忌

♡ 香菇与豆腐同食，有防癌、降血脂之功效。

⊗ 皮肤瘙痒者不宜食用香菇。

海蛎子烧豆腐 〔保肝护肾〕

材料 豆腐4块,海蛎子100克。

调料 姜末、辣椒油、盐、酱油、白糖、味精、葱花各适量。

做法 1.豆腐、海蛎子洗净,分别用开水焯一下。2.锅放油,放姜末爆香,放水、豆腐煮开,然后放入海蛎子煮3分钟。3.放入辣椒油、盐、酱油、白糖、味精、葱花调味后即可。

养生宜忌
▽海蛎子对干燥综合征患者有益。
⊗有急慢性皮肤病者不宜食用海蛎子。

红白豆腐 〔防癌抗癌〕

材料 豆腐、猪血各150克,青、红辣椒各10克。

调料 酱油、白糖、盐、鸡精各适量。

做法 1.豆腐、猪血用开水焯一下水后切小块;青、红辣椒洗净切小段。2.锅放油,放青红椒爆香,倒入豆腐、猪血小炒,放入酱油、白糖、盐、水煮5分钟。3.放入鸡精即可。

大厨献招 猪血不要弄碎,除去少数黏附着的猪毛及杂质,然后放入开水中汆一汆。

适合人群 一般人都可食用,尤其适合女性食用。

养生宜忌
▽此菜适宜在纺织、环卫、采掘、粉尘等行业工作的人食用。
⊗猪血不宜与海带同食。

芙蓉烧豆腐 〔增强免疫力〕

材料 豆腐300克,鲜菇、五花肉、菠萝各50克。

调料 豆瓣酱、白糖、盐、淀粉、葱末各适量。

做法 1.豆腐切丁;鲜菇、五花肉、菠萝切小块。2.锅放油烧热,倒入五花肉、豆瓣酱爆炒;放入鲜菇、菠萝再小炒片刻,放入水、白糖、盐烧开;加入豆腐烧3分钟。3.加入淀粉勾芡,撒上葱花即可。

养生宜忌
▽菠萝对消化不良、支气管炎患者有益。
⊗菠萝不宜与虾同食。

芹菜段烧豆腐 〔增强免疫力〕

材料 豆腐300克，芹菜100克。

调料 辣椒、盐、酱油、白糖、香油各适量。

做法 1.豆腐切大块；芹菜切段；辣椒切圈。2.锅放油，爆香辣椒、芹菜，加盐、酱油、白糖、水烧开；放入豆腐煮2分钟。3.淋上香油。

大厨献招 掐一下芹菜的杆部，易折断的为嫩芹菜，不易折的为老芹菜。

养生宜忌
- ▽ 此菜对高血压、高血脂患者有益。
- ⊗ 芹菜不宜与牡蛎同食。

酸菜烧豆腐 〔开胃消食〕

材料 豆腐200克，酸菜50克。

调料 酱油、白糖、盐、味精、辣椒各少许。

做法 1.豆腐洗净，切大块；酸菜切小块。2.锅放油，放豆腐、盐、水、酱油煮开；放入酸菜、白糖、味精继续煮4分钟。3.撒上辣椒即成。

大厨献招 冬季是制作酸菜的最佳季节。

适合人群 一般人都可食用，尤其适合儿童食用。

养生宜忌
- ▽ 此菜对于脾胃不振的人有益。
- ⊗ 霉变的酸菜有明显的致癌性，不可食用。

川味水煮豆腐 〔降低血脂〕

材料 嫩豆腐300克，生菜、芹菜各20克。

调料 葱、姜、蒜各10克，干辣椒5克，盐5克，料酒3克，豆瓣10克，花椒2克，酱油5克，淀粉15克。

做法 1.豆腐切片，焯水；干辣椒切段，加花椒稍炸，捞出剁成花椒末；姜、蒜切米粒；生菜洗净；芹菜切段；葱切花。2.油烧热，放豆瓣、姜蒜炒香，加入盐、酱油、料酒烧沸。放入生菜、芹菜煮至断生，然后再下豆腐烧入味，用淀粉勾芡装盘，撒花椒末、干辣椒和葱花。

养生宜忌
- ▽ 生菜对胆固醇偏高者有益。
- ⊗ 烹调时料酒不要放得过多，以免影响菜肴本身口味。

217

：红烧豆腐　〔降低血脂〕

材　料　豆腐800克，上海青50克。

调　料　豆瓣酱5克，辣椒酱5克，盐3克，鸡精1克，酱油30克，水适量。

做　法　1.豆腐以沸水快速烫过后冲冷放凉，再切成长方条状；上海青洗净，切开。2.锅中放油，油热放豆瓣酱、辣椒酱炒匀，锅中加适量水，加盐、鸡精、酱油，水开后倒入豆腐、上海青，大火烧三四分钟即可。

养生宜忌
- ♡油菜尤其适宜牙齿松动之人食用。
- ⊗小儿麻疹后期不宜食用此菜。

：金银豆腐羹　〔降低血脂〕

材　料　豆腐1盒，咸蛋3个，水发香菇20克，鲜笋15克，火腿20克。

调　料　盐3克，水淀粉25克，胡椒粉1克，番茄酱20克，葱花10克。

做　法　1.豆腐洗净切丁；鲜笋、水发香菇、火腿分别切小块焯水备用；咸蛋取蛋黄用刀压成蓉。2.炒锅放油，放咸蛋蓉炒香，加番茄酱炒匀，倒入鲜汤，放入笋、香菇、火腿、烧沸，加盐、胡椒粉调味，用水淀粉勾芡，再入豆腐丁烩至入味，起锅撒上葱花即成。

养生宜忌
- ♡此菜对习惯性便秘患者有益。
- ⊗肝硬化、肠炎患者不宜食用鲜笋。

：客家酿豆腐　〔补血养颜〕

材　料　豆腐4块，猪肉500克，香菇10克，菜心50克。

调　料　酱油10克，蚝油3克，味精1克，盐4克，红辣椒适量。

做　法　1.猪肉、香菇均剁蓉，加盐混合成馅；豆腐切块，在中间挖个洞；用筷子把馅挤入豆腐的洞中；菜心洗净。2.热锅下油，放入豆腐块，加盐，用温火煎成金黄色后盛盘，菜心烫熟，摆入盘中。另起锅把酱油、蚝油、味精、红辣椒等调味料混合煮好，淋在煎好的豆腐上即可。

养生宜忌
- ♡爱美人士食用菜心可降脂减肥。
- ⊗目疾、疥疮患者不宜食用菜心。

豆腐箱子　〔降低血脂〕

材　料　豆腐150克，青、红辣椒各5克。

调　料　盐3克，酱油8克，淀粉10克。

做　法　1.把豆腐洗净，切成小块，入油锅中煎至表面呈金黄色后，捞出控油，装盘。2.将青、红辣椒洗净，切成丁。3.炒锅置旺火上，放水、盐、酱油、淀粉、青辣椒丁、红辣椒丁调汁勾芡，煮至黏稠状，淋在豆腐上即可。

养生宜忌

▽ 此菜对皮肤粗糙者有益。

⊗ 胃寒者不宜多食此菜。

海香炸豆腐　〔增强免疫力〕

材　料　豆腐350克，鸡蛋50克。

调　料　盐、玉米粉、柴鱼丝、鲣鱼酱油、味淋、海苔丝、葱花各适量。

做　法　1.豆腐切成小方块；鸡蛋打散成蛋液备用；将鲣鱼酱油、味淋调成酱汁。2.将豆腐块均匀蘸上酱汁和玉米粉，沾裹蛋液放入热油锅中，以大火炸约1分钟至表皮呈酥脆状，捞起沥油。3.撒上柴鱼丝、海苔丝、葱花即可。

大厨献招　食用时淋点酱汁更美味。

养生宜忌

▽ 海苔中含有大量多糖，可以抗衰老，降血压。

⊗ 经常出现遗精现象的肾亏者不宜多吃此菜。

蘸水老豆腐　〔增强免疫力〕

材　料　豆腐3块，小白菜100克。

调　料　盐3克，酱油、鸡精、香油、胡萝卜片、芝麻、老抽各适量。

做　法　1.豆腐洗净，切小片；小白菜放入开水，加盐、油煮熟。2.锅放入水烧开，放入豆腐、胡萝卜，加盐、鸡精烧10分钟，加入香油、白菜，烧2分钟。3.取碗，加入适量酱油、芝麻、老抽、香油，拌匀成酱汁佐食。

养生宜忌

▽ 适量进食小白菜，可预防色素沉着，延缓衰老。

⊗ 大便溏薄者不宜多吃此菜。

：口蘑豆腐 〔增强免疫力〕

材料 豆腐500克，口蘑100克，上海青30克。

调料 盐3克，酱油20克，姜末、料酒、淀粉、白糖、鸡精各少许。

做法 1.豆腐洗净切片，口菇切成小丁，分别用开水烫一下；上海青洗净，烫熟后放入盘中。2.锅内放油，油热后用姜炸锅；加水烧开，把烫好的豆腐、口蘑倒入，加上料酒、酱油、白糖、鸡精，小火焖烧8分钟。3.出锅前用淀粉勾芡即成。

养生宜忌
- ♡ 口蘑对肺结核、软骨病患者有益。
- ⊗ 脾虚胃寒者不宜多食此菜。

：里脊嫩豆腐 〔补血养颜〕

材料 豆腐800克，里脊肉250克。

调料 盐5克，味精1克，料酒1克，淀粉3克，酱油20克，香菜、豆豉适量。

做法 1.把豆腐切成小块，用开水烫一下，倒出控净水；里脊肉切成条，用酱油、淀粉拌匀。2.锅内放油，先将豆腐煎炒，随后放入里脊肉，加上酱油、盐、味精、料酒、豆豉，并加适量水烧5分钟。3.起锅后撒上香菜即可。

大厨献招 里脊肉要斜切，因肉质比较细、筋少，斜切可使其不破碎，吃起来又不塞牙。

养生宜忌
- ♡ 里脊肉对产后血虚者有益。
- ⊗ 肥胖、血脂较高者不宜多吃里脊肉。

：秘制麻婆豆腐 〔开胃消食〕

材料 豆腐500克，蒜苗50克，牛肉150克。

调料 豆瓣酱、盐、酒、酱油、干红辣椒碎、豆豉、蚝油、花椒粉、淀粉、味精各适量。

做法 1.牛肉剁成末；豆腐切块，氽烫后沥干；将豆瓣酱、酱油、淀粉、味精加水兑成芡汁。2.热锅下油，入肉末炒熟后装盘。另起油锅，放豆瓣酱、酱油、干红辣椒碎、豆豉炒香，加水烧沸后，放豆腐、肉末、蒜苗、蚝油，烧半分钟后放芡汁。3.撒上花椒粉即可。

养生宜忌
- ♡ 蒜苗对冠心病患者有益。
- ⊗ 患疮痈者不宜食用此菜。

● 鲜菇烧豆腐　　　〔补血养颜〕

材　料　豆腐200克，鲜菇100克，猪肉50克。

调　料　盐4克，红椒10克，葱花20克，味精1克，胡椒粉1克，香油5克，淀粉10克。

做　法　1.猪肉洗净切碎，加盐、味精、淀粉、水拌匀待用；豆腐洗净切块；鲜菇洗净切片。2.起油锅，倒入肉碎炒至变白色，放入鲜菇炒5分钟，加水，放入豆腐，并加盐，烧开后，转小火，加糖、味精，倒入水淀粉勾芡，再烧5分钟。3.撒上胡椒粉，淋香油，撒葱花即可。

养生宜忌

⊘ 此菜对骨质疏松症患者有益。

⊗ 高血脂症患者不宜多食此菜。

● 肉末豆腐　　　〔增强免疫力〕

材　料　豆腐500克，香葱50克，猪肉150克。

调　料　豆瓣酱3克，盐5克，酱油，干红辣椒碎、味精、豆豉、花椒粉、淀粉各适量。

做　法　1.猪肉剁成肉末；豆腐切块；香葱切碎；将豆瓣酱和酱油、淀粉、味精放一个碗里加水兑成芡汁。2.起油锅，倒入肉末炒熟后起锅装碗里。再热锅下油，放豆瓣酱油、干红辣椒碎、豆豉炒香，加水，烧沸后放豆腐、肉末，烧三四分钟后放盐和芡汁。3.再撒上葱花和花椒粉即可。

养生宜忌

⊘ 豆豉对血栓患者有益。

⊗ 湿热内蕴者不宜多吃猪肉。

● 酱汁豆腐　　　〔提神健脑〕

材　料　石膏豆腐250克，生菜20克。

调　料　西红柿汁20克，白糖5克，红醋少许，干淀粉10克，水淀粉3克。

做　法　1.豆腐洗净切长条，均匀裹上干淀粉；生菜洗净垫入盘底。2.热锅下油，放入豆腐条炸至金黄色，捞出控油，放在生菜上。3.锅中留少许油，放入西红柿汁炒香，加入少许水、红醋、白糖，用水淀粉勾芡后，淋在豆腐上即可。

养生宜忌

⊘ 脾胃虚寒者不宜食用此菜。

⊗ 此菜对胃火炽盛者有益。

美味村菇烧豆腐 〔开胃消食〕

材　料　嫩豆腐300克，鲜蘑菇100克。

调　料　酱油30克，盐5克，味精1克，葱花20克，辣椒干10克。

做　法　1.豆腐洗净切块，蘑菇洗净切大片，辣椒干洗净切末；锅内烧开水，把豆腐放进沸水烫一下。2.锅内加油，下辣椒干煸炒；放入豆腐、蘑菇，加盐，用中火烧沸；转小火烧15分钟，加入酱油、味精，拌匀。3.撒上葱花即可。

养生宜忌

♡ 鲜蘑菇有很好的防癌、抗衰老的作用。

⊗ 酱油不宜长时间加热。

家常老妈豆腐 〔降低血压〕

材　料　豆腐350克。

调　料　盐3克，高汤300克，小葱、辣椒、酱油、鸡精、红油、胡椒粉各适量。

做　法　1.豆腐洗净切片；辣椒斜洗净切圈；小葱洗净切小段。2.锅内热油，将豆腐放油中稍煎；加盐、高汤，焖烧15分钟；再放辣椒、酱油、鸡精、红油烧3分钟。3.出锅前撒入胡椒粉提鲜即成。

大厨献招　胡椒粉不要放入过多。

养生宜忌

♡ 小葱对寒凝腹痛者有益。

⊗ 多汗者忌食小葱。

酸菜米豆腐 〔降低血脂〕

材　料　米豆腐350克，酸菜100克。

调　料　盐、姜末、蒜片、葱花、鸡精、淀粉各适量。

做　法　1.将米豆腐洗净切成小方块，酸菜洗净切小块备用。2.锅里热油，先将姜和蒜片爆香，再倒入酸菜炒香，倒入米豆腐轻轻翻炒均匀，加入少许盐，鸡精调味，用少量水淀粉勾芡，撒上葱花即可。

大厨献招　淋上红油味更佳。

养生宜忌

♡ 米豆腐有防治大肠癌、便秘、痢疾的功效。

⊗ 结石患者应慎食酸菜。

● 客家招牌豆腐 〔提神健脑〕

材 料 豆腐300克，去皮五花肉100克。

调 料 盐、味精、白糖、淀粉、蚝油、酱油、葱花各适量。

做 法 1.豆腐洗净中间挖凹槽备用；猪肉剁成泥，加入盐、味精、白糖、干淀粉拌匀；把肉泥酿入豆腐中间。2.锅下油，放入酿豆腐煎至金黄；再加上盐、蚝油、酱油和少许水，焖烧5分钟；汤汁快收干时，加入水淀粉勾芡。3.撒上葱花即成。

养生宜忌
♡ 此菜对肾虚体弱者有益。
⊗ 此菜不适宜高脂血症患者食用。

● 锦珍豆腐煲 〔降低血压〕

材 料 豆腐400克，鱿鱼300克，香菇100克，胡萝卜、黑木耳各适量。

调 料 盐3克，葱、姜片、鸡汤、酱油、胡椒粉、麻油各适量。

做 法 1.香菇、黑木耳泡发洗净，切块；豆腐切片；鱿鱼洗净，切片。2.锅内放油，将豆腐煎至两面金黄；锅留底油，放姜片，把鱿鱼爆炒；将鱿鱼、豆腐、香菇放入小砂锅内，加鸡汤烧开，放盐、酱油调味，炖一会，加胡萝卜、黑木耳再炖，然后放入胡椒粉，淋上香油即可。

大厨献招 黑木耳用洗米水浸泡，更有营养。

养生宜忌
♡ 鱿鱼所含的多肽和硒有抗病毒、防辐射的作用。
⊗ 肝病患者不宜食用鱿鱼。

● 白菜烧豆腐 〔排毒瘦身〕

材 料 豆腐2块，白菜100克。

调 料 辣椒、葱、盐、酱油、味精各适量。

做 法 1.豆腐先用热水过一下；豆腐、白菜切小块；辣椒、葱切段。2.锅放油，放入豆腐稍煎；放盐、酱油、白菜、味精，加入水煮3分钟。3.撒上葱、辣椒。

大厨献招 白菜以直到顶部包心紧、分量重、底部突出、根的切口大的为好。

养生宜忌
♡ 白菜对肺热咳嗽者有益。
⊗ 胃寒腹痛者不宜多吃白菜。

金牌豆腐 〔开胃消食〕

材 料 豆腐300克。

调 料 鸡蛋1只，木耳、青红辣椒、胡萝卜、粉丝、盐、香油、酱油、鸡精各适量。

做 法 1.豆腐切块；鸡蛋搅拌均匀；木耳、青红辣椒、胡萝卜、粉丝切丝。2.豆腐放在开水中煮熟捞起，放上盐拌匀；锅放油，放鸡蛋煎薄一层，熟后捞起放在豆腐上；锅再放油，放木耳、青红辣椒、胡萝卜、粉丝爆香，捞起放在鸡蛋上。3.淋上香油即成。

养生宜忌

Ⓥ 鸡蛋适宜婴幼儿发育期补养。

Ⓧ 患有感冒、胆囊炎者不宜食用鸡蛋。

客家烧豆腐 〔开胃消食〕

材 料 豆腐500克，红辣椒80克，青辣椒80克，火腿肠80克。

调 料 豆瓣酱3克，盐5克，酱油10克，味精1克。

做 法 1.豆腐、火腿肠和辣椒切成长方的条块。2.炒锅加油，待油温升至四成热时将切好的豆腐和辣椒分别下入油锅中炸，至金黄色时捞出，控净油待用；锅留底油加入豆瓣酱、酱油、盐、味精，烧开后，放下豆腐、火腿肠和辣椒改小火烧至均匀即可。

大厨献招 豆腐宜选用细嫩清香的"石膏豆腐"，口感较佳。

养生宜忌

Ⓥ 青椒能缓解疲劳，对脑力劳动者有益。

Ⓧ 久病体虚者不宜食用火腿肠。

功德豆腐 〔降低血压〕

材 料 南豆腐250克，冬菇50克，蘑菇、西蓝花各15克。

调 料 盐、酱油、料酒、白糖、味精、鲜汤、香油各适量。

做 法 1.豆腐切圆形；冬菇、西蓝花洗净；蘑菇去根。2.锅中放油，至七成热时下豆腐炸至金黄色，放酱油和鲜汤烧入味，汤浓后加盐、白糖、味精、料油勾芡码在豆腐顶部，先码冬菇再码蘑菇；西蓝花烫熟，摆入盘中。3.淋上香油即可。

养生宜忌

Ⓥ 西蓝花能有效促进人体生长发育，提高记忆力。

Ⓧ 尿路结石患者不宜多食此菜。

橄榄菜滑菇豆腐 〔降低血糖〕

材料 豆腐150克，滑子菇、上海青各100克，橄榄菜30克。

调料 盐3克，红椒、青椒、葱各20克，水淀粉适量。

做法 1.将豆腐洗净，切块；滑子菇洗净；上海青洗净；红椒、青椒洗净，切丁；葱洗净，切碎。2.锅中油烧热，放入豆腐、滑子菇、上海青、红椒、青椒、橄榄菜翻炒。3.再调入盐，最后倒入水淀粉勾芡，撒上葱花即可。

养生宜忌
- ◎ 滑子菇含有丰富的矿物质，可以防癌抗癌。
- ⊗ 肾功能衰竭患者忌食此菜。

红烧豆腐煲 〔开胃消食〕

材料 豆腐500克，鲜冬菇100克，生菜20克。

调料 盐3克，上汤、生抽、老抽、糖、酒、淀粉、麻油各适量。

做法 1.豆腐切块，放碟上，洒盐于豆腐上；冬菇切片；生菜洗净，垫入盘底。2.隔水蒸豆腐约10分钟，取出豆腐，吸干水分，放入滚油内慢火炸至金黄色，盛起；烧热 锅下油，放入豆腐，再加入冬菇片，再注入上汤，慢火煮至汁液浓稠，用生抽、老抽、糖、淀粉、酒调成的芡汁勾芡。3.淋上香油即可。

养生宜忌
- ◎ 冬菇含有大量多糖，可提高人体免疫力。
- ⊗ 慢性胰腺炎患者不宜多食此菜。

农家大碗豆腐 〔降低血糖〕

材料 豆腐200克，肉末50克，尖椒、姜末各适量。

调料 盐3克，料酒、味精、辣椒油、香油各适量。

做法 1.豆腐洗净，切小方块；肉末用少许盐、料酒、姜末腌渍片刻；尖椒洗净，切圈。2.炒锅加油烧热，炒香尖椒，入肉末煸炒至熟，盛起。炒锅再入油烧热，入豆腐块炸至两面脆黄，加盐、味精、辣椒油调味，烹入适量的水煮开，加肉末、尖椒，淋香油，拌匀后盛起即可。

养生宜忌
- ◎ 食用尖椒可以使呼吸道保持通畅，并治疗感冒。
- ⊗ 痢疾患者不宜多食此菜。

贵妃豆腐 〔开胃消食〕

材料 豆腐500克，虾仁100克。

调料 盐3克，番茄酱、淀粉、味精、油、蒜、酱油、糖、水淀粉各适量。

做法 1.豆腐切成菱形。2.锅中放油烧热，将豆腐放入油中炸成金黄色，捞起；锅内放油烧热，加蒜爆香，加入水、番茄酱、酱油、盐、味精、糖，加入炸好的豆腐和虾仁，放入水淀粉，打点亮油出锅。3.将烧好的酱汁浇在豆腐上即可。

养生宜忌
- 虾的通乳作用较好，特别适合哺乳期妇女食用。
- 湿热痰滞内蕴者不宜多食此菜。

山珍豆腐包 〔降低血压〕

材料 日本豆腐350克，虾仁200克，五花肉200克，鲜菇200克，上海青50克。

调料 盐3克，玉米粒、酱瓜、蚝油、精盐、韭黄、味精、水淀粉、上汤、香油各适量。

做法 1.日本豆腐炸过后钻出空心，将虾仁、五花肉、玉米粒、酱瓜切成极细的丝，酿入日本豆腐中，用韭黄扎好开口处，制成布袋状的豆腐，上海青洗净，烫熟，摆入盘中。2.用油起锅，加焯水后的鲜菇，用盐、味精、蚝油调味翻炒，加入日本豆腐和上汤同烧，最后用水淀粉勾芡。3.淋上香油即可。

养生宜忌
- 上海青含有大量粗纤维，可有效改善便秘症状。
- 对海鲜过敏者不宜食。

布袋豆腐 〔增强免疫力〕

材料 日本豆腐500克，虾仁200克，五花肉200克。

调料 盐3克，蒜末、玉米粒、酱瓜、蚝油、鸡粉、鲍汁酱油、韭黄各适量。

做法 1.将虾仁、五花肉、玉米粒、酱瓜切成极细的丝备用。2.起油锅，入日本豆腐炸熟，捞起钻出空心。锅内热油，入蒜末炒香，放虾仁、五花肉、玉米粒翻炒，加酱油、蚝油、鸡粉、水烧熟，酿入豆腐中，用韭黄扎好开口处，淋上鲍汁即可。

养生宜忌
- 韭黄中含有粗纤维，有利于排便消化，可预防肠癌。
- 高热神昏者不宜多食此菜。

● 皇家海鲜豆腐煲 〔增强免疫力〕

材 料 豆腐200克，鲜鱿鱼100克，火腿肉50克，冬菇、荷兰豆各适量。

调 料 盐3克，蚝油、白砂糖、鸡粉、香油、淀粉各适量。

做 法 1.将豆腐切块，鱿鱼、火腿肉、冬菇切片。2.锅中热油，将豆腐放入油中炸约2分钟捞起；将鱿鱼片放入滚水中汆烫约1分钟后捞起；热锅放入调味料、豆腐块、火腿肉、鱿鱼片、冬菇、荷兰豆，加入适量水，以小火烧约3分钟，用淀粉勾芡。3.淋上香油即可。

养生宜忌
▽ 荷兰豆可防止人体中致癌物质的形成。
⊗ 肝胆病患者不宜多食此菜。

● 客家豆腐煲 〔降低血压〕

材 料 豆腐500克，肉末50克，青豆50克。

调 料 盐3克，淀粉、五香粉、胡椒粉、红椒丁、糖、味精、清 水各适量。

做 法 1.豆腐切成小方块，放入沸水中捞一下，沥水待用；肉末用淀粉、少许盐和五香粉拌匀。2.起油锅，倒入肉末和青豆划炒片刻，将豆腐放入锅中翻炒，加清水、盐，炖至水快烧干，加糖、味精、淀粉旺火收汁。3.撒上胡椒粉、红椒丁即可。

养生宜忌
▽ 青豆中含有皂角苷、硒等抗癌成分，可防癌抗癌。
⊗ 腹痛腹胀者不宜食用此菜。

● 农家豆腐 〔提神健脑〕

材 料 豆腐350克。

调 料 盐、蒜、鸡精、姜末、老抽、水淀粉、郫县豆瓣酱各适量。

做 法 1.豆腐洗净切片；蒜洗净切段；红椒洗净切圈；热锅放油，将豆腐煎至两面金黄，捞起待用。2.锅内留少许油，放入红椒爆香，入郫县豆瓣酱，炒香，入豆腐、老抽，炒至上色。加水、盐、鸡精，小火煮约20分钟，放入蒜，炒匀收汁，用水淀粉勾薄芡出锅，淋上香油即成。

养生宜忌
▽ 豆腐中含有大量类黄酮，可有效改善更年期症状。
⊗ 胃下垂患者不宜多食此菜。

● 黄焖煎豆腐 〔降低血糖〕

材 料 豆腐300克。

调 料 盐3克，葱、辣椒各15克，黑胡椒粉、酱油、熟芝麻各适量。

做 法 1.豆腐洗净切片；葱、辣椒洗净切段。2.锅放油多些，放入豆腐煎至金黄色捞起；锅底留油，放入辣椒爆香；加入酱油、水烧开；倒入豆腐、葱烧至汁浓；加入黑胡椒粉翻炒。3.撒上芝麻即可。

养生宜忌

Ⓥ 辣椒素能减少脂肪堆积，有减肥的功效。
Ⓧ 尿路结石患者不宜多食此菜。

● 家常石磨豆腐 〔增强免疫力〕

材 料 豆腐300克。

调 料 盐3克，辣椒、葱、蒜各10克，老抽、老干妈辣酱各适量。

做 法 1.豆腐洗净切片；辣椒、葱洗净切段；蒜洗净切片。2.锅放大量油，将豆腐放入，炸至金黄；加入辣椒、蒜、盐、老抽、老干妈辣酱；加入半碗水、葱，煮5分钟。3.待汁浓稠即可装碟。

大厨献招 炸豆腐时锅顺时针转，可将豆腐炸得均匀。

养生宜忌

Ⓥ 葱中所含大蒜素，具有明显的抵御细菌、病毒的作用。
Ⓧ 脾虚滑泻者不宜食用此菜。

● 焖煎豆腐 〔降低血糖〕

材 料 豆腐350克。

调 料 盐、酱油、味精、香油、豆瓣辣酱、大蒜、大葱、姜末、高汤各适量。

做 法 1.豆腐洗净切成方形小片；大蒜洗净切成片。2.锅用旺火烧热，放油，将豆腐片煎成两面黄，然后加姜末、辣豆瓣酱、酱油、盐、味精、高汤和大蒜片，改用小火焖煮，至豆腐片透出香味，装盘。3.淋上香油即可。

养生宜忌

Ⓥ 香油中含丰富的维生素E，具有延缓衰老的功能。
Ⓧ 酸中毒病人不宜食用此菜。

● 黑木耳烧豆腐 〔补血养颜〕

材　料　豆腐500克，黑木耳100克，猪肉100克。

调　料　盐、大葱花、干红辣椒、盐、白糖、味精、酱油各适量。

做　法　1.黑木耳浸发好；豆腐洗净切块；猪肉洗净切片；干红辣椒洗净。2.锅内热油，将豆腐放入锅中煎至两面金黄；起油锅，锅热后下大葱、干红辣椒爆香，倒入肉片，加酱油、盐翻炒，加入黑木耳翻炒，再放豆腐一起翻炒，放少许盐、白糖、味精调和，装盘，淋上香油即可。

养生宜忌
- ▽ 木耳含有丰富的铁，常吃能够起到补血的作用。
- ⊗ 大便燥结者不宜多食此菜。

● 旭日映西施 〔开胃消食〕

材　料　豆腐500克，猪肉300克，青菜200克。

调　料　盐3克，酱油、料酒、鸡精、油、豆瓣酱、姜末、蒜末、糖各适量。

做　法　1.豆腐切块，用盐水浸泡；猪肉切小块，用酱油、料酒、鸡精腌渍备用。2.锅中烧开水，倒入豆腐焯水，捞出装盘。起油锅，放姜末、蒜末、豆瓣酱爆香，入猪肉翻炒，加盐、糖、酱油、少许清水大火烧至汁收，起锅摆放在已装盘的豆腐上。3.用焯过水的青菜摆盘即可。

养生宜忌
- ▽ 猪肉能为人体提供优质蛋白质和必需的脂肪酸。
- ⊗ 肾炎患者不宜多吃此菜。

● 乡下豆腐 〔防癌抗癌〕

材　料　豆腐350克，西蓝花20克。

调　料　盐、辣椒、葱花、虾米辣酱、白糖、料酒各适量。

做　法　1.将豆腐用清水冲洗后，晾干水分，切小块；辣椒洗净切片；西蓝花洗净，烫熟。2.用油将豆腐块两面煎黄，取出；锅内留少许油，加虾米辣酱，放入煎好的豆腐干，将豆腐翻个面，待酱汁裹住豆腐，装盘撒上葱花，摆上西蓝花即可。

养生宜忌
- ▽ 西蓝花的维生素C含量极高，有利于人的生长发育。
- ⊗ 痛风患者应慎食此菜。

乡里酸菜焖豆腐〔开胃消食〕

材　料 豆腐300克，酸菜100克。

调　料 盐3克，青、红辣椒各10克，辣椒酱、红油、酱油、香菜、白糖各适量。

做　法 1.豆腐切片摆盘；酸菜切末；青、红辣椒切段。2.锅放油，放辣椒酱、酸菜、盐、酱油、白糖翻炒2分钟后，放在豆腐面上；加少许水、红油、盐焖烧5分钟。3.放上辣椒、香菜即成。

养生宜忌

♡红椒中的辣椒素可降低胆固醇，促进血液循环。

⊗湿热痰滞内蕴者不宜多食此菜。

西红柿焖豆腐 〔养心润肺〕

材　料 豆腐100克，西红柿150克。

调　料 白糖、盐、酱油、葱各少许。

做　法 1.豆腐切豆丁；西红柿去皮、去瓤后切块；葱切末。2.锅放油，倒入西红柿小炒，放入白糖、盐、水烧开；加入豆腐、酱油再烧5分钟。3.撒上葱末即可。

大厨献招 西红柿去瓤酸味少。

适合人群 一般人都可食用，尤其适合孕产妇食用。

养生宜忌

♡西红柿富含番茄红素，具有较好的抗氧化作用。

⊗中焦虚寒者不宜食用此菜。

豆腐鲢鱼 〔保肝护肾〕

材　料 豆腐2块，鲢鱼1条，蛋清2个。

调　料 盐5克、豆粉、豆瓣、鲜汤、料酒、香油、干红椒碎、辣椒面、姜末、葱末、蒜末。

做　法 1.鲢鱼洗净切成块，加入盐、蛋清、豆粉拌匀，入油锅炸至呈金黄色；豆腐洗净切成块。2.油烧热，放入豆瓣、姜、葱、蒜炒香，加入鲜汤煮沸，再放入料酒、鱼块、豆腐烧入味，装盘，撒上干红椒、辣椒面，淋上香油即成。

养生宜忌

♡鲢鱼味甘性温，对于祛除脾胃寒气有很好的疗效。

⊗外感初起者不宜多食此菜。

● 老肉烧豆腐 〔养心润肺〕

材 料 日本豆腐400克，五花肉250克。

调 料 盐、生姜、小葱、酱油、绍兴黄酒、白糖各适量。

做 法 1.豆腐洗净切薄片；肉洗净，切块，用料酒腌渍。2.热锅烧水，将豆腐放入开水中烧2分钟，捞起装盘；热锅下油，待油轻微冒烟放入白糖，搅拌，待糖溶后放入猪肉，肉六成熟时加盐、酱油，再烧5分钟，盛放在装有豆腐的盘中即可。

养生宜忌

Ⓥ 常食日本豆腐可以清热润燥、清洁肠胃。

Ⓧ 感冒发烧者不宜食用此菜。

● 口水剁椒豆腐 〔提神健脑〕

材 料 豆腐350克，肉末100克。

调 料 盐、辣椒、姜末、蒜蓉、葱花、淀粉各适量。

做 法 1.豆腐用盐水泡后切片；肉末加淀粉拌匀；辣椒洗净切丁。2.锅烧开水，将豆腐隔水中火蒸15分钟，取出；锅里放油，放入肉末炒散，放入姜、蒜、辣椒、盐翻炒。3.将炒好的肉末淋在蒸好的豆腐上，撒上葱花即可。

大厨献招 淋上红油味更佳。

适合人群 一般人都可食用，尤其适合儿童食用。

养生宜忌

Ⓥ 适当食用辣椒，可以刺激味蕾，增进食欲，促进消化。

Ⓧ 尿路结石患者不宜多食此菜。

● 双菇豆腐 〔防癌抗癌〕

材 料 豆腐300克，香菇100克，草菇70克。

调 料 盐3克，味精1克，鸡精2克，红油、红椒各适量。

做 法 1.豆腐用清水浸泡片刻，捞出沥干，切片；香菇洗净切块；草菇洗净切块；红椒洗净，切菱形块。2.锅中注油烧热，下香菇、草菇和红椒，调入红油，翻炒片刻后，加适量水烧开，下豆腐稍煮。3.加盐、味精和鸡精调味即可。

养生宜忌

Ⓥ 草菇中含有大量维生素C，能够有效地促进新陈代谢。

Ⓧ 脾虚滑泻者不宜食用此菜。

剁椒夹心豆腐 〔排毒瘦身〕

材　料　豆腐300克，剁椒20克。

调　料　盐1克，生菜、香油、香油各适量。

做　法　1.将豆腐洗净切片；生菜洗净；将剁椒、香油、香油拌匀成酱汁。2.以生菜打底，放上豆腐片，再放上酱汁即成。3.以生菜包上豆腐和酱汁食用。

大厨献招　不能吃辣的，可用甜面酱代替剁椒。

养生宜忌
- 《医林纂要》："（豆腐能）清肺热，止咳，消痰。"
- 痛风患者应慎食此菜。

鲜茶树菇烧豆腐 〔防癌抗癌〕

材　料　鲜茶树菇、豆腐各150克，肉末50克。

调　料　盐、味精各3克，酱油、蚝油各8克，葱花10克。

做　法　1.豆腐洗净，切片；茶树菇洗净备用。2.油锅烧热，放入茶树菇、肉末炒熟，加蚝油及适量清水烧开，下豆腐同烧至入味。3.调入盐、味精、酱油，撒上葱花即可。

大厨献招　此菜盐不易放太多，影响鲜味。

适合人群　一般人都可食用，尤其适合老年人食用。

养生宜忌
- 茶树菇中含有大量人体所需氨基酸，能有效防癌抗癌。
- 尿路结石患者不宜多食此菜。

百合豆腐 〔养心润肺〕

材　料　鲜百合2个，瘦肉60克，豆腐2块，玉米粒100克，枸杞10克。

调　料　盐5克，酱油4克，姜片1片，葱花3克，淀粉适量。

做　法　1.鲜百合洗净，掰开；瘦肉切条，加盐、酱油和淀粉腌好；豆腐切成小块。2.把开水倒入锅中，放入鲜百合瓣、玉米粒、枸杞、姜片，水开了之后，放入豆腐块和腌好的瘦肉，盖上盖，煮开后放盐，再烧5分钟。3.撒上葱花即可。

养生宜忌
- 新鲜百合中所含的黏液质，具有润燥清热的作用。
- 脾虚滑泻者不宜食用此菜。

● 三鲜烧冻豆腐 〔增强免疫力〕

材　料　海参、虾仁、鱿鱼各70克，冻豆腐200克。

调　料　辣椒20克，盐3克，酱油10克，高汤适量。

做　法　1.海参泡发，洗净，切成段；鱿鱼洗净，打上花刀，切块；冻豆腐、辣椒洗净，切块。2.锅中加油烧热，下入辣椒、海参、虾仁、鱿鱼爆炒后，加入酱油、高汤烧开。3.再下入冻豆腐，烧至冻豆腐熟后，加盐调味即可。

养生宜忌

▽ 食用海参对再生障碍性贫血、胃溃疡等均有良效。

⊗ 酸中毒病人不宜食用此菜。

● 牛肉末烧豆腐 〔开胃消食〕

材　料　豆腐200克，牛肉20克。

调　料　姜5克，蒜5克，豆瓣酱10克，干红辣椒粉2克，花椒粉2克，盐5克，味精3克，上汤、葱花各适量。

做　法　1.豆腐洗净切丁，牛肉切末，姜、蒜洗净切末。2.豆腐焯水后捞出，爆香姜、蒜、牛肉末，加入豆瓣酱炒香，干红辣椒炒上色后，下上汤、豆腐。3.调入盐、味精，烧入味起锅装盘，撒上花椒粉、葱花即成。

大厨献招　牛肉要剁的越细越好。

养生宜忌

▽ 多食用牛肉有助于缺铁性贫血的治疗。

⊗ 感冒发烧者不宜食用此菜。

● 剁椒煎豆腐 〔防癌抗癌〕

材　料　老豆腐300克，剁椒100克。

调　料　盐、蒜苗段、酱油、鸡精各适量。

做　法　1.老豆腐洗净片成薄片，锅内倒适量油，将豆腐煎透。2.加剁椒、蒜苗翻炒2分钟。3.再加适量盐、鸡精、酱油，倒入半碗水焖煮2分钟，装盘即可。

大厨献招　豆腐买回后用盐水泡一会，煎时不易碎。

养生宜忌

▽ 肝细胞受损和癌症患者可以多食蒜苗。

⊗ 外感初起者不宜多食此菜。

美味香煎米豆腐〔养心润肺〕

材　料 米豆腐250克。

调　料 盐、红椒、葱花、酱油、鸡精各适量。

做　法 1.米豆腐洗净切成薄片；红椒洗净切小丁。2.起锅入油，放入豆腐煎至表皮金黄，捞出装盘。3.锅内留少许油，入红椒末、葱花爆香，放入豆腐片，加适量盐、酱油、鸡精一同翻炒即成。

养生宜忌

✓ 红椒可预防癌症及其他慢性疾病。

✗ 糖尿病患者应慎食此菜。

开心一品豆腐 〔降低血脂〕

材　料 嫩豆腐400克，鸡蛋100克。

调　料 青椒、红椒、葱、芹菜各10克，水200克，红油10克，香油10克，酱油5克，盐3克。

做　法 1.豆腐洗净，切成两大块；鸡蛋打散，煎熟后切块待用；青椒、红椒、葱、芹菜切长丝。2.起油锅，加盐、红油、酱油和适量水，烧开制成酱汁，放凉待用。3.豆腐盛盘，放上鸡蛋块，撒上椒丝、葱丝、芹菜丝，淋上酱汁即成。

大厨献招 没有包装的豆腐易坏掉，买回家后，应浸泡于水中。

养生宜忌

✓ 鸡蛋富含铁元素，可以使人面色红润，皮肤光泽。

✗ 尿路结石患者不宜多食此菜。

阿婆煎豆腐 〔增强免疫力〕

材　料 豆腐300克，青豆80克，红椒20克，香菇20克。

调　料 蒜末5克，酱油3克，番茄酱3克，陈醋3克，糖1克，水淀粉5克，盐3克。

做　法 1.豆腐洗净，切块，在表面抹上盐；青豆洗净沥干；红椒、香菇分别洗净切碎。2.油烧热，下入豆腐煎至两面金黄，捞出。3.油锅烧热，下入青豆、红椒、香菇和蒜末一起翻炒，加调味料炒至熟，再以水淀粉勾芡，出锅淋在豆腐上即可。

养生宜忌

✓ 此菜对脾胃不振者有益。

✗ 糖尿病患者应慎食此菜。

椒盐老豆腐 〔开胃消食〕

材料 老豆腐500克。

调料 葱末、蒜蓉各10克，红尖椒1个，盐、鸡精、黑胡椒粉、花椒粉各5克。

做法 1.豆腐洗净，切成小方块；红尖椒去蒂和子，洗净，切小圈。2.大火烧热油，将豆腐炸成金黄色，捞出控油。3.锅里留少许底油，大火爆香葱末、蒜蓉，再放入红椒圈、盐、鸡精、黑胡椒粉、花椒粉稍炒，起锅。4.把炒好的作料与炸好的豆腐拌匀即可。

养生宜忌
- ♡ 老豆腐中的磷脂可以清除体内胆固醇，保护心血管。
- ⊗ 肾衰竭患者不宜多食此菜。

咖喱豆腐 〔降低血糖〕

材料 豆腐200克。

调料 盐、咖喱、葱、鸡精各适量。

做法 1.豆腐洗净切碎；葱洗净切末。2.锅放油，放水烧开；倒入豆腐，加入盐、咖喱、鸡精一同炖煮10分钟。3.出锅前撒上葱末即成。

大厨献招 有咖喱就不要放太多盐。

适合人群 一般人都可食用，尤其适合儿童食用。

养生宜忌
- ♡ 咖喱能促进血液循环，达到发汗的目的。
- ⊗ 有热毒火疮者不宜多食此菜。

红花豆腐羹 〔补血养颜〕

材料 豆腐200克，红花适量。

调料 盐、枸杞、咖喱、香油、藕粉各适量。

做法 1.豆腐、红花洗净切长丝。2.锅放水烧开；放入油、豆腐、红花、枸杞烧2分钟；加入咖喱、香油，再煮1分钟。3.出锅前，用藕粉勾芡即成。

大厨献招 可放入少许姜丝，还可用来驱寒。

养生宜忌
- ♡ 枸杞子可以治疗各种慢性眼病。
- ⊗ 妊娠妇女不宜食用此菜。

●海鲜豆腐煲 〔降低血糖〕

材 料 豆腐150克，鱿鱼、虾肉、柳条各50克。

调 料 盐3克，清汤500克，鲜菇、姜、葱各10克，辣椒酱、老抽、白糖、味精各适量。

做 法 1.豆腐洗净切块；鱿鱼洗净切花；柳条斜切；鲜菇、姜、葱洗净切小块。2.锅放油，将豆腐炸至金黄色捞起；倒入辣椒酱、葱、姜、鱿鱼、虾肉爆炒，加入老抽、白糖、清汤烧开；倒入豆腐、鲜菇、盐小火炖8分钟。3.放入柳条煮熟即可。

养生宜忌
♡ 鱿鱼中钙、磷、铁元素的含量丰富，有利骨骼发育。
✗ 肾衰竭患者不宜多食此菜。

●西红柿炖豆腐 〔养心润肺〕

材 料 豆腐1块，西红柿100克。

调 料 鲜菇50克，香菜段、白糖、盐、油、味精各适量。

做 法 1.豆腐洗净切小块；西红柿洗净去皮去瓢；鲜菇洗净切半。2.锅放油，放入西红柿翻炒，放入白糖、盐、水炒匀盖上锅盖；待水开放入豆腐、鲜菇烧5分钟。3.放入味精、香菜，即可出锅。

大厨献招 喜欢吃酸的可以不放糖。

适合人群 一般人都可食用，尤其适合老人食用。

养生宜忌
♡ 西红柿有清热生津、养阴凉血的功效。
✗ 脾虚滑泻者不宜食用此菜。

●蟹粉豆腐 〔养心润肺〕

材 料 内酯豆腐1盒，蟹粉50克。

调 料 姜、素红油、盐、味精、胡椒粉、淀粉、料酒、香菜叶各适量。

做 法 1.豆腐切正方块，姜洗净去皮切末。2.豆腐氽水倒出；净锅上火，放少许素红油，姜末炒香，倒入蟹粉炒香，放入料酒加水烧开。加盐、味精、胡椒粉，再倒入豆腐，开小火烩约2分钟后，用淀粉勾芡，淋素红油出锅，豆腐上放3～4片香菜叶即可。

养生宜忌
♡ 姜有舒筋活血的作用。
✗ 外感初起者不宜多食此菜。

白菜煮豆腐 〔补血养颜〕

材　料　小白菜100克，嫩豆腐250克。

调　料　盐、味精各适量。

做　法　1.小白菜择去根和黄叶，洗净，滤干，切段；嫩豆腐洗净切厚片。2.起汤锅，放1大碗水，先倒入豆腐，加盐适量，用大火烧沸汤后，再倒入小白菜，继续烧开5分钟，加味精出锅。

养生宜忌
- Ⓥ 小白菜富含粗纤维，能预防动脉粥样硬化形成。
- Ⓧ 脾胃虚寒者不宜多食此菜。

西红柿煮豆腐 〔排毒瘦身〕

材　料　豆腐350克，西红柿100克。

调　料　盐、辣椒、蒜末、鸡精、糖、酱油各适量。

做　法　1.豆腐洗净切块；西红柿洗净切块；辣椒洗净切片。2.锅热油，倒入蒜末煸香，倒入西红柿、辣椒翻炒，再加适量的酱油、糖，翻炒，倒入豆腐块、鸡精、水，炖煮至入味。3.加入盐调味即可。

大厨献招　豆腐用盐水浸泡，可去豆腥味。

适合人群　一般人都可食用，尤其适合女性食用。

养生宜忌
- Ⓥ 西红柿有利于保护皮肤和血管壁的弹性。
- Ⓧ 肠滑不固者不宜多食此菜。

黄豆芽豆腐鱼尾汤 〔提神健脑〕

材　料　黄豆芽200克，豆腐175克，鲢鱼尾100克。

调　料　清汤适量，精盐6克，葱段、姜片各3克。

做　法　1.将黄豆芽洗净；豆腐洗净切块；鲢鱼尾洗净切片备用。2.净锅上火倒入清汤，调入精盐，下入黄豆芽、豆腐、鲢鱼尾、葱段、姜片煲至熟即可。

大厨献招　不要购买无根豆芽，因为其喷洒了除草剂，会致癌。

养生宜忌
- Ⓥ 黄豆芽中含有大量水分和维生素，有利于减轻内火。
- Ⓧ 胃寒、尿频者不宜多食此菜。

▮泰式炖豆腐

〔提神健脑〕

材 料
豆腐2块，瘦肉100克。

调 料
青、红辣椒各10克，桂叶、洋葱、料酒、盐、番茄酱、味精各适量。

做 法
1.豆腐、瘦肉、洋葱洗净切片；辣椒洗净切段。2.锅放油，放入辣椒、洋葱、番茄酱爆香；倒入瘦肉、料酒翻炒；放入水、桂叶烧开；加入豆腐、盐再烧2分钟。3.放入味精调味，即可出锅。

大厨献招 番茄酱可用鲜西红柿代替。

养生宜忌
Ⓥ洋葱是糖尿病患者的食疗佳蔬。
Ⓧ感冒发烧者不宜食用此菜。

●翡翠豆腐

〔增强免疫力〕

材 料
豆腐800克，虾仁200克，青豆50克，橙肉50克。

调 料
盐3克，鸡精3克。

做 法
1.豆腐洗净捣成泥；橙肉切小块；虾仁、青豆在沸水烫熟。2.锅中加水煮沸，放入豆腐泥、盐、鸡精拌匀，炖煮15分钟。3.装盘，在豆腐上放入虾仁、青豆、橙肉，装饰即成。

大厨献招 在豆腐上淋上蔬菜汁，味道更好。

养生宜忌
Ⓥ虾仁有利于病后身体调养。
Ⓧ腹痛腹胀者不宜多食此菜。

● 绣球豆腐

〔增强免疫力〕

材 料

嫩豆腐300克，鸡蛋2个，红辣椒2个。

调 料

葱10克，盐5克，胡椒粉3克，味精3克，淀粉8克。

做 法

1.将豆腐洗净后压碎；红辣椒洗净去蒂、去子切丝；葱洗净切细丝备用。2.鸡蛋取蛋清打入碗中打匀后，加入碎豆腐一起搅匀，调入盐、胡椒粉、味精和淀粉拌匀。3.起油锅，将豆腐挤成丸子入油锅中炸至金黄色后，沥油分，装入盘中，再撒上红辣椒丝和葱丝即可。

养生宜忌

♡ 鸡蛋对身体发育有很好的作用。
⊗ 有内热者不宜多食此菜。

● 潮式炸豆腐

〔降低血压〕

材 料

嫩豆腐8块。

调 料

蒜蓉5克，葱白5克，香菜3克，韭黄1克，开水100克，盐5克。

做 法

1.先将豆腐对角切成三角形，然后用食用油炸至金黄色。2.葱白、香菜、韭黄切成细末，加入蒜蓉、开水、盐，调成盐水。3.将炸好的豆腐放入碟中，跟调好的盐水上桌即可。

养生宜忌

♡ 葱白有发汗解表的作用。
⊗ 肾衰竭患者不宜多食此菜。

海皇琼山豆腐 〔降低血脂〕

材料 琼山豆腐、鸡蛋、海参、草虾、蟹柳、豌豆各适量。

调料 盐、胡椒粉、米酒、糖、高汤、葱段、姜片、水淀粉各适量。

做法 1.海参、草虾、蟹柳均治净，余水备用；鸡蛋取蛋黄，打散，倒在豆腐上；豌豆洗净。2.热油锅，葱段、姜片入锅爆香，放入高汤、豌豆、海参、虾仁、蟹柳、胡椒粉、米酒、糖。3.最后将豆腐放入锅中炖煮5分钟，待其入味后调入水淀粉勾薄芡。

养生宜忌
- Ⓥ 适量进食海参可防治前列腺炎和尿路感染。
- Ⓧ 肾衰竭患者不宜多食此菜。

豆腐红枣泥鳅汤 〔保肝护肾〕

材料 泥鳅300克，豆腐200克，红枣50克。

调料 精盐少许，味精3克，高汤适量。

做法 1.将泥鳅治净备用；豆腐洗净切小块；红枣洗净。2.锅上火倒入高汤，调入精盐、味精，加入泥鳅、豆腐、红枣煲至熟即可。

大厨献招 泥鳅不宜煮太久，否则会烂掉。

适合人群 一般人都可食用，尤其适合儿童食用。

养生宜忌
- Ⓥ 泥鳅有补肾的功效，对于肾虚等症状有一定缓解作用。
- Ⓧ 痢疾患者不宜多食此菜。

丝瓜豆腐汤 〔排毒瘦身〕

材料 鲜丝瓜150克，嫩豆腐200克。

调料 姜10克，葱15克，盐5克，味精2克，酱油4毫升，米醋少许。

做法 1.将丝瓜洗净切片；豆腐洗净切小块；姜洗净切丝；葱洗净切末。2.炒锅上火，放入油烧热，投入姜丝、葱末煸香，加适量水，下豆腐块和丝瓜片，大火烧沸。3.改用文火煮3~5分钟，调入盐、味精、酱油、米醋，调匀即成。

养生宜忌
- Ⓥ 丝瓜富含B族维生素和维生素C，可抗衰老和美白。
- Ⓧ 胃寒肠滑者不宜多食此菜。

⦂酸辣豆腐汤 〔开胃消食〕

材 料 豆腐350克，酸菜少许，剁椒10克。

调 料 葱15克，高汤350克，盐3克，味精2克，胡椒粉2克。

做 法 1.豆腐切成长条状，焯水后漂洗净；酸菜、葱均洗净，切碎。2.锅中加油烧热，下入酸菜炒香，再倒入高汤烧开，放入豆腐条、剁椒煮至豆腐熟。3.加入盐、味精、胡椒粉调味，撒上葱花起锅即可。

养生宜忌

♡ 葱有降血脂、降血压、降血糖的作用。

✗ 火毒炽盛者不宜多食此菜。

⦂过桥豆腐 〔降低血脂〕

材 料 豆腐100克，鲜肉50克，鸡蛋4个。

调 料 盐、红椒、葱、香油各适量。

做 法 1.豆腐洗净切片；红椒洗净切碎；鲜肉洗净切碎加料酒、红椒末腌渍2分钟。2.将豆腐片在盘中列成一排，鲜肉末铺在豆腐上。豆腐两边各打2个鸡蛋，入蒸锅蒸15分钟。3.锅内倒入少许油，加盐和水，大火烧开后直接淋在盘上。最后淋上香油、撒上葱花即可。

大厨献招 鸡蛋打在盘里，不用搅碎。

养生宜忌

♡ 香油有保肝护心、延缓衰老的功效。

✗ 肾功能不全者最好少吃此菜。

⦂奇味豆腐 〔开胃消食〕

材 料 嫩豆腐300克，豆豉40克。

调 料 盐3克，青椒、红椒、香菜、香油、白糖、味精各适量。

做 法 1.豆腐洗净，倒扣入盆；青椒、红椒洗净，切丝。2.起油锅，放入豆豉爆香，加入盐、白糖、味精，翻炒均匀后出锅，倒在豆腐上。3.再将青、红椒丝放在豆腐上，淋上麻油即成。

养生宜忌

♡ 常食豆豉有清热解毒的功效，可以治疗头痛、感冒。

✗ 痛风患者应慎食此菜。

西红柿豆腐汤

〔增强免疫力〕

材 料

豆腐300克，西红柿100克。

调 料

盐、生姜、香油、鸡精、葱花各适量。

做 法

1.豆腐洗净切成小块；西红柿洗净切丁；生姜洗净切末。2.锅内放油烧热，放入生姜末爆香，加盐和适量清水，大火烧开，放入豆腐、西红柿小火煲10分钟，加鸡精搅匀。3.最后撒上葱花、香油即可关火。

大厨献招 豆腐用盐水泡一下，不易碎。

养生宜忌

Ⓥ 西红柿能美容护肤，防治皮肤病。
⊗ 脾虚滑泻者不宜食用此菜。

百花蛋香靓豆腐

〔增强免疫力〕

材 料

日本豆腐2条，虾胶150克，咸蛋黄10克，鸡蛋液、菜心各适量。

调 料

白糖1克，盐3克，鸡精2克，生粉15克。

做 法

1.鸡蛋液蒸成水蛋；日本豆腐切成圆筒，将中间挖空；咸蛋黄切粒。2.将白糖、盐和鸡精加入虾胶里，搅匀后酿在挖空的豆腐中间，将咸蛋黄放在虾胶上，蒸熟后将豆腐取出放在水蛋上；菜心焯熟，围在豆腐周围；锅入水烧开，入余下调味料，用生粉勾芡后淋入盘中即可。

养生宜忌

Ⓥ 菜心对怀孕妇女有益。
⊗ 慢性胰腺炎患者不宜多食此菜。

◦ 皮蛋豆腐

〔开胃消食〕

材 料

皮蛋1个，内酯豆腐1盒。

调 料

葱15克，盐4克，味精2克，鸡汤15克，香油5克。

做 法

1.内酯豆腐装入盘中，切成花生形状块，葱洗净切花；皮蛋去壳备用。2.皮蛋与各种调味料放入碗中搅匀。3.将搅匀的调味料淋在切好的豆腐上，入蒸锅蒸熟即可。

大厨献招 此菜最好不要放过多调料，以免遮住豆腐的本味。

养生宜忌

♥皮蛋能消炎清热，可治疗牙周病等。
✗肾衰竭患者不宜多食此菜。

◦ 特色千叶豆腐

〔补脑强心〕

材 料

山水豆腐2盒，银杏50克，叉烧粒10克，红椒角5克，菜心粒10克，冬菇粒10克。

调 料

糖5克，生抽5克，盐3克，蒜蓉5克。

做 法

1.将豆腐洗净切薄片，摆成圆形，入锅用淡盐水蒸热；白果洗净。2.锅中油烧热，爆香蒜蓉，加入银杏、叉烧粒、红椒角、菜心粒、冬菇粒，调入糖、盐、生抽炒匀即可。

大厨献招 调味料要尽量均匀地浇在豆腐上，那样豆腐才能入味。

养生宜忌

♥银杏能辅助治疗小儿遗尿。
✗脾虚滑泻者不宜食用此菜。

冷拌豆腐　　〔降低血糖〕

材　料　嫩豆腐1盒，柴鱼片50克。

调　料　盐3克，葱花、酱油、陈醋各适量。

做　法　1.豆腐洗净沥干；柴鱼洗净刨成片，放入干锅烘炒备用。2.起油锅，加入盐、酱油、陈醋和适量水，煮熟成酱汁，盛装待凉。3.将豆腐摆入盘中，均匀地淋上酱汁，撒上葱花、柴鱼片即成。

大厨献招　剁椒已有咸味，所以放少量食盐即可。

养生宜忌

♡ 柴鱼有强身补虚的功效。

✘ 痢疾患者不宜多食此菜。

百花酿豆腐　　〔提神健脑〕

材　料　豆腐300克，猪肉、西蓝花各150克，青、红辣椒各10克。

调　料　生姜、料酒、水淀粉、盐各适量。

做　法　1.豆腐洗净中间挖空摆碟；生姜洗净切末；猪肉洗净剁成末，用姜末、料酒、盐、水淀粉腌一下；青、红辣椒洗净切末；西蓝花洗净，掰小朵。2.肉末放入豆腐里，加入西蓝花，放入锅中蒸10分钟，撒上辣椒末即可。

大厨献招　不可选水豆腐。

养生宜忌

♡ 适量进食西蓝花可增强肝脏的解毒能力。

✘ 尿路结石患者不宜多食此菜。

金玉满堂　　〔降低血糖〕

材　料　豆腐300克，红椒、青瓜各10克，上海青20克。

调　料　香油、盐、胡椒粉各适量。

做　法　1.豆腐洗净切片；红椒、青瓜洗净切末；上海青洗净，烫熟，摆入盘中。2.豆腐先用油炸至金黄色捞起装碟；放上盐、胡椒粉大火蒸3分钟。3.撒上红椒、青瓜末，淋上香油即可。

养生宜忌

♡ 青瓜中所含的丙醇二酸，可抑制糖类物质转变为脂肪。

✘ 腹痛腹胀者不宜食用此菜。

⦂小葱拌豆腐 〔防癌抗癌〕

材 料 嫩豆腐1盒，葱20克。

调 料 盐3克，香油4克，姜汁少许。

做 法 1.将盒装豆腐去掉薄膜，用小刀划成方块，倒扣入盘；葱切末备用。2.取碗，加盐，用少许水划开，加入香油、姜汁，调成味汁。3.将味汁淋在豆腐上，撒上葱即成。

大厨献招 葱可生吃，切碎后直接撒在豆腐上还能增味增香。

养生宜忌
▽ 姜汁有助于祛除体内风寒。
⊗ 胃酸增多者不宜多食此菜。

⦂酱椒蒸豆腐 〔防癌抗癌〕

材 料 豆腐300克，梅菜30克。

调 料 辣椒酱、蒜、盐、橄榄油、味精、葱各适量。

做 法 1.豆腐洗净，切成片状装碟；梅菜、蒜、葱洗净切末。2.用碗将梅菜、辣椒酱、蒜、盐、味精拌匀；将这些酱汁放在豆腐上面蒸10分钟。3.淋上橄榄油，撒上葱末即可。

大厨献招 放少许芝麻味道更香。

适合人群 一般人都可食用，尤其适合男性食用。

养生宜忌
▽ 适量进食橄榄油可预防心脑血管疾病。
⊗ 肾衰竭患者不宜多食此菜。

⦂宫廷一品豆腐 〔养心润肺〕

材 料 豆腐200克，咸蛋黄、皮蛋各50克，虾肉、蚕豆、玉米粒、瓜子仁各80克。

调 料 盐、香油各适量。

做 法 1.豆腐洗净切碎，放在碟里；蚕豆、玉米粒洗净；皮蛋去壳切块。2.摆上咸蛋黄、皮蛋、虾肉、蚕豆、玉米粒、瓜子仁，加入盐，放进锅里蒸15分钟，淋上香油即可。

养生宜忌
▽ 适量进食蚕豆，有利于人体的生长发育。
⊗ 肾功能不全者最好少吃此菜。

⫶湘菜豆腐
〔排毒瘦身〕

材料 豆腐500克。

调料 香菜、芝麻、辣椒、葱、咸菜、盐、酱油、香油各适量。

做法 1.豆腐洗净切块摆碟；香菜、辣椒、葱均洗净切末；咸菜切末。2.豆腐先放进锅里蒸8分钟；锅放油烧热，将辣椒、葱、咸菜爆香，均匀地洒在豆腐上。3.撒上香菜、芝麻和香油即可。

养生宜忌

◎ 因芝麻含油脂甚多，故能润肠通便。
⊗ 肾功能不全者最好少吃此菜。

⫶山水豆腐
〔降低血糖〕

材料 豆腐200克，青椒、红椒各适量。

调料 盐2克，青剁椒 20克，胡椒粉、味精、姜汁各适量。

做法 1.豆腐洗净切成丁，红椒、青椒洗净切丝。2.将豆腐装盘，加盐、胡椒粉、味精、姜汁调味，放入青剁椒一起入蒸锅蒸熟后取出，撒上青椒丝、红椒丝即可。

大厨献招 加入蒜，味道会更佳。

适合人群 一般人都可食用，尤其适合老年人食用。

养生宜忌

◎ 小剂量胡椒粉能增进食欲，对消化不良有治疗作用。
⊗ 此菜对更年期妇女有益。

⫶三鲜豆腐
〔降低血脂〕

材料 豆腐300克，虾仁、鱿鱼、海蜇皮、青椒、红椒各适量。

调料 盐3克，味精1克，香油适量。

做法 1.豆腐用清水浸泡片刻，捞出沥干，切片；虾仁洗净，沥干备用；鱿鱼表面打花刀，再切成段；海蜇皮洗净，切段；青、红椒分别洗净，切菱形块。2.将所有原材料装盘，撒上盐和味精，入蒸笼中蒸至熟透，淋上香油即可食用。

养生宜忌

◎ 此菜对于肝肾亏损者有益。
⊗ 尿路结石患者不宜多食此菜。

富贵豆腐 〔降低血脂〕

材料 老豆腐500克。

调料 盐3克，小葱、干辣椒、蒸鱼豉油、酱油、辣椒油、鸡精、香油各适量。

做法 1.将豆腐洗净；小葱洗净，切成段；干辣椒洗净，切成段。2.起油锅，小火煸炒干辣椒、小葱出香，加入盐、蒸鱼豉油、酱油、辣椒油、鸡精和适量水，烧开制成酱汁。3.将酱汁倒在豆腐上，淋上香油，吃时拌匀即可。

养生宜忌
- ♡ 干辣椒能健脾开胃，适量食用可增食欲，祛胃寒。
- ⊗ 酸中毒病人不宜食用此菜。

块豆腐 〔排毒瘦身〕

材料 豆腐400克。

调料 盐3克，葱、香菜、白芝麻、姜、蒜、辣椒油、生抽、熟油各适量。

做法 1.豆腐洗净摆盘；葱、姜、蒜切末；香菜切碎。2.在豆腐上撒上少许盐、白芝麻、葱花。3.取碗，加入少许盐、白芝麻、姜蒜末、葱花、辣椒油、生抽、熟油调成酱汁，佐食。

大厨献招 芝麻有黑白两种，食用以白芝麻为好，补益药用则以黑芝麻为佳。

养生宜忌
- ♡ 脾胃虚寒的人适度吃点香菜也可起到温胃散寒的作用。
- ⊗ 热毒壅盛而疹出不畅者忌食香菜。

肥牛豆腐 〔增强免疫力〕

材料 豆腐、牛里脊肉各200克，红椒丝适量。

调料 葱20克，姜、豆瓣各10克，蒜、盐各5克，料酒4克。

做法 1.牛里脊肉切粒；豆腐上笼蒸热；葱切段；姜切末；蒜切末。2.锅中注油烧热，放入牛里脊肉粒爆炒，加入豆瓣、姜末、蒜末，烹入料酒，加入盐、葱段、红椒丝煮开，盛在蒸好的豆腐上即可。

养生宜忌
- ♡ 多食用牛肉有助于缺铁性贫血的治疗。
- ⊗ 高热神昏者不宜多食此菜。

247

特色葱油豆腐 〔排毒瘦身〕

材　料 嫩豆腐1块，大葱20克。

调　料 盐3克，干辣椒20克，色拉油50克，酱油、香油、姜、糖各适量。

做　法 1.姜、大葱洗净，切片；干辣椒切圈；嫩豆腐以开水氽烫一下，捞起沥干水分，放凉待用。2.起锅放入色拉油，放入大葱、姜片、干辣椒，加入酱油、糖，用小火慢熬出味后出锅，倒在豆腐上。3.最后淋上香油即成。

养生宜忌
♡ 葱含有微量元素硒，并可降低胃液内的亚硝酸盐含量。
✕ 有严重肝病者不宜食用此菜。

四季豆腐 〔开胃消食〕

材　料 豆腐3块。

调　料 皮蛋、瓜子仁、辣椒酱各10克，辣椒5克，香菜2克，盐、香油适量。

做　法 1.豆腐洗净切片；皮蛋、辣椒、香菜切小块。2.豆腐摆碟，放上皮蛋、瓜子仁、辣椒酱、辣椒、香菜。3.加入盐、香油即可。

大厨献招 豆腐若单独食用，蛋白质利用率低，可搭配一些别的食物。

养生宜忌
♡ 寒性体质的人适当吃点香菜可以缓解胃部冷痛。
✕ 慢性皮肤病患者不宜食用此菜。

西施豆腐 〔增强免疫力〕

材　料 豆腐4块，肉松、松花蛋、辣椒酱各50克。

调　料 盐、红油、香油、鸡精、葱末少许。

做　法 1.豆腐切片，摆碟；松花蛋、辣椒切小块。2.将肉松、松花蛋、辣椒酱放在豆腐上。3.撒上盐、红油、香油、鸡精、葱末。

大厨献招 加少许酱油调味，味道更好。

养生宜忌
♡ 松花蛋有润肺养阴的功效。
✕ 松花蛋不宜与甲鱼同食。

● 冷豆腐　〔降低血压〕

材　料　日本豆腐250克。

调　料　盐3克，柴鱼丝、葱、海苔、生姜泥、冷豆腐酱油各适量。

做　法　1.将豆腐切成若干块，倒入净水，将冰块放入净水中，以保持豆腐的温度。2.在碗中盛入特制冷豆腐酱油，用漏勺将豆腐舀入酱油中，将柴鱼丝放到豆腐上，葱、海苔、生姜泥依个人口味放入。

养生宜忌
- ⚪ 生姜有抑制癌细胞活性的作用。
- ⊗ 经常腹泻的人不宜多食此菜。

● 青豆蒸臭豆腐　〔开胃消食〕

材　料　臭豆腐6块，青豆200克，辣椒酱50克。

调　料　蒜10克，绍酒10克，盐5克，味精2克，香油少许。

做　法　1.将臭豆腐洗净切小块。2.青豆洗净装入碗中，用臭豆腐围边。3.加入调味料，上笼蒸熟即成。

大厨献招　加适量生抽，此菜味道更佳。

适合人群　一般人都可食用，尤其适合男性食用。

养生宜忌
- ⚪ 青豆有预防脂肪肝形成的功效。
- ⊗ 过敏者不宜吃此菜。

● 洋葱炒豆腐　〔排毒瘦身〕

材　料　豆腐450克，木耳、洋葱、红辣椒、青辣椒各适量。

调　料　盐3克，生抽、蒜末、红油各适量。

做　法　1.豆腐切块；木耳洗净，切段；洋葱、辣椒切片。2.锅热倒油，爆香蒜末，下木耳、红椒青椒和洋葱，倒入豆腐翻炒，加少许盐和生抽，略炒，盛盘。3.淋上红油即可。

养生宜忌
- ⚪ 洋葱含有硫化丙烯的油脂性挥发物有发散风寒的作用。
- ⊗ 洋葱一次不宜食用过多，否则容易引起目糊和发热。

冻豆腐 〔开胃消食〕

材料 冻豆腐400克。

调料 盐3克，香菜、鸡精、香油各少许。

做法 1.冻豆腐洗净，切长条，摆在碟上。2.撒上鸡精、香油、盐、香菜。3.放在冰箱冷藏8小时即可。

大厨献招 冰冻过更入味消暑，适合天气热时食用。

养生宜忌
- Ⓥ 此菜有助于病人经行病后调养。
- Ⓧ 痛风病人不宜多吃此菜。

大盘切片豆腐 〔养心润肺〕

材料 豆腐3块。

调料 青红辣椒、玉米、冬菇、瘦肉各5克，水200克，红油、盐、鸡精、香油适量。

做法 1.豆腐洗净，切片摆碟；青红辣椒、冬菇、瘦肉切小块。2.锅放油，加入辣椒、玉米、冬菇、瘦肉炒，加入水、盐、红油、鸡精煮5分钟。3.倒在豆腐上，淋入香油。

大厨献招 切豆腐时要掌握好力度，不要切烂。

适合人群 一般人都可食用，尤其适合男性食用。

养生宜忌
- Ⓥ 适量进食冬菇，可增强人体抵抗疾病的能力。
- Ⓧ 此菜不宜与菠菜同食。

东北豆腐脑 〔提神健脑〕

材料 黄豆500克，猪肉100克。

调料 盐3克，内酯、酱油、料酒、水淀粉、麻酱各适量。

做法 1.黄豆洗净，加水打成豆浆；猪肉切丁，加生抽、料酒、水淀粉腌渍。2.将豆浆煮开后，晾凉，内酯用水溶化，倒入豆浆中搅匀，隔水加热凝固成豆腐状。热锅下油，入肉末炒散，加酱油、麻酱调味，倒入清水煮沸，加水淀粉勾芡，制成卤汁。3.在豆腐脑上淋上卤汁即可。

养生宜忌
- Ⓥ 此菜对面黄羸瘦者有益。
- Ⓧ 血脂较高者不宜食用此菜。

草菇虾米豆腐 〔降低血糖〕

材　料　豆腐150克，虾米20克，草菇100克。

调　料　香油5克，白糖3克，盐适量。

做　法　1.草菇洗净，沥水切碎块，放热油锅中炒熟，出锅晾凉；虾米洗净，放热水中泡发，捞出切成碎末。2.豆腐放沸水中烫一下捞出，放碗内晾凉，沥出水，加盐，将豆腐打散拌匀；将草菇碎块、虾米撒在豆腐上，加白糖和香油搅匀后，扣入盘内即可。

养生宜忌
- ♡ 虾米与豆腐同食，补钙壮骨的功效更佳。
- ✗ 支气管炎患者应慎食此菜。

萝卜泥银鱼豆腐〔增强免疫力〕

材　料　嫩豆腐1块，银鱼50克，白萝卜1段。

调　料　葱1根，酱油3毫升。

做　法　1.白萝卜削皮洗净，磨成泥，稍微挤干水分；2.葱洗净切末；银鱼入锅煮熟，捞出。3.豆腐盛盘，上铺萝卜泥、银鱼，撒上葱花，淋上酱油即成。

大厨献招　烹饪此菜不要加醋，以免胡萝卜素损失。

适合人群　一般人都可食用，尤其适合女性食用。

养生宜忌
- ♡ 银鱼有润肺止咳的营养功效。
- ✗ 皮肤过敏者应慎食此菜。

汉堡豆腐 〔降低血压〕

材　料　豆腐500克。

调　料　盐3克，香菜、青瓜、香油各适量。

做　法　1.豆腐用凉水冲洗后，放在盐水中浸泡备用。2.锅内烧开水，将豆腐放入水中焯烫后捞起，把豆腐弄碎，用模具定型成汉堡状，中间放入香菜、青瓜。3.淋上香油即可。

大厨献招　加点葱白丝，味道更佳。

养生宜忌
- ♡ 青瓜富含核黄素，能预防口角炎和眼结膜炎。
- ✗ 青瓜中糖分含量过高。

：开胃煎豆腐　〔补血养颜〕

材 料 老豆腐300克，红椒100克。

调 料 盐、葱花、蒜末、姜片、酱油、鸡精、红油各适量。

做 法 1.锅内倒入适量油，将豆腐片成薄片入油锅炸，至表皮焦黄色时捞起。2.锅内留少许油，将蒜末、辣椒、姜末放入爆香，加入炸好的豆腐翻炒。3.起锅前加适量红油、盐、酱油、鸡精翻炒，最后装盘撒上葱花即可。

养生宜忌
- ♡ 红椒具有较好的抗氧化作用。
- ⊗ 肝火旺盛者不宜食用此菜。

：炸酱豆腐　〔防癌抗癌〕

材 料 豆腐200克,胡萝卜50克，红椒50克，鲜肉100克。

调 料 盐、料酒、葱花、姜末、鸡精各适量。

做 法 1.豆腐洗净切小块入油锅煎至两面变黄后捞出摆盘；胡萝卜、红椒、鲜肉均洗净切丁。2.油锅上火，入姜末爆香，放入鲜肉丁爆炒，加少许料酒翻炒，最后加入胡萝卜丁、红椒丁继续大火翻炒，加适量盐、鸡精收火即可。3.将炒好的炸酱倒在豆腐中央，撒上葱花即可。

大厨献招 料酒中有味道，故应少放点盐。

养生宜忌
- ♡ 此菜对于脾胃不振者有益。
- ⊗ 此菜不宜与木瓜同食。

：家常煎豆腐　〔降低血脂〕

材 料 老豆腐300克。

调 料 盐3克，红椒圈20克，蒜苗段、姜末、酱油、鸡精、油各适量。

做 法 1.锅内放入半碗油，将片好的老豆腐放入炸至表皮金黄色，捞出待用。2.锅内留少许油，放入辣椒、姜末爆香，将炸好的豆腐倒入大火翻炒2分钟。3.最后加入蒜苗、盐、酱油、鸡精翻炒半分钟，盛盘即可。

养生宜忌
- ♡ 此菜对于更年期妇女有益。
- ⊗ 血尿酸浓度增高的患者不宜食用此菜。

小炒煎豆腐 〔降低血脂〕

材 料 老豆腐300克，红椒圈20克。

调 料 盐3克，葱白10克，香菜段、蒜末、酱油、鸡精各适量。

做 法 1.将老豆腐洗净片成薄片，平底锅倒适量油，将豆腐煎透后捞起。2.锅内放少许油，加蒜末爆香，放入豆腐轻轻翻炒3分钟；加入适量盐、酱油、鸡精炒匀，即可出锅。3.装盘，撒上葱白、红椒圈、香菜即可。

养生宜忌
- Ⓥ 此菜对气血不足者有益。
- Ⓧ 有疮疖、目疾者不宜食用此菜。

农家煎豆腐 〔提神健脑〕

材 料 老豆腐300克，红椒圈20克。

调 料 盐、香菇、葱花、蒜末、姜末、酱油、鸡精、油各适量。

做 法 1.老豆腐洗净切片，锅倒适量油，将豆腐煎透后捞起；香菇泡发洗净，切条。2.锅内留少许油，加红椒圈、蒜末、姜末爆香，再放入煎好的豆腐和香菇爆炒3分钟。3.最后放入适量盐、酱油、鸡精，加半碗水焖煮5分钟，待收汁后盛盘并撒上葱花。

大厨献招 香菇用热水提前1小时泡发。

养生宜忌
- Ⓥ 此菜有助于青少年骨骼发育。
- Ⓧ 动脉硬化患者不宜食用此菜。

煎炒豆腐 〔开胃消食〕

材 料 老豆腐300克，五花肉200克。

调 料 盐3克，青椒圈、红椒圈各20克，豆瓣酱、葱花、蒜末、生姜、酱油、鸡精、香菜段各适量。

做 法 1.老豆腐洗净切片，入油锅煎透后捞起；五花肉洗净煮透，切片。2.铁锅烧热倒少许油，加蒜末爆香，放入五花肉稍炒；再把煎好的豆腐倒入大火翻炒1分钟，再加辣椒、豆瓣酱、酱油、少许水焖煮2分钟。3.待收汁后放盐、鸡精、葱花调味，装煲撒上香菜段即可。

养生宜忌
- Ⓥ 此菜对于缺铁性贫血患者有益。
- Ⓧ 高脂血症患者不宜食用此菜。

酿豆腐 〔增强免疫力〕

材 料 豆腐200克，去皮五花肉100克。

调 料 盐、葱花、糖、胡椒粉、鸡精、淀粉各适量。

做 法 1.豆腐洗净切块，去皮五花肉洗净剁碎，加葱花、盐、糖、胡椒粉、鸡精、淀粉搅拌均匀。2.在每块豆腐中间挖个小洞，放入肉馅。平锅放油，放入酿好的豆腐煎至两面金黄。3.取出豆腐，放入砂锅，加清汤、盐、胡椒粉烧熟，加鸡精调味，装盘即可。

养生宜忌

♡ 豆腐有清热解毒的功效。

✗ 肥胖者不宜多吃此菜。

清远煎酿豆腐 〔增强免疫力〕

材 料 豆腐200克，去皮五花肉100克，青菜50克。

调 料 盐、葱花、糖、胡椒粉、鸡精、淀粉各适量。

做 法 1.豆腐洗净切块；去皮五花肉洗净剁碎，加所有调味料拌匀；青菜焯熟待用。2.在每块豆腐中间挖个小洞，放入肉馅。平锅放油，放入酿好的豆腐煎至两面金黄。3.取出豆腐，放入砂锅，加清汤、盐、胡椒粉烧熟，加鸡精调味，最后和青菜一起装盘，撒上葱花即可。

大厨献招 五花肉选择三分肥、七分瘦的为宜。

养生宜忌

♡ 适量进食青菜可保护眼睛、提高视力。

✗ 青菜对于身体偏胖者有益。

客家煲仔豆腐 〔开胃消食〕

材 料 豆腐200克，青菜50克。

调 料 盐、熟黄豆、姜末、葱花、蚝油、胡椒粉、鸡精各适量。

做 法 1.豆腐洗净切块；青菜用开水焯熟待用。2.平锅放油，放入豆腐煎至两面金黄待用。3.锅内留少许油，加姜末、盐、胡椒粉、鸡精、蚝油、适量水大火烧开起泡做成酱汁，将青菜和豆腐、熟黄豆一起装盘，淋上酱汁，撒上葱花即可。

养生宜忌

♡ 此菜对于更年期妇女有益。

✗ 子宫肌瘤患者忌食此菜。

〈豆香风味菜〉

豆豉可开胃醒脾，豆花能清热解毒，豆渣有保护心脑血管的功效，其用以做菜肴也别有风味，令人回味无穷。豆酱制作工艺简单，能最大限度保有大豆的营养。

豆豉红椒炒苦瓜

〔排毒瘦身〕

材料 豆豉20克，苦瓜200克，红椒50克。

调料 盐3克，鸡精2克，醋、水淀粉各适量。

做法 1.苦瓜洗净，切条；红椒去蒂洗净，切条。2.热锅下油，放入苦瓜炒至五成熟时，放入红椒、豆豉，加盐、鸡精、醋调味，待熟，用水淀粉勾芡，装盘即可。

大厨献招 苦瓜余一下水再烹饪，可以减少苦味。

适合人群 一般人都可食用，尤其适合女性食用。

养生宜忌

Ⓥ 此菜对于高脂血症患者有益。

Ⓧ 脾胃虚寒者应慎食此菜。

豆豉炒苦瓜〔降低血糖〕

材料 苦瓜250克，豆豉100克，红椒30克。

调料 盐3克，鸡精2克，酱油、醋各适量。

做法 1.苦瓜去子洗净，切丁；红椒去蒂洗净，切丁。2.热锅下油，放入苦瓜滑炒片刻，再放入红椒、豆豉，加盐、鸡精、酱油、醋炒至入味，待熟，盛盘即可。

大厨献招 要选择颜色青翠、新鲜的苦瓜。

养生宜忌

Ⓥ 豆豉对心中躁烦者有益。

Ⓧ 湿热体质者不宜多吃豆豉。

地皮菜懒豆渣 〔防癌抗癌〕

材 料 豆腐渣300克，地皮菜100克，肉末适量。

调 料 盐、生抽、鸡精各适量。

做 法 1.将豆腐渣放入锅中，加盐、鸡精和适量水，煮开后再煮5分钟使其熟透；取出放凉待用。2.起油锅，将地皮菜切碎倒入锅中，加盐、肉末、鸡精翻炒熟，取出放凉。3.将凉透的豆渣和地皮菜，加入生抽，拌匀后倒扣入盘即成。

养生宜忌

Ⓥ 地皮菜具有具有补虚益气，滋养肝肾的作用。

Ⓧ 脾胃虚寒及泄泻者不可多食此菜。

剁椒蒸臭干 〔防癌抗癌〕

材 料 剁辣椒100克，臭干120克。

调 料 干红辣椒段、八角各10克，豆豉、豆瓣酱各5克，红油10毫升，味精5克，香菜少许，香油适量。

做 法 1.香菜洗净，切段；臭干冲净，装盘。2.油锅烧热，放入干红椒椒段、八角熬香，加入豆豉、豆瓣酱、红油、味精爆至香味浓郁，然后浇在臭干上，撒上剁辣椒。3.放入锅中蒸15～20分钟，出锅前淋上香油、放上香菜即可。

大厨献招 豆渣会糊底，最好用不粘锅煮制，或不断搅拌。

养生宜忌

Ⓥ 八角的主要成分是茴香油，可促进消化液分泌。

Ⓧ 多食八角可能会伤目。

剁椒臭豆腐 〔排毒瘦身〕

材 料 臭豆腐500克，剁椒100克。

调 料 盐、香葱、大蒜、酱油、白糖、味精、红油各适量。

做 法 1.臭豆腐洗净切块；香葱、大蒜洗净切末。2.热锅倒入适量油，放入剁椒、蒜末、葱末炒香，加入酱油、白糖、味精、红油和适量水，烧开后关火盛盘。3.将臭豆腐块放入汤汁中，再铺上一层剁椒，放入蒸锅中用中火蒸10分钟取出即成。

养生宜忌

Ⓥ 臭豆腐是发酵制品，其中含有植物蛋白，能增进食欲。

Ⓧ 痛风及肾病患者不宜多食臭豆腐。

豆豉辣椒圈 〔增强免疫力〕

材　料　青椒、红椒各200克，豆豉50克，猪肉100克。

调　料　盐3克，鸡精2克，酱油、醋各适量。

做　法　1.青椒、红椒均去蒂洗净，切圈；猪肉洗净，切末。2.热锅下油，放入肉末略炒，再放入青椒、红椒翻炒片刻，加盐、鸡精、酱油、醋，放入豆豉炒至入味，待熟，装盘即可。

养生宜忌

Ⓥ 此菜对于脾胃不振者有益。

Ⓧ 痔疮患者应忌食此菜。

豆豉蒸丝瓜 〔开胃消食〕

材　料　丝瓜400克。

调　料　盐3克，葱、蒜、红椒各10克，豆豉酱、香油各适量。

做　法　1.丝瓜去皮洗净，切厚片，摆好盘；葱洗净，切花；蒜去皮洗净，切末；红椒去蒂洗净，切末。2.锅下油烧热，放入盐、葱、蒜、红椒、豆豉酱、香油炒匀，均匀地淋在丝瓜上，入蒸锅蒸熟后，取出即可。

大厨献招　加点芝麻酱，味道会更香。

适合人群　一般人都可食用，尤其适合男性食用。

养生宜忌

Ⓥ 此菜对产后乳汁不通者有益。

Ⓧ 易腹泻者应慎食此菜。

豆豉辣椒 〔防癌抗癌〕

材　料　青椒200克，红椒100克，香干150克，豆豉30克。

调　料　盐3克，鸡精2克，酱油、醋各适量。

做　法　1.青椒、红椒均去蒂洗净，切丁；香干洗净，切丁。2.热锅下油，放入青椒、红椒、香干翻炒片刻，放入豆豉，加盐、鸡精、酱油、醋调味，炒熟，装盘即可。

大厨献招　加点五香粉调味，味道会更好。

养生宜忌

Ⓥ 此菜对于患有风寒感冒者有益。

Ⓧ 肺结核患者应忌食此菜。

天府豆花 〔增强免疫力〕

材 料 豆花300克，馒头泥、黄豆各20克。

调 料 醋、生粉、盐、葱花、火锅油各适量。

做 法 1.黄豆洗净，放入清水中，加入少许盐泡发，和馒头泥分别入油锅用慢火泡熟备用。2.锅上火，加入水，放入豆花、醋煮沸，调入盐，用生粉勾薄芡后盛出，加入泡好的黄豆和馒头泥，淋上烧热的火锅油，撒上葱花即可。

养生宜忌
♡ 黄豆中含有亚麻油，可以有效地抑制黑色素的生成。
✕ 反胃之人应慎食此菜。

豆花麻辣酥 〔开胃消食〕

材 料 豆花280克。

调 料 黄豆酱20克，红油辣酱20克，盐2克，生抽5克，味精1克，葱花、麻油各适量。

做 法 1.黄豆酱、红油辣酱、盐、味精、生抽、麻油置于同一容器搅拌均匀，倒在盛有豆花的容器中。2.将豆花放入蒸笼蒸5分钟取出，撒上葱花即可食用。

大厨献招 加入少许蒜末，此菜味道会更好。
适合人群 一般人都可食用，尤其适合儿童食用。

养生宜忌
♡ 此菜对于营养不良者有益。
✕ 慢性肠炎患者不宜食用此菜。

南山泉水嫩豆花 〔提神健脑〕

材 料 黄豆200克，熟石膏水少许，黄桃、火腿、豌豆各适量。

调 料 盐2克，味精1克，香油5克。

做 法 1.黄豆洗净泡发；黄桃洗净，切丁，火腿切丁；豌豆洗净，与火腿同入沸水中氽至断生，捞出沥干。2.泡发黄豆放入豆浆机中磨成豆浆，加熟石膏浆水点成豆花。3.豆花打散，加入黄桃、豌豆、火腿和所有调味料，拌匀即可。

养生宜忌
♡ 有慢性消化道疾病的人应尽量少食黄豆。
✕ 黄桃不宜与白酒同食。

芙蓉豆花 〔补血养颜〕

材 料 豆花300克，番茄酱60克，蒜、火腿各适量。

调 料 盐3克，味精1克，香油10克。

做 法 1.蒜洗净，切成蒜蓉；火腿切丁。2.豆花置于容器中，加番茄酱、蒜蓉和火腿，撒上盐和味精，入锅中蒸熟。3.蒸好后淋上香油即可食用。

大厨献招 此菜不必蒸时间太长，以免营养成分流失。

养生宜忌

♡ 豆花有补虚损，润肠燥的功效。

✕ 遗精梦泄者应慎食此菜。

肉沫豆花 〔增强免疫力〕

材 料 豆花300克，猪肉50克。

调 料 盐3克，味精1克，酱油、料酒各6克，水淀粉、葱花各适量。

做 法 1.豆花加热，打成块状置于盘中；猪肉洗净，沥干剁成肉末，用酱油和料酒腌渍片刻。2.锅中注油烧热，下肉末炒至断生，加入盐和味精调味，用水淀粉勾芡。3.做好的肉末酱倒在豆花上，撒上葱花即可。

大厨献招 炒肉末时加入少许姜末，味道会更好。

养生宜忌

♡ 《本经逢原》："（猪肉）精者补肝益血。"

✕ 易腹泻、腹胀者不宜食用此菜。

川味酸辣豆花 〔开胃消食〕

材 料 豆花300克，盐水黄豆80克。

调 料 盐3克，味精1克，辣椒油、葱花、醋各适量。

做 法 1.豆花置于瓦罐中，加适量水和盐水黄豆烧沸。2.加盐、味精、醋和辣椒油调味，撒上葱花，搅拌均匀即可。

大厨献招 葱花不宜在锅中煮太久，以免营养成分流失。

适合人群 一般人都可食用，尤其适合男性食用。

养生宜忌

♡ 豆花对老年支气管炎患者有益。

✕ 患有慢性肠炎者不宜食用此菜。

河水豆花 〔增强免疫力〕

材 料 黄豆200克，炒熟黄豆30克，酸萝卜适量，熟石膏水适量。

调 料 葱、辣酱、醋各适量。

做 法 1.黄豆洗净泡发；葱洗净，切葱花；酸萝卜洗净，切丁。2.黄豆放入豆浆机磨成豆浆，稍凉后加入少许熟石膏水，搅拌均匀，加盖放置片刻即可。3.待豆花凝固后，配上葱、辣酱、醋的味碟蘸食即可。

养生宜忌

◎ 酸萝卜对饮食不香者有益。

✕ 脾胃虚寒及泄泻者不宜食用此菜。

黑豆花 〔保肝护肾〕

材 料 黑豆清浆1000克，豆花粉80克。

调 料 芝麻酱40克，香菜20克，青、红椒丝、酸萝卜干、芥末酱、红油辣酱、炒黄豆各适量。

做 法 1.将豆花粉放入过滤网袋中，向网袋内注入清水，过滤掉杂质，留下豆浆水备用。2.黑豆清浆烧至九成热，冲入豆浆水中，静至片刻即可。3.配上香菜、芝麻酱等调味料的味碟蘸食即可。

养生宜忌

◎ 此菜对于盗汗、自汗者有益。

✕ 芥末不宜与胡椒粉同时作为调料。

什锦豆花 〔开胃消食〕

材 料 豆花200克，薯条1包，火腿、豌豆、胡萝卜、黄豆、玉米粒各适量。

调 料 盐3克，味精1克，香油、葱花各适量。

做 法 1.豆花打碎备用；火腿洗净切丁；豌豆、玉米粒分别洗净；胡萝卜洗净切丁，与豌豆和玉米粒同入沸水中氽至断生，捞出沥干；黄豆洗净沥干，入热油中炸熟。2.锅中注水烧沸，下豆花，加入火腿、豌豆、胡萝卜、黄豆、玉米粒煮至熟。3.加盐、味精和香油调味，撒上葱花和薯条。

养生宜忌

◎ 豌豆具有抗菌消炎，促进新陈代谢的功能。

✕ 欲怀孕的妇女不宜多吃胡萝卜。

● 过江豆花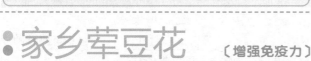

〔提神健脑〕

材料 黄豆250克，熟石膏水适量。

调料 红油辣酱、腰果、花生、黄豆酱、榨菜、腐乳酱各适量。

做法 1.黄豆洗净泡发；榨菜洗净，切丁；腰果、花生分别炒熟，碾碎。2.黄豆放入豆浆机磨成豆浆，稍凉后加入适量熟石膏水，搅匀，静置片刻。3.待豆浆凝固成豆花后，配上红油辣酱、腰果、花生、黄豆酱、榨菜、腐乳酱的味碟食用即可。

养生宜忌
- ♡ 此菜对防治心脑血管疾病有益。
- ⊗ 肠滑不固者不宜食用此菜。

● 家乡荤豆花

〔增强免疫力〕

材料 豆花200克，瘦肉50克，酸菜100克，蘑菇适量。

调料 盐3克，味精1克，生抽、料酒各5克，葱段适量。

做法 1.瘦肉洗净切片，用生抽、料酒腌渍片刻；酸菜洗净，沥干切丝；蘑菇洗净，沥干。2.锅中注入适量水烧沸，先后下瘦肉、酸菜和蘑菇煮至断生，下豆花稍煮，撒上葱段。3.加盐和味精调味即可。

大厨献招 瘦肉要逆着肉丝纹路切，口感会更嫩滑。

适合人群 一般人都可食用，尤其适合孕产妇食用。

养生宜忌
- ♡ 蘑菇中含有某种物质可以起到镇痛镇静的作用。
- ⊗ 酸菜不宜与西红柿同食。

● 巴蜀豆花

〔补血养颜〕

材料 黄豆200克，熟石膏水少许。

调料 香油、生抽、花生碎、香菜末、味精、腰果碎、盐、醋、葱花、白糖、红油辣酱、蒜蓉各适量。

做法 1.黄豆洗净，泡发，放入豆浆机中磨成豆浆。2.待豆浆稍凉后加入适量熟石膏水搅拌均匀，静置片刻。3.豆花成型后，用勺稍打碎，盛入碗中，配香油、生抽、花生碎、香菜末、味精、腰果碎、盐、醋、葱花、白糖、红油辣酱、蒜蓉的味碟即可食用。

养生宜忌
- ♡ 此菜对于肺热喘咳者有益。
- ⊗ 素体虚寒者不宜食用此菜。

青椒豆花 〔提神健脑〕

材　料　豆花250克，青椒、红椒、熟松子各适量。

调　料　盐3克，鸡精2克，葱、香油适量。

做　法　1.青椒、红椒分别洗净，切丁；葱洗净，切葱花。2.锅中注水烧沸，下豆花和青椒、红椒丁稍煮，再加入熟松子。3.用盐和鸡精调味，撒上葱花即可。

大厨献招　松子不宜久煮，以免失去酥脆的口感。

养生宜忌
- ♡此菜适合心脑血管疾病患者食用。
- ⊗肝胆功能严重不良者应忌食此菜。

家乡拌豆花 〔提神健脑〕

材　料　豆花300克，雪里蕻100克。

调　料　盐3克，味精1克，香油10克，红椒粒、葱花各适量，干红椒适量。

做　法　1.雪里蕻洗净切末，入沸水中汆至断生，捞出沥干；干红椒洗净，切段，用油爆香，备用。2.将雪里蕻、干红椒、盐、味精、香油、红椒粒、葱花置入装有豆花的容器中拌匀即可。

大厨献招　豆花拌匀后放在冰箱冷藏片刻再食用，味道更好。

养生宜忌
- ♡此菜适宜夏季发热病人食用。
- ⊗有寒性通经的女子不可常食雪里蕻。

山珍豆花 〔排毒瘦身〕

材　料　豆花200克，木瓜、西芹、草菇、滑子菇各适量。

调　料　盐3克，味精1克，香油10克，水淀粉适量。

做　法　1.木瓜洗净，切条，西芹洗净切段；草菇洗净，沥干切块，滑子菇洗净；将西芹、草菇、滑子菇放入沸水中汆至断生，捞出沥干。2.锅中注水烧沸，下豆花，加入所有原材料煮至熟。3.加盐、味精和香油调味，用水淀粉勾芡，搅匀即可。

养生宜忌
- ♡滑子菇含有丰富的矿物质，能干扰癌细胞的生长。
- ⊗肾功能衰竭者忌食此菜。

● 青菜豆花 〔提神健脑〕

材　料　青菜350克，豆花400克，榨菜100克。

调　料　盐、香油各适量。

做　法　1.青菜摘洗干净，切碎；榨菜洗净，切碎。2.锅倒水烧开，加入盐，倒入豆花搅散后，倒入青菜碎煮至软。3.起锅后淋上香油，撒上榨菜即可。

大厨献招　水开后再入盐，要用文火煮青菜，可保存菜里的维生素C。

养生宜忌

◎ 此菜对于身热、胸闷者有益。

⊗ 气虚体质者不宜食用此菜。

● 农家菜豆花 〔提神健脑〕

材　料　豆花200克，油麦菜100克，熟花生仁50克。

调　料　盐3克，味精1克，香油8克，熟芝麻、枸杞各适量。

做　法　1.油麦菜洗净切末备用；枸杞洗净，泡发备用。2.锅中注适量水烧沸，下豆花，加入油麦菜稍煮，再加入熟花生仁和枸杞，继续烹煮片刻。3.加盐、味精和香油调味即可。

大厨献招　用豆苗代替油麦菜，此菜将另有一番风味。

适合人群　一般人都可食用，尤其适合儿童食用。

养生宜忌

◎ 油麦菜中含有甘露醇，能有效促进血液循环。

⊗ 尿频之人应少食此菜。

● 家乡菜豆花 〔提神健脑〕

材　料　豆花150克，小白菜100克，油炸黄豆、熟花生碎各适量。

调　料　盐3克，味精1克，蒜、水淀粉、香油各适量。

做　法　1.小白菜洗净沥干，切末；蒜去皮，切成末备用。2.锅中注水烧沸，下豆花稍煮，加入小白菜煮至断生。3.加盐、味精、蒜末、香油调味，用水淀粉勾芡搅匀，最后撒上油炸黄豆和熟花生碎即可。

养生宜忌

◎ 小白菜富含维生素C，具有抗癌作用。

⊗ 脾胃虚寒的人应慎食此菜。

红汤豆花 〔增强免疫力〕

材　料 豆花250克，盐水黄豆50克，面条适量。

调　料 盐3克，味精1克，葱花、红油各适量。

做　法 1.面条入沸水中煮至断生，捞出沥干备用。2.锅中注少量油烧热，下葱花爆香，调入红油，加适量水烧沸，下豆花和盐水黄豆煮开。3.加盐和味精调味，加入面条拌匀即可食用。

养生宜忌

♡此菜对免疫力低下者有益。

⊗肾功能不全者应忌食盐水黄豆。

口水豆花 〔补血养颜〕

材　料 豆花300克，红椒丝、青椒丝各适量。

调　料 盐3克，鸡精2克，番茄酱、葱花各适量。

做　法 1.豆花打成块状备用；青椒丝、红椒丝入沸水中余至断生，捞出沥干备用。2.锅中注少量油，下番茄酱炒香，加入适量水烧沸，下豆花煮开。3.加盐和味精，撒上葱花和青椒丝、红椒丝即可。

大厨献招 加入少许姜丝，此菜味道会更好。

适合人群 一般人都可食用，尤其适合女性食用。

养生宜忌

♡此菜可以用来辅助治疗感冒、咳嗽。

⊗胃溃疡患者不宜食用此菜。

红干豆花 〔补血养颜〕

材　料 豆花200克，鸡汤适量。

调　料 盐2克，味精1克，红油辣酱、葱各适量。

做　法 1.豆花打碎备用；葱洗净，切葱花。2.锅中注鸡汤烧沸，下豆花，继续烹煮片刻。3.用盐和味精调味，加入红油辣酱和葱花即可。

大厨献招 加入少许枸杞，此菜营养价值会更高。

养生宜忌

♡鸡汤可治虚汗不止以及寒热咳嗽。

⊗女子经期最好少吃此菜。

● 魔术豆花　〔开胃消食〕

材　料　黄豆150克。

调　料　盐3克，鸡精2克，葱花、蒜片、泡椒、熟芝麻、红油各适量。

做　法　1.黄豆洗净泡发，磨成豆浆，加入熟石膏浆制成豆花。2.锅中注油烧热，加盐、鸡精、葱花、蒜片、泡椒、熟芝麻、红油炒香，浇在豆花上即可。

养生宜忌
♡ 此菜对于脾胃不振者有益。
⊗ 内火炽盛者应忌食泡椒。

● 苏轼豆花　〔保肝护肾〕

材　料　豆花350克，豌豆30克，肉末酱30克。

调　料　盐3克，味精1克，葱花、红油各适量。

做　法　1.豆花打碎置于容器中；豌豆洗净，入沸水中煮熟，捞出沥干。2.锅中注少许油烧热，下肉末酱、红油和豌豆，加少量水烧开。3.调入盐和味精，将其倒在豆花上，撒上葱花即可。

大厨献招　烹饪此菜不宜选择过老的豆花，以免影响食用口感。

养生宜忌
♡ 此菜适宜脚气病患者食用。
⊗ 血脂偏高、湿热内蕴者不宜食用肉末酱。

● 麻辣豆花　〔开胃消食〕

材　料　豆花250克，酸萝卜丁100克，雪里蕻适量。

调　料　盐3克，味精1克，生抽、葱、红椒各10克，红油、麻油各适量。

做　法　1.酸萝卜丁用水浸泡片刻，洗净沥干；葱洗净，切葱花；红椒洗净，切圈；雪里蕻洗净切小段。2.锅下油烧热，下酸萝卜丁、雪里蕻、红椒圈和葱花，放入生抽、麻油和红油，加少量水烧开。3.调入盐和味精搅匀，将其倒在盛有豆花的容器中即可。

养生宜忌
♡ 雪里蕻对于牙龈肿痛有缓解作用。
⊗ 阴虚有热者不宜食用此菜。

蘸水豆花 〔增强免疫力〕

材　料　黄豆150克。

调　料　白糖适量。

做　法　1.黄豆洗净泡发，放入豆浆机中磨成豆浆。2.待豆浆稍凉后加入熟石膏浆，搅拌均匀，静置片刻。3.豆浆凝成固态后，配上白糖即可食用。

大厨献招　用红油、醋等制成味汁配食，此菜另有一番风味。

养生宜忌

ⓥ 此菜对免疫力低下者有益。

ⓧ 肾功能不全者应忌食盐水黄豆。

果香炖豆花 〔开胃消食〕

材　料　豆花250克，菠萝、白梨、什锦罐头各适量。

调　料　白糖适量。

做　法　1.豆花打碎，置于容器中；菠萝、白梨分别去皮，洗净切丁，连同什锦罐头同置入装豆花的容器中。2.将白糖撒在豆花上，入蒸笼蒸5分钟即可食用。

大厨献招　此菜不宜蒸太久，以免水果营养成分流失。

养生宜忌

ⓥ 此菜对炎症和水肿患者有益。

ⓧ 有凝血功能障碍的人不宜食用此菜。

石磨豆花 〔排毒瘦身〕

材　料　豆花200克，熟花生碎50克，油麦菜适量。

调　料　盐3克，味精1克，香油、水淀粉各适量。

做　法　1.油麦菜洗净沥干，切段备用。2.锅中注适量水烧开，下豆花，加入花生碎和油麦菜稍煮片刻。3.加盐、味精和香油调味，用水淀粉勾薄芡即可。

大厨献招　烹饪此菜不宜频繁搅动，以免豆花搅得太碎。

养生宜忌

ⓥ 此菜对防治便秘有一定疗效，减肥时可多食用。

ⓧ 尿频者不宜多吃此菜。

海味豆花

〔养心润肺〕

材料

豆花300克，干鱿鱼50克，虾仁50克，菜心适量。

调料

盐3克，鸡精2克，香油10克。

做法

1. 干鱿鱼洗净，泡发，切段备用；菜心、虾仁洗净沥干。2. 锅中注水烧沸，放豆花、虾仁和鱿鱼煮至断生，加入菜心煮至熟透。3. 加盐、鸡精和香油调味即可。

大厨献招 菜心要摘取老梗，以免影响食用口感。

养生宜忌

♡ 此菜对肾亏阳虚者有益。
⊗ 患过敏性鼻炎者不宜食用此菜。

酒酿豆花

〔开胃消食〕

材料

豆花200克，胡萝卜、豌豆各适量。

调料

酒酿、枸杞各适量。

做法

1. 胡萝卜洗净切丁；豌豆洗净，与胡萝卜丁放入沸水中汆至断生捞出；枸杞洗净泡发。2. 锅中注水烧沸，调入酒酿、枸杞和豆花稍煮，下胡萝卜、豌豆煮熟即可。

大厨献招 加入少许冰糖，此菜味道会更好。

养生宜忌

♡ 此菜是冠心病患者的食疗佳品。
⊗ 在服用氢氯噻嗪时不宜食用胡萝卜。

芙蓉米豆渣　〔防癌抗癌〕

材　料　芙蓉米豆渣300克，酸菜、肉末各50克，清汤100克。

调　料　盐3克，红椒、鸡精、胡椒粉各适量。

做　法　1.将酸菜洗净切碎；红椒洗净切丁；新鲜芙蓉米豆渣沥干水。2.热锅倒入油，倒入豆渣，加入盐、鸡精、胡椒粉和清汤，中火慢慢煮熟，盛盘待用。3.再起油锅，放入红椒、肉末爆香，加入酸菜翻炒均匀后，倒在豆渣上即成。

养生宜忌

▽ 胡椒粉有防腐抑菌的作用，可解鱼蟹毒。
⊗ 咽喉发炎者不宜食用胡椒粉。

乡村小豆渣　〔提神健脑〕

材　料　豆渣300克，雪里蕻100克，鸡蛋黄2个。

调　料　盐、葱花、蒜末、黄酒、生抽、鸡精、胡椒粉各适量。

做　法　1.将雪里蕻洗净切碎；鸡蛋黄碾碎待用；新鲜豆渣沥干水。2.起油锅，下豆渣小火炒至松软后盛出，锅内加入少许油，加入蒜末、葱末、雪里蕻炒出香味，再倒入豆渣，加盐、黄酒、生抽、鸡精、胡椒粉调味，翻炒均匀后出锅。3.盛盘，撒上碾碎的鸡蛋黄即成。

大厨献招　豆渣容易炒煳，不宜用大火。

养生宜忌

▽ 鸡蛋黄富含卵磷脂，对智力发育有益。
⊗ 胆固醇偏高者不宜多吃鸡蛋黄。

四川豆渣　〔养心润肺〕

材　料　豆腐渣300克，骨汤100克，香菜适量。

调　料　盐3克，熟油20克，味精、胡椒粉、醋、老抽、香油各适量。

做　法　1.香菜、姜、蒜洗净切末；新鲜豆腐渣沥干待用。2.锅内入油烧热，放入豆腐渣，加入盐、味精、胡椒粉和骨汤，烧开后再煮5分钟，让豆渣入味熟透。3.取碗，倒入熟油、香菜末、姜蒜末、醋、老抽、香油，拌匀成酱汁佐食。

养生宜忌

▽ 骨汤有益肾壮骨的功效，对肾虚胃弱者有益。
⊗ 记忆障碍患者不宜多食味精。

川府嫩豆花
〔补血养颜〕

材　料　豆花250克，枸杞5克。

调　料　葱、蒜、姜各10克，辣椒油、红油各15毫升，味精、盐各3克。

做　法　1.将豆花舀入清水中浸泡；枸杞洗净，蒸熟，撒在豆花上；葱、蒜、姜均洗净，切碎。2.油锅烧热，将葱末、蒜末、姜末、辣椒油、红油、味精、盐放入锅内，爆炒至香气浓郁，装入小碗中作为蘸料食用。

养生宜忌
Ⓥ 此菜对慢性肝炎、脂肪肝患者有益。
Ⓧ 患有火热病症者忌食辣椒油。

老北京豆酱
〔补血养颜〕

材　料　青豆、黄豆各80克，肉皮适量。

调　料　盐3克，鸡精2克，酱油10克，料酒8克，八角、桂皮料包1个，胡萝卜、姜片各适量。

做　法　1.青豆、黄豆分别洗净泡发，沥干备用；肉皮洗净，入沸水中汆去污垢，捞出，切块；胡萝卜洗净切丁。2.锅中注清水烧沸，加入所有原材料和调味料，先用大火煮沸，再用小火熬煮至皮烂汤浓时，取出料包，将其倒入容器中，晾凉，倒扣于盘中，即可食用。

养生宜忌
Ⓥ 肉皮适宜阴虚之人心烦、咽痛者食用。
Ⓧ 高血压患者应少吃此菜为好。

龙乡豆酱
〔补血养颜〕

材　料　青豆、黄豆各80克，肉皮适量。

调　料　盐3克，鸡精2克，酱油10克，料酒8克，八角、桂皮料包1个，姜片、蒜末适量。

做　法　1.肉皮治净，汆水备用；青豆、黄豆均洗净，入沸水中焯水备用。2.净锅内注水烧开，加入所有原材料和调味料，先用大火煮沸，再用小火熬煮至皮烂汤浓时，取出料包，将其倒入容器中，晾凉，倒扣于盘中，即可食用。

养生宜忌
Ⓥ 肉皮内含有大量胶原蛋白，能有效减缓细胞脱水老化。
Ⓧ 动脉硬化患者不宜食用此菜。

● 一品豆酱 〔养心润肺〕

材 料 青豆150克，老豆腐、肉皮各适量。

调 料 盐3克，鸡精2克，酱油、料酒各10克，八角、桂皮、花椒料包1个，姜片、蒜末、红油、葱花各适量。

做 法 1.青豆洗净；肉皮洗净切丝；豆腐洗净，切丁。2.锅中注清水烧沸，加入所有原材料和调味料，先用大火煮沸，再用小火熬煮至皮烂汤浓，取出八角和桂皮料包，将黄豆酱晾凉，用利刀切开即可。3.用剩余葱花、蒜末和酱油制成味碟，蘸食即可。

养生宜忌
Ⓥ 桂皮中含有苯丙烯酸类化合物，可防治前列腺增生。
Ⓧ 孕妇应慎食桂皮、八角等辛香料。

● 老北京黄豆酱 〔开胃消食〕

材 料 黄豆150克，肉皮适量。

调 料 盐3克，鸡精2克，酱油10克，料酒8克，八角、桂皮料包1个，姜片、蒜末适量。

做 法 1.黄豆洗净泡发，沥干备用；肉皮洗净切丝，入沸水中氽去污垢，捞出。2.锅中注清水烧沸，加入所有原材料和调味料，先用大火煮沸，再用小火熬煮至皮烂汤浓，取出八角和桂皮料包，将黄豆等倒入容器中，晾凉，倒扣于盘中，用利刀切开即可。

养生宜忌
Ⓥ 适量进食此菜可使皮肤保持弹性。
Ⓧ 外感咽痛、伤寒下痢者忌食肉皮。

● 蒜泥豆酱 〔防癌抗癌〕

材 料 黄豆120克，绿豆50克，肉皮适量。

调 料 盐3克，鸡精2克，酱油10克，料酒8克，八角、桂皮料包1个，姜片、蒜蓉、红椒丝各适量。

做 法 1.黄豆、绿豆洗净泡发；肉皮洗净切丝。2.锅中注水烧沸，下所有原材料和蒜蓉、红椒丝之外的所有调味料，大火煮沸，再用小火熬煮至皮烂汤浓，取出八角和桂皮料包，将黄豆、肉皮连同汤汁一起倒入容器中，晾凉。3.将豆酱切成块状，撒上蒜蓉和红椒丝，即可食用。

养生宜忌
Ⓥ 蒜泥中含有的辣素，能够消炎杀菌，预防流感。
Ⓧ 经常出现面红、午后低热者不宜食用此菜。

● 招牌豆酱 〔补血养颜〕

材　料　黄豆、去皮花生米、肉皮、胡萝卜各适量。

调　料　盐3克，鸡精2克，酱油10克，料酒8克，八角、桂皮料包1个，姜片适量。

做　法　1.黄豆、花生米分别洗净沥干；肉皮洗净切块；胡萝卜洗净切丁。2.锅中注清水烧沸，下所有原材料和蒜蓉、红椒丝之外的所有调味料，先用大火煮沸，再用小火熬煮至皮烂汤浓，取出八角和桂皮料包，晾凉。3.将晾凉的豆酱切成块状即可食用。

养生宜忌
- ✅ 胡萝卜中胡萝卜素能预防上皮细胞癌变。
- ⊗ 患有严重肝病、肾病者不宜食用此菜。

● 驴磨水豆渣 〔增强免疫力〕

材　料　豆渣350克，香菇、黑木耳各30克，金针菇、青椒、红椒各适量。

调　料　盐、黄酒、酱油、老抽、胡椒粉各适量。

做　法　1.豆渣沥干；青、红椒洗净切丁；香菇、黑木耳洗净切丁；金针菇洗净。2.豆渣放入蒸锅中蒸10分钟，取出放凉待用；起油锅，放入香菇、黑木耳、金针菇，加盐、黄酒、酱油、老抽、胡椒粉和少许水，炒熟成酱汁待用。3.在豆渣上撒上辣椒丁，淋上酱汁，拌匀即可食用。

养生宜忌
- ✅ 木耳对于治疗便秘有不错的功效。
- ⊗ 腹泻、下痢者不宜食用此菜。

● 雪花豆渣 〔降低血脂〕

材　料　豆渣300克，豌豆、红椒、青椒各20克，清汤300克。

调　料　盐、味精、白胡椒粉各少许。

做　法　1.将豌豆洗净；红椒、青椒洗净切碎；新鲜豆渣沥干水待用。2.热锅放入少许油，烧热后放入豌豆、辣椒碎煸炒；加豆腐渣、盐、味精、白胡椒粉和清汤，大火烧开后，转为小火煮8分钟至熟。3.出锅盛盘，再撒点辣椒碎装饰即成。

养生宜忌
- ✅ 豆渣有调理肠胃、预防便秘的功效。
- ⊗ 脾胃较弱者应少食此菜。

〈其他豆制品〉

豆腐是我国炼丹家——淮南王刘安发明的绿色健康食品。其品种繁多，俱有风味独特、制作工艺简单、食用方便的特点。

◦ 洛南豆干　〔排毒瘦身〕

材　料　豆干400克

调　料　盐、红椒、葱、香油、醋各适量

做　法　1.豆干洗净，切片；红椒去蒂洗净，切圈；葱洗净，切段。2.锅入水烧开，放入豆干汆熟后，捞出沥干，装盘，加盐、香油、醋拌匀，再用葱、红椒点缀即可。

大厨献招　可以根据个人口味，配以酱料食用。

适合人群　一般人都可食用，尤其适合女性食用。

养生宜忌
◎ 豆干可防止因缺钙引起的骨质疏松。
✕ 平素脾胃虚寒的人不宜多食此菜。

◦ 凉拌香干　〔补血养颜〕

材　料　香干300克，红椒、芹菜叶各少许

调　料　盐3克，葱白10克，香油适量

做　法　1.香干洗净，切条；红椒去蒂洗净，切丝；芹菜叶洗净备用；葱白洗净，切丝。2.锅入水烧开，放入香干汆熟后，捞出沥干，加盐、香油拌匀，装盘。3.放入红椒、葱白、芹菜叶即可。

养生宜忌
◎ 芹菜叶有降低血压的作用，可防治高血压。
✕ 女性经期不宜多食此菜。

● 腐竹银芽黑木耳 〔补血养颜〕

材料 腐竹150克，绿豆芽、黑木耳各100克。

调料 姜末、香油、盐、味精各适量。

做法 1.腐竹泡发切段；绿豆芽洗净；黑木耳泡发洗净。2.将腐竹、绿豆芽、黑木耳分别焯熟后，捞出沥干，加所有调味料拌匀即可。

大厨献招 木耳泡开了以后，可直接用海鲜酱油加芥末蘸食。

养生宜忌
◎ 此菜对健忘失眠者有益。
⊗ 肝性脑病患者不宜多食此菜。

● 韭黄腐竹 〔保肝护肾〕

材料 腐竹200克，韭黄200克。

调料 蒜3瓣，盐5克，鸡精3克，胡椒粉5克，蚝油8毫升。

做法 1.将韭黄、腐竹洗净后切成段，蒜洗净切薄片。2.锅中水煮沸后，下入腐竹煮沸，捞起沥干水分。3.锅中油烧热后，爆香蒜片，下入韭黄炒熟，加入腐竹，调入盐、鸡精、胡椒粉、蚝油炒匀即可。

大厨献招 韭黄容易熟，炒制时间不要过久。

适合人群 一般人都可食用，尤其适合男性食用。

养生宜忌
◎ 此菜对胃口不开者有益。
⊗ 皮肤湿疹患者不宜多食此菜。

● 干烧腐竹 〔提神健脑〕

材料 腐竹300克，大葱20克。

调料 盐3克，味精2克，香油5克，干红辣椒5克。

做法 1.腐竹洗净泡发，入开水煮去豆腥味，倒出切段待用；干红辣椒去蒂洗净，大葱洗净，切去叶子，摆盘。2.起油锅，入干红辣椒炒香，放入腐竹，加盐、味精和适量清水烧熟，装盘，淋上香油即可。

养生宜忌
◎ 此菜对低免疫力人群有益。
⊗ 湿热内蕴者不宜多食此菜。

尖椒红肠炒豆皮 〔排毒瘦身〕

材　料　红肠200克，豆皮250克,青、红椒各10克。

调　料　盐3克，味精2克。

做　法　1.红肠洗净，切成片；豆皮洗净，切成小块；青红椒洗净，切块。2.锅中加油烧热，先下红肠炒至干香后，再加入豆皮、青红椒，一起翻炒。3.待熟后，加盐、味精调味即可。

养生宜忌

Ⓥ 此菜对心慌气短者有益。

Ⓧ 慢性胰腺炎患者不宜多食此菜。

芝麻豆皮 〔养心润肺〕

材　料　豆皮400克，熟芝麻少许。

调　料　盐3克，味精1克，醋6克，老抽10克，红油15克，葱少许。

做　法　1.豆皮洗净，切正方形片；葱洗净切花；豆腐皮入水焯熟；盐、味精、醋、老抽、红油调成汁，浇在每片豆腐皮上。2.再将豆腐皮叠起，撒上葱花、芝麻，斜切开装盘即可。

大厨献招　加入豆瓣酱，会让此菜更美味。

养生宜忌

Ⓥ 此菜对免疫力低下者有益。

Ⓧ 痛风、肾病患者不宜食用此菜。

千层豆腐皮 〔开胃消食〕

材　料　豆腐皮500克。

调　料　盐4克，味精2克，酱油10克，熟芝麻、红油、葱花各适量。

做　法　1.豆腐皮洗净切块，放入开水中稍烫，捞出，沥干水分备用。2.用盐、味精、酱油、熟芝麻、红油调成味汁，把豆腐皮泡在味汁中；将豆腐皮一层一层叠好放盘中，最后撒上葱花即可。

养生宜忌

Ⓥ 此菜对骨质疏松症患者有益。

Ⓧ 目赤肿痛者不宜多食此菜。

五彩素拌菜 〔开胃消食〕

材料 绿豆芽、豌豆苗、香干、土豆、甜椒各100克。

调料 盐3克，生抽8克，香油适量。

做法 1.绿豆芽、豌豆苗均洗净；香干洗净切条；土豆去皮洗净切丝；甜椒洗净切丝。2.将所有原材料入沸水中焯熟后，捞出沥干，加盐、生抽、香油拌匀，装盘即可。

大厨献招 挤一点橙汁淋在菜上，味道更好。

养生宜忌
- ✓ 绿豆芽性寒，有清热解暑的功效。
- ✗ 脾胃虚寒者不宜食用绿豆芽。

香干拌猪耳 〔防癌抗癌〕

材料 香干200克，熟猪耳片200克，熟花生仁50克。

调料 盐4克，香菜5克，红椒、大葱各10克，醋15克。

做法 1.香干洗净，切片，放入沸水中煮2分钟再捞出；红椒、大葱洗净切丝；香菜洗净切段。2.油锅烧热，放花生仁、盐、醋翻炒，淋在香干、猪耳朵上拌匀，撒上香菜、红椒、大葱丝即可。

大厨献招 猪耳朵要切细条，味道更佳。

适合人群 一般人都可食用，尤其适合女性食用。

养生宜忌
- ✓ 此菜对脑力劳动者有益。
- ✗ 香干中钠的含量较高，高脂血症患者应慎食。

洛南豆腐干 〔排毒瘦身〕

材料 豆腐干200克，黄瓜200克。

调料 盐3克，味精1克，生抽5克，红油、辣椒粉各适量。

做法 1.豆腐干洗净切片，入沸水中煮熟，捞出沥干；黄瓜洗净，切片摆盘；留部分黄瓜切条。2.将所有调味料置于同一容器，调成味汁，大部分浇在豆腐干和黄瓜条上，拌匀装盘，留部分味汁浇在盘中黄瓜片上，稍腌片刻，即可食用。

养生宜忌
- ✓ 此菜对经常失眠者有益。
- ✗ 肺寒咳嗽者不宜多食此菜。

小炒香干 〔降低血糖〕

材料 香干350克，青椒、红椒各50克，香菜少许。

调料 盐3克，鸡精2克，酱油、醋各适量。

做法 1.香干洗净，切片；青椒、红椒均去蒂洗净，切圈；香菜洗净。2.热锅下油，放入香干略炒，再放入青椒、红椒，加盐、鸡精、酱油、醋调味，待熟，放入香菜略炒，装盘即可。

养生宜忌

Ⓥ 适量进食此菜有利于预防骨质疏松。

Ⓧ 内火炽盛者不宜食用此菜。

美味卤豆干 〔补血养颜〕

材料 豆干400克，红椒少许。

调料 葱、香油、卤汁各适量。

做法 1.豆干洗净备用；红椒去蒂洗净，切丝；葱洗净，切花。2.将卤汁注入锅内烧沸，放入豆干卤熟后，捞出沥干，待凉切片，加香油拌匀，摆盘。3.用红椒、葱花点缀即可。

大厨献招 也可以用葱油代替香油。

适合人群 一般人都可食用，尤其适合女性食用。

养生宜忌

Ⓥ 此菜对骨质疏松症患者有益。

Ⓧ 肾病患者不宜多吃此菜。

清炒豆腐干 〔降低血压〕

材料 豆腐干300克，芹菜叶适量。

调料 盐3克，鸡精2克，蒜、水淀粉各适量。

做法 1.豆腐干洗净，沥干切丁；芹菜叶洗净，沥干切段；蒜去皮，洗净切末。2.锅中注油烧热，下蒜末爆香，先后加入豆腐干和芹菜叶，炒至熟。3.加盐和鸡精调味，用水淀粉勾芡，炒匀即可。

养生宜忌

Ⓥ 此菜对女士补血养颜有好处。

Ⓧ 痛疽患者不宜多食此菜。

⊙ 鸡汁小白干 〔降低血压〕

材 料 小白豆腐干200克，清鸡汤1袋。

调 料 盐5克。

做 法 1.将小白豆腐干加盐焯水，捞出备用。2.清鸡汤倒入锅中，放入盐，加入小白豆腐干煮10分钟。3.捞出晾凉后装盘即可。

大厨献招 煮小白豆腐干时不宜用大火，以免煮老。

养生宜忌
♡ 此菜对脾胃不振者有益。
⊗ 消化系统疾病患者不宜多食此菜。

⊙ 芹香干丝 〔排毒瘦身〕

材 料 白干丝25克，芹菜15克，胡萝卜5克。

调 料 香油、盐、胡椒粉各适量。

做 法 1.芹菜洗净，切段，烫熟；胡萝卜洗净，切丝，烫熟；白干丝烫熟。2.将白干丝、芹菜、胡萝卜放入碗中，再放入香油、盐、胡椒粉调味，拌匀即可。

大厨献招 白干丝可以不用切得太细，以免会断。

适合人群 一般人都可食用，尤其适合女性食用。

养生宜忌
♡ 此菜对睡眠不宁者有益。
⊗ 痛风、肾病患者不宜食用此菜。

⊙ 秘制豆干 〔增强免疫力〕

材 料 豆干200克，黄瓜100克。

调 料 盐3克，味精1克，醋6克，生抽10克。

做 法 1.豆干洗净，切成菱形片，用沸油炸熟；黄瓜洗净，切成菱形片。2.将黄瓜片排于盘内，再将豆干排于上面。3.用盐、味精、醋、生抽调成汁，浇在上面即可。

大厨献招 豆干切得要薄厚适中，这样口感及味道更佳。

养生宜忌
♡ 此菜对精血受损者有益。
⊗ 减肥者不宜多吃此菜。

卤水豆干 〔开胃消食〕

材 料 豆干400克。

调 料 酱油、醋、卤水各适量。

做 法 1.豆干洗净备用。2.将卤水注入锅内烧开，放入豆干卤熟后，捞出沥干，待凉，切成条状。3.淋入酱油、醋即可。

大厨献招 加点蒜末，味道会更好。

养生宜忌

◎ 此菜对不思饮食者有益。

⊗ 内火炽盛者不宜多食此菜。

家乡卤豆干 〔开胃消食〕

材 料 卤豆干200克。

调 料 葱10克，香油15克。

做 法 1.将卤豆干洗净，切成方块形。2.将葱洗净，切成葱末。3.将卤豆干放入盐水中焯烫，然后装盘，再撒入葱末，淋上香油即可。

大厨献招 豆干切片尽量薄一点，既美观又美味。

适合人群 一般人都可食用，尤其适合儿童食用。

养生宜忌

◎ 此菜对体虚脾弱者有益。

⊗ 腹痛腹胀者不宜食用此菜。

湘味花生仁豆干 〔增强免疫力〕

材 料 豆干300克，花生仁100克，青椒50克。

调 料 盐3克，鸡精2克，醋适量。

做 法 1.豆干洗净，切丁；青椒去蒂洗净，切圈。2.热锅下油，入花生仁翻炒片刻，再放入豆干、青椒炒匀，加盐、鸡精、醋调味，炒熟装盘即可。

大厨献招 加点酸菜一起烹饪，味道会更好。

适合人群 一般人都可食用，尤其适合女性食用。

养生宜忌

◎ 此菜对心神不安者有益。

⊗ 中风患者不宜多食此菜。

五香酱豆干

〔防癌抗癌〕

材 料 豆干300克。

调 料 盐、五香酱、酱油、醋、卤汁各适量。

做 法 1.豆干洗净备用。2.将卤汁注入锅内烧沸，放入豆干卤熟后，捞出沥干，加盐、五香酱、酱油、醋拌匀，装盘即可。

大厨献招 将豆干切成小块，更易入味。

养生宜忌

♡ 此菜对胃口不开者有益。

⊗ 目赤肿痛者不宜多食此菜。

五香卤香干

〔增强免疫力〕

材 料 香干400克。

调 料 生姜丝、葱白段、生抽、盐、糖、辣椒粉、桂皮、茴香、花椒、八角各适量。

做 法 1.生姜和葱白入油锅炸透后，放生抽、盐、糖、清水、辣椒粉烧沸，加桂皮、茴香、花椒、八角煮30分钟，制成卤水。2.香干冲洗一下，放入卤水中卤1个小时，捞出切片即可。

大厨献招 切片后用香油拌一下，味道会更好。

养生宜忌

♡ 此菜对免疫力较弱者有益。

⊗ 痰湿偏重者不宜多食此菜。

家常豆丁

〔保肝护肾〕

材 料 豆干200克，花生仁100克，黄瓜100克，青椒、红椒各30克。

调 料 盐3克，葱10克，白芝麻10克，鸡精2克。

做 法 1.豆干洗净，切丁；黄瓜洗净，切片摆盘；青椒、红椒均去蒂洗净，切丁；葱洗净，切段。2.热锅下油，放入花生仁、白芝麻炒香，再放入豆干、青椒、红椒一起炒，加盐、鸡精调味，炒熟装盘。3.撒上葱段即可。

养生宜忌

♡ 此菜对情志不舒者有益。

⊗ 急性炎症患者不宜多食此菜。

豆干芦蒿 〔排毒瘦身〕

材　料　豆干、芦蒿各200克。

调　料　盐3克，鸡精2克，酱油、醋各适量。

做　法　1.豆干洗净，切条；芦蒿洗净，切段。2.热锅下油，放入豆干、芦蒿一同翻炒片刻，加盐、鸡精、酱油、醋调味。3.炒至断生，起锅装盘即可。

大厨献招　加点肉丝一起烹饪，味道会更好。

养生宜忌
- ♡ 此菜对心慌气短者有益。
- ✕ 胃下垂患者不宜多食此菜。

小炒豆干 〔排毒瘦身〕

材　料　豆干300克青椒、红椒各20克。

调　料　酱油、蚝油各5克，糖、盐各3克。

做　法　1.豆干洗净，切成片；青椒、红椒洗净，切小块。2.锅中油烧热，放入青椒、红椒翻炒，再倒入豆干炒匀。3.加入酱油、蚝油、糖，略加翻炒后出锅，即可。

大厨献招　加点松仁一起烹饪，营养更佳。

适合人群　一般人都可食用，尤其适合男性食用。

养生宜忌
- ♡ 此菜对五脏亏损者有益。
- ✕ 皮肤病患者不宜多食此菜。

白辣椒五香干 〔开胃消食〕

材　料　五香香干200克，白辣椒50克，腌白萝卜150克，泡菜70克。

调　料　盐3克，鸡精2克，水淀粉、红椒各适量。

做　法　1.五香香干洗净，沥干切片；白辣椒洗净，沥干切段；腌白萝卜洗净，切片；泡菜洗净，沥干切块；红椒洗净，沥干切丁。2.锅中注油烧热，下所有原材料和红椒，炒至熟。3.加盐和味精调味，用水淀粉勾芡即可。

养生宜忌
- ♡ 此菜对脑力工作者有益。
- ✕ 肾功能不全者最好少吃此菜。

● 农家香干煲 〔降低血糖〕

材 料 香干250克，芹菜150克，青椒、红椒各50克。

调 料 盐3克，蒜苗20克，鸡精2克，酱油、醋各适量。

做 法 1.香干洗净，切三角片；芹菜洗净，切段；青椒、红椒均去蒂洗净，切圈；蒜苗洗净，切段。2.热锅下油，入青椒、红椒炒香，再放入香干、芹菜一起炒至五成熟时，加盐、鸡精、酱油、醋调味，稍微加点水，待熟，放入蒜苗略炒，装盘即可。

养生宜忌

♡ 此菜对虚劳羸弱者有益。
⊗ 肾衰竭患者不宜多食此菜。

● 青椒炒香干 〔降低血压〕

材 料 香干250克，青椒100克。

调 料 盐3克，蒜10克，鸡精2克，酱油、醋各适量。

做 法 1.香干洗净，切条；青椒去蒂洗净，切条；蒜去皮洗净，切片。2.热锅下油，入蒜炒香，再放入香干、青椒翻炒片刻，加盐、鸡精、酱油、醋调味，炒至断生，装盘即可。

大厨献招 在炒的过程中，力度不要太大，以免将香干炒烂。

适合人群 一般人都可食用，尤其适合男性食用。

养生宜忌

♡ 此菜对骨质疏松症患者有益。
⊗ 大便燥结者不宜多食此菜。

● 香干五花肉 〔保肝护肾〕

材 料 香干250克，五花肉200克。

调 料 盐3克，红椒20克，蒜苗10克，鸡精2克，酱油、醋、红油各适量。

做 法 1.香干洗净，切片；五花肉洗净，切片；红椒去蒂洗净，切片；蒜苗洗净，斜刀切段。2.热锅下油，放入五花肉翻炒片刻，再放入香干、红椒一起炒，加盐、鸡精、酱油、醋、红油炒匀，放入蒜苗，稍微加点水焖一会，装盘即可。

养生宜忌

♡ 此菜对身体羸弱者有益。
⊗ 慢性胰腺炎患者不宜多食此菜。

香干小炒肉 〔开胃消食〕

材 料 香干180克，五花肉100克。

调 料 葱、盐、味精各4克，红椒5克，酱油、红油各10克。

做 法 1.五花肉洗净，切成片；香干洗净，切成片；葱洗净，切段；红椒洗净，切圈。2.油锅烧热，入红椒、葱段、五花肉炒香，放香干炒熟。3.加盐、味精、酱油、红油调味，炒匀，盛盘即可。

养生宜忌

◎ 此菜对食欲不振者有益。

⊗ 肝胆病患者不宜多食此菜。

辣椒圈蒸香干 〔排毒瘦身〕

材 料 香干250克。

调 料 盐3克，鸡精2克，豆豉10克，生抽、红油及青、红椒各适量。

做 法 1.青、红椒均去蒂洗净，切圈；香干洗净切片。2.将香干、青椒、红椒、豆豉摆好盘，加盐、鸡精、生抽、红油调味后入蒸锅蒸熟后即可。

大厨献招 加少许腊肠同蒸，此菜将另有一番风味。

适合人群 一般人都可食用，尤其适合女性食用。

养生宜忌

◎ 此菜对虚劳赢弱者有益。

⊗ 尿路结石患者不宜多食此菜。

小炒辣香干 〔开胃消食〕

材 料 香干250克，青椒、红椒各50克。

调 料 盐3克，鸡精2克，红油、醋各适量。

做 法 1香干洗净，切片；青椒、红椒均去蒂洗净，切圈。2.热锅下油，入青椒、红椒炒香，再放入香干炒匀，加盐、鸡精、红油、醋调味，炒熟，装盘即可。

大厨献招 加点蒜苗，此菜会更香。

养生宜忌

◎ 此菜对不思饮食者有益。

⊗ 感冒发烧者不宜食用此菜。

● 芹菜炒香干 〔增强免疫力〕

材 料 香干、芹菜各200克，猪肉150克，红椒50克。

调 料 盐3克，鸡精2克，酱油、醋各适量。

做 法 1.香干洗净，切条；芹菜洗净，切段；猪肉洗净，切丝；红椒去蒂洗净，切丝。2.热锅下油，放入猪肉略炒，再放入香干、芹菜、红椒炒至五成熟时，加盐、鸡精、酱油、醋调味，炒至断生，装盘即可。

养生宜忌

◎此菜对体虚脾弱者有益。

⊗高热神昏者不宜多食此菜。

● 蒿子秆炒豆干 〔开胃消食〕

材 料 豆干250克，蒿子秆200克。

调 料 盐3克，干红辣椒10克，鸡精2克。

做 法 1.豆干洗净，切条；蒿子秆洗净，切段；干红辣椒洗净，切段。2.热锅下油，入干红辣椒爆香，再放入豆干、蒿子秆炒匀，加盐、鸡精调味。3.炒至断生，装盘即可。

大厨献招 用大火爆炒，味道会更好。

适合人群 一般人都可食用，尤其适合儿童食用。

养生宜忌

◎此菜对饮酒过量者有益。

⊗子宫脱垂患者不宜食用此菜。

● 湖南香干 〔降低血压〕

材 料 香干200克，芹菜150克。

调 料 盐3克，味精1克，剁椒适量。

做 法 1.香干洗净，斜切片，入沸水中氽至断生，捞出沥干；芹菜去叶洗净，切段；剁椒洗净切圈。2.锅中注油烧热，下芹菜炒至断生，加入香干和剁椒，炒至熟。3.加盐和味精调味，炒匀即可。

养生宜忌

◎此菜对心慌气短者有益。

⊗酸中毒病人不宜食用此菜。

花生仁豆干 〔开胃消食〕

材 料 豆干150克，花生仁80克，莴笋150克，黄瓜、胡萝卜各适量。

调 料 盐、香油各适量。

做 法 1.豆干洗净，切丁；莴笋去皮洗净，切丁；黄瓜、胡萝卜均洗净，切片。2.锅入水烧开，分别将豆干、莴笋汆熟后，捞出沥干，加盐、香油拌匀。3.起油锅，放入花生仁炸熟，装盘，再将黄瓜、胡萝卜摆盘即可。

养生宜忌
Ⓥ 此菜对低免疫力人群有益。
Ⓧ 有慢性消化道疾病的人不宜多食此菜。

双椒炒豆腐干 〔增强免疫力〕

材 料 豆腐干250克，青、红椒各50克。

调 料 盐3克，鸡精2克，生抽6克，蒜苗适量。

做 法 1.豆腐干洗净，沥干切片；青、红椒分别洗净，切圈；蒜苗洗净，沥干切段。2.锅中注油烧热，入蒜苗和青、红椒圈爆香，加入豆腐干，调入生抽，继续翻炒至熟。3.加盐和味精调味，炒匀即可。

大厨献招 加入少许香芹，此菜味道会更好。

适合人群 一般人都可食用，尤其适合男性食用。

养生宜忌
Ⓥ 此菜对精神萎靡不振者有益。
Ⓧ 肝性脑病患者不宜多食此菜。

农家小香干 〔降低血压〕

材 料 香干200克，香芹150克。

调 料 盐3克，味精1克，生抽5克，辣椒粉、干红椒段各适量。

做 法 1.香干洗净，沥干切丝；香芹洗净，切段，入沸水中汆至断生，捞出沥干。2.锅中注油烧热，下香干翻炒至断生，加入香芹、辣椒粉、生抽和干红椒段，炒至熟。3.加盐和味精调味，炒匀即可。

养生宜忌
Ⓥ 此菜对心神不安者有益。
Ⓧ 有疥癣者不宜多食此菜。

香炸柠檬豆腐干 〔补血养颜〕

材　料　豆腐干300克，鸡蛋液60克。

调　料　柠檬酱20克，盐3克，淀粉10克。

做　法　1.豆腐干洗净，用盐、淀粉、鸡蛋液裹匀。2.锅倒油烧至七成热，放入豆腐干炸至金黄色捞出。3.待炸过的豆腐干稍凉后，再用热油炸一遍出锅，加入柠檬酱拌食即可。

养生宜忌

▽ 此菜对脾胃气虚者有益。

⊗ 有疥癣者不宜多食此菜。

美味靓香干 〔提神健脑〕

材　料　香干350克，黄瓜、圣女果各适量。

调　料　盐3克，熟白芝麻3克。

做　法　1.香干洗净，切条；黄瓜洗净，切片；圣女果洗净，切开。2.锅下油烧热，加入盐，放入香干炸至酥脆，捞出沥干，控油装盘，撒上白芝麻。3.将切好的黄瓜、圣女果摆盘即可。

大厨献招　炸好的豆干用红油拌一下，味道会更好。

适合人群　一般人都可食用，尤其适合男性食用。

养生宜忌

▽ 此菜对功课繁忙的学生有益。

⊗ 目赤肿痛者不宜多食此菜。

富阳卤豆干 〔养心润肺〕

材　料　豆干400克。

调　料　酱油15克，盐5克，白糖、香油各10克。

做　法　1.豆干洗净，入开水锅中焯水后捞出备用。2.取净锅上火，加清水、盐、酱油、白糖，大火烧沸，下入豆干改小火卤约15分钟，至卤汁略稠浓时淋上香油，出锅，切片，装盘即成。

大厨献招　加点醋调味，味道会更好。

养生宜忌

▽ 此菜对脾胃气虚者有益。

⊗ 皮肤湿疹患者不宜多食此菜。

豆豉蒸香干 〔降低血糖〕

材　料　香干300克。

调　料　盐3克，味精1克，豆豉20克，剁椒50克，大蒜、红油各适量。

做　法　1.香干洗净，沥干切片，置于容器中；大蒜洗净，切末，连同豆豉一同撒在香干上。2.将盐、味精、剁椒、红油置于同一容器，调匀，淋在香干上。3.将装有香干的容器放进蒸锅蒸至香干熟透，取出即可食用。

养生宜忌
◎ 此菜对低免疫力人群有益。
⊗ 急性炎症患者不宜多食此菜。

小炒攸县香干 〔保肝护肾〕

材　料　香干200克，猪肉150克，韭菜适量。

调　料　盐3克，味精1克，生抽、料酒各10克，剁椒20克，红油辣酱适量。

做　法　1.香干洗净沥干，斜切片；猪肉洗净切片，用生抽和料酒腌渍片刻；韭菜洗净，沥干切段。2.锅中注油烧热，下猪肉炒至变色，先后下香干和韭菜，调入剁椒和红油辣酱炒至熟。3.加盐和味精调味，炒匀即可。

大厨献招　腌渍猪肉时加入少许生粉，口感更滑嫩。

养生宜忌
◎ 此菜对免疫力较弱者有益。
⊗ 消化系统疾病患者不宜多食此菜。

蒜薹豆豉炒香干 〔排毒瘦身〕

材　料　香干200克，蒜薹100克。

调　料　盐3克，味精1克，生抽10克，豆豉辣酱、干红椒各适量。

做　法　1.香干洗净，沥干切丝；蒜薹洗净切段，入沸水中氽至断生，捞出沥干；干红椒洗净，沥干切段。2.锅中注油烧热，下香干，调入生抽炒至变色，加入蒜薹、豆豉辣酱和干红椒炒至熟。3.加盐和味精调味，炒匀即可。

养生宜忌
◎ 此菜对饮酒过量者有益。
⊗ 火毒盛者不宜多食此菜。

● 秘制五香干　〔开胃消食〕

材　料　五香干400克。

调　料　盐3克，姜、蒜各10克，干红辣椒15克，酱油、醋各适量。

做　法　1.五香干洗净，切片；姜、蒜均去皮洗净，切末；干红辣椒洗净，切末。2.锅入水烧开，放入五香干汆熟后，捞出沥干，装盘。3.热锅下油，入姜、蒜、干红辣椒爆香，加盐、酱油、醋做成味汁，均匀的淋在五香干上即可。

养生宜忌
♡ 此菜对胃口不佳者有益。
✗ 皮肤湿疹患者不宜多食此菜。

● 香辣豆腐皮　〔保肝护肾〕

材　料　红椒5克，豆腐皮150克，熟芝麻3克。

调　料　葱8克，盐3克，生抽、辣椒油各10克。

做　法　1.将豆腐皮用清水泡软切块，入热水焯熟；葱洗净切末；红椒洗净切丝。2.将盐、生抽、辣椒油、熟芝麻拌匀，淋在豆腐皮上，撒上红椒、葱即可。

大厨献招　加点香菜，味道会更好。

适合人群　一般人都可食用，尤其适合男性食用。

养生宜忌
♡ 此菜对记忆力减弱者有益。
✗ 口腔溃疡患者不宜多食此菜。

● 辣椒炒豆皮　〔保肝护肾〕

材　料　豆皮250克，青、红椒各适量。

调　料　盐3克，味精1克，香油7克，蒜适量。

做　法　1.豆皮洗净，沥干切丝；青、红椒分别洗净切丝，入沸水中汆至断生，捞出沥干；蒜去皮，切成蒜蓉。2.锅中注油烧热，下蒜蓉爆香，先后加豆皮和青、红椒炒至熟。3.加盐、味精和香油，调味，炒匀即可。

养生宜忌
♡ 此菜对胃口不佳者有益。
✗ 有痼疾者不宜多食此菜。

：天津豆腐卷　〔降低血脂〕

材　料　豆皮200克，黄瓜、心里美萝卜、胡萝卜各适量。

调　料　醋汁芝麻酱，葱20克。

做　法　1.黄瓜洗净，切丝；心里美去皮洗净，切丝；胡萝卜洗净，切丝；葱洗净，切段。2.将切好的黄瓜、心里美、胡萝卜用豆皮卷成卷状，然后斜刀切段，摆好盘。3.将豆腐卷配以醋汁芝麻酱食用即可。

大厨献招　在豆腐卷里加点莴笋，营养更佳。

养生宜忌
◎此菜对心神不安者有益。
⊗有严重肝病者不宜食用此菜。

：菠菜芝麻卷　〔排毒瘦身〕

材　料　菠菜200克，豆皮1张，芝麻10克。

调　料　盐3克，味精2克，香油、酱油各适量。

做　法　1.菠菜洗净；芝麻炒香，备用。2.豆皮入沸水中，加入调味料煮1分钟，捞出；菠菜氽熟后捞出，沥干水分，切碎，同芝麻拌匀。3.豆皮平放，放上菠菜，卷起，切成马蹄形，装盘即可。

大厨献招　卷豆皮时要卷紧，不要松散。

适合人群　一般人都可食用，尤其适合女性食用。

养生宜忌
◎此菜对气闷不舒者有益。
⊗肝胆病患者不宜多食此菜。

：山西小拌菜　〔开胃消食〕

材　料　豆芽、海带、豆腐皮、胡萝卜各适量。

调　料　盐、味精、香油各适量。

做　法　1.豆芽洗净；海带、豆腐皮、胡萝卜均洗净与豆芽同入沸水中焯后捞出，切丝。2.将备好的材料调入盐、味精拌匀。3.再淋入香油即可。

大厨献招　海带要用清水泡发一下再烹饪。

适合人群　一般人都可食用，尤其适合老年人食用。

养生宜忌
◎此菜对低免疫力人群有益。
⊗腹痛腹胀者不宜食用此菜。

小炒豆腐皮 〔降低血压〕

材 料 豆腐皮150克，红椒适量。

调 料 盐3克，味精1克，生抽10克，葱适量。

做 法 1.豆腐皮洗净，沥干切块状；红椒洗净，沥干切圈；葱洗净，沥干切葱花。2.锅中注油烧热，下豆腐皮炒至断生，下红椒圈继续炒至熟。3.加盐、味精调味，撒上葱花，炒匀即可。

养生宜忌
- 此菜对功课繁忙的学生有益。
- 感冒发烧者不宜食用此菜。

家常炒豆皮 〔防癌抗癌〕

材 料 豆皮200克，香菇适量。

调 料 盐3克，味精1克，生抽10克，葱段、干红椒、香菜、水淀粉各适量。

做 法 1.豆皮洗净，沥干切块；香菇洗净，沥干切丝；干红椒、香菜洗净，切段。2.锅中注油烧热，下葱段和干红椒爆香，加入香菇略炒，再加入豆皮，调入生抽炒至熟。3.加盐和鸡精调味，用水淀粉勾芡，炒匀，撒上香菜段即可。

养生宜忌
- 此菜对不思饮食者有益。
- 肾衰竭患者不宜多食此菜。

关东小炒 〔降低血压〕

材 料 豆腐皮200克，百合50克，红椒段、花生仁、玉米饼、卤猪耳、西芹各适量。

调 料 盐3克，鸡精2克，生抽、红油、面粉糊各适量。

做 法 1.豆腐皮洗净切条打结；西芹洗净切段；玉米饼切条；百合洗净切小块；卤猪耳洗净切丝。2.红椒段与花生仁分别裹上面粉糊，入油锅中炸熟，捞出沥油；锅留油烧热，下豆腐皮，加生抽和红油翻炒，入红椒、花生仁、猪耳及百合，炒至熟。3.调入盐和鸡精炒匀，装盘，摆上玉米饼和汆过水的西芹即可。

养生宜忌
- 此菜对精血受损者有益。
- 大便燥结者不宜多食此菜。

⦂ 爽口油豆皮　〔排毒瘦身〕

材 料 豆皮200克，黄瓜150克，干红椒适量。

调 料 盐3克，味精1克，香油适量。

做 法 1.豆皮洗净，沥干切丝；黄瓜洗净，沥干切条；干红椒洗净，沥干切段。2.锅中注油烧热，下干红椒爆香，先后下豆皮和黄瓜，炒至熟透。3.加盐、味精和香油调味，炒匀即可。

养生宜忌

✓此菜对睡眠不宁者有益。

✗胃酸增多者不宜多食此菜。

⦂ 肉丝炒豆皮　〔防癌抗癌〕

材 料 豆皮200克，瘦肉100克，红椒适量。

调 料 盐3克，生抽5克，料酒10克，味精1克，生粉、葱花各适量。

做 法 1.豆皮洗净，沥干切条；瘦肉洗净切丝，用生抽、料酒和生粉腌渍片刻；红椒洗净，沥干切丝。2.锅中注油烧热，下肉丝滑炒至变色，加入豆皮、葱花和红椒丝同炒至熟。3.加盐和味精调味，炒匀即可。

大厨献招 烹饪此菜不宜炒太久，以免豆皮失去韧性。

适合人群 一般人都可食用，尤其适合男性食用。

养生宜忌

✓此菜对体虚乏力者有益。

✗尿路结石患者不宜多食此菜。

⦂ 素炒豆皮　〔开胃消食〕

材 料 豆皮300克，油麦菜300克。

调 料 盐3克，味精1克，蒜适量。

做 法 1.豆皮洗净沥干，切丝备用；油麦菜洗净，沥干切段；蒜洗净切末。2.锅中注油烧热，下蒜末爆香，加入豆皮，翻炒几下，再加入油麦菜同炒至熟。3.加盐和味精调味即可。

养生宜忌

✓此菜对饮酒过量者有益。

✗有严重肝病者不宜食用此菜。

干豆腐皮炒肉 〔开胃消食〕

材　料　豆腐皮200克，瘦肉100克，青、红椒各适量。

调　料　盐3克，味精1克，醋8克，老抽15克。

做　法　1.豆腐皮洗净，切片；瘦肉洗净，切片；青、红椒洗净，切片。2.锅内注油烧热，下肉片炒至快熟时，加入盐炒入味，再放入豆腐皮，青、红椒，烹入醋、老抽。3.炒至汤汁收浓时，加入味精调味，起锅装盘即可。

养生宜忌

◎ 此菜对皮肤粗糙者有益。

⊗ 胃下垂患者不宜多食此菜。

干豆皮卷 〔开胃消食〕

材　料　豆皮150克。

调　料　盐2克，味精1克，辣椒酱、胡椒粉、孜然粉各适量。

做　法　1.豆皮洗净，沥干切条；所有调味料置于同一容器中，调匀。2.将豆皮卷成卷，用竹签穿起；用毛刷蘸取调味料，均匀刷在豆皮卷表面。3.将豆皮卷置于烤箱，烤至表面金黄，即可食用。

大厨献招　豆皮卷中卷适量葱丝和香菜段，此菜另有一番风味。

养生宜忌

◎ 此菜对不思饮食者有益。

⊗ 肾功能不全者最好少吃此菜。

烤干豆皮 〔开胃消食〕

材　料　豆皮200克。

调　料　盐2克，味精1克，辣椒酱、胡椒粉、番茄酱各适量。

做　法　1.豆皮洗净，沥干切方形块；所有调味料置于同一容器中，调匀。2.将豆皮用竹签穿起；用毛刷蘸取调味料，均匀刷在豆皮表面。3.将豆皮置于烤箱，烤至表面金黄，即可食用。

养生宜忌

◎ 此菜对胃口不开者有益。

⊗ 湿热痰滞内蕴者不宜多食此菜。

∶葱香豆腐丝 〔防癌抗癌〕

材　料　豆腐皮300克，胡萝卜适量。

调　料　卤水1份，葱段50克，香菜、盐、醋、白糖、味精、香油各适量。

做　法　1.豆腐皮、葱、胡萝卜洗净切丝；香菜洗净切小段。2.豆腐皮装碟，放香油、白糖、味精、醋、盐拌匀。3.将葱、胡萝卜、香菜放在碟边。

养生宜忌
- Ⅴ 此菜适合更年期女士食用。
- ⊗ 肠鸣腹泻者不宜多食此菜。

∶豆腐丝拌香菜 〔增强免疫力〕

材　料　豆腐皮500克，香菜50克。

调　料　盐5克，味精5克，香油10克。

做　法　1.豆腐皮洗净，放开水中焯熟，捞起沥干水，晾凉，切成丝装盘。2.香菜洗净，切段，与豆腐丝一起装盘。3.将盐、味精、香油拌匀成味汁，淋于豆腐皮、香菜上即可。

大厨献招　加点生抽调味，味道会更好。

适合人群　一般人都可食用，尤其适合孕产妇食用。

养生宜忌
- Ⅴ 此菜对脾胃寒凉者有益。
- ⊗ 皮肤湿疹患者不宜多食此菜。

∶香菜干丝 〔降低血压〕

材　料　白豆干300克，香菜20克。

调　料　盐、红椒、鸡精、香油、胡椒粉各适量。

做　法　1.将白豆干洗净切条，放入开水中煮5分钟，取出放凉待用；辣椒切圈；香菜择洗干净切小段。2.将豆干丝和盐、鸡精、香油、胡椒粉拌匀，调好味后即可装盘。3.放上香菜和红椒圈装点即成。

养生宜忌
- Ⅴ 此菜适合体虚脾弱者食用。
- ⊗ 痛风、肾病患者不宜食用此菜。

爽口双丝 〔补血养颜〕

材料 白萝卜150克，豆皮100克。

调料 青、红椒各30克，盐、味精、香油、生抽各适量。

做法 1.白萝卜、豆皮洗净，改刀，入水焯熟；青、红椒洗净，切丝。2.盐、味精、香油、生抽调成味汁。将味汁淋在装原材料的盘中，撒上青、红椒丝即可。

大厨献招 淋一点柠檬汁，味道更鲜美。

养生宜忌
- ▽ 咳嗽有痰者适宜吃本菜。
- ⊗ 消化系统疾病患者不宜多食此菜。

拌干豆腐丝 〔防癌抗癌〕

材料 豆腐皮450克，黄瓜、香菜各适量。

调料 盐、红椒、醋、香油、花椒油、红油、辣椒油各适量。

做法 1.红椒、黄瓜分别洗净切丝；豆腐皮泡洗干净切丝，放入开水中煮3分钟，捞出冲凉待用。2.将豆腐丝，加入红椒丝、黄瓜丝，加入适量的盐、醋、香油、花椒油、红油、辣椒油，搅拌均匀。3.装盘，撒上香菜即可。

大厨献招 家里没有现成的红油，可用紫苏熬的油泼红辣椒代替。

养生宜忌
- ▽ 此菜对食欲不振者有益。
- ⊗ 肾炎患者不宜多吃此菜。

青椒豆皮 〔增强免疫力〕

材料 豆皮250克，青椒50克。

调料 盐3克，鸡精2克，生抽适量。

做法 1.豆皮洗净，沥干切丝；青椒洗净，切丝。2.锅中注油烧热，下青椒丝翻炒几下，调入生抽，加豆皮炒至熟。3.加盐和鸡精调味，炒匀即可。

大厨献招 烹饪此菜选择稍有辣味的青椒，味道会更好。

养生宜忌
- ▽ 此菜有预防癌症的作用。
- ⊗ 痛风患者应慎食此菜。

东北地方豆腐卷 〔养心润肺〕

材 料 豆皮、猪肉、胡萝卜、紫包菜、红椒各适量。

调 料 盐3克，葱20克，鸡精2克，酱油、醋各适量。

做 法 1.猪肉洗净切末；胡萝卜洗净切丝；紫包菜洗净，切丝；红椒去蒂洗净，取一半；葱洗净，切段。2.将切好的葱、胡萝卜、紫包菜用豆皮卷起，斜刀切段，摆好盘。3.热锅下油，放入猪肉略炒，加盐、鸡精、酱油、醋调味，炒熟，盛入红椒内，摆在盘中即可。

养生宜忌

◎ 此菜对心慌气短者有益。

⊗ 肝性脑病患者不宜多食此菜。

豆皮千层卷 〔排毒瘦身〕

材 料 豆皮200克，葱50克，青椒适量。

调 料 豆豉酱适量。

做 法 1.豆皮洗净，切片；葱洗净，切段；青椒去蒂洗净，分别切圈、切丝。2.将葱段、青椒丝用豆皮包裹，做成豆皮卷，再将青椒圈套在豆皮卷上，摆好盘。3.配以豆豉酱食用即可。

大厨献招 豆皮卷不要太粗，与青椒圈大小相同即可。

适合人群 一般人都可食用，尤其适合女性食用。

养生宜忌

◎ 此菜对骨质疏松症患者有益。

⊗ 有严重肝病者不宜食用此菜。

豆腐皮鸡肉卷 〔提神健脑〕

材 料 豆腐皮100克，鸡脯肉200克。

调 料 盐、酱油各适量，淀粉30克，香菜段15克。

做 法 1.将鸡脯肉洗净，剁成末；豆腐皮洗净，切成四等份；将盐、淀粉放入肉末中，搅匀。2.将肉末放在豆腐皮上，再卷起；在电饭锅中加入清水，放豆腐皮肉卷蒸熟，最后在炒锅中加热酱油，淋于豆腐皮肉卷上，撒香菜即可。

养生宜忌

◎ 此菜对体虚乏力者有益。

⊗ 消化功能不良者不宜多食此菜。

豆皮时蔬圈 〔排毒瘦身〕

材　料　豆腐皮300克，心里美萝卜200克，黄瓜200克，葱30克。

调　料　盐5克，味精5克，香油10克，豆瓣酱30克。

做　法　1.豆腐皮洗净，水中焯熟捞起，切成长片装盘；葱洗净切段；心里美萝卜和黄瓜洗净切丝，和葱段一起用豆腐皮卷好，切段装盘。2.将盐、味精、香油、豆瓣酱拌匀，用作蘸料。

养生宜忌
- ☑ 此菜对高血压患者有益，还有美容的功效。
- ⊗ 有痼疾者不宜多食此菜。

丰收蘸酱菜 〔补血养颜〕

材　料　豆皮200克，圣女果150克，黄瓜、心里美萝卜各100克，包菜适量。

调　料　盐、番茄酱各适量。

做　法　1.豆皮洗净切片；圣女果洗净；黄瓜洗净，切丝；心里美洗净，切丝；包菜洗净，撕成片。2.将切好的黄瓜、心里美用豆皮包裹，做成豆皮卷，摆好盘，再将圣女果摆盘。3.锅入水烧开，加盐，放入包菜汆熟后，捞出沥干摆在豆皮卷上，配以番茄酱食用即可。

养生宜忌
- ☑ 此菜对免疫力较弱者有益。
- ⊗ 中焦虚寒者不宜食用此菜。

萝卜豆皮卷 〔补血养颜〕

材　料　豆皮200克，葱、胡萝卜各80克。

调　料　甜面酱适量。

做　法　1.豆皮洗净，切宽片；葱洗净，切段；胡萝卜去皮洗净，切丝。2.将葱段、胡萝卜丝用豆皮包裹，做成豆皮卷。3.蘸以甜面酱食用即可。

大厨献招　胡萝卜丝切得越细越好。

养生宜忌
- ☑ 此菜对记忆力减弱者有益。
- ⊗ 消化系统疾病患者不宜多食此菜。

辣味豆腐皮　〔增强免疫力〕

材　料 豆腐皮200克，干红椒适量。
调　料 盐3克，味精2克，生抽、醋各适量。
做　法 1.豆腐皮洗净切条，打结，入沸水中余至断生，捞出沥干；干红椒洗净切段，入热油中炸熟。2.将盐、味精、生抽和醋置于同一容器，调成味汁，浇在豆腐皮上，加入干红椒，拌匀即可。

养生宜忌
⊘ 此菜对病后虚弱者有益。
⊗ 痛风患者应慎食此菜。

干炒豆腐丝　〔补血养颜〕

材　料 豆腐皮400克，肉末40克，清汤50克，香菜适量。
调　料 盐、红椒、青椒、姜末、蒜末、酱油、辣椒油、料酒、味精各适量。
做　法 1.豆腐皮洗净切丝，焯水后沥干；青椒、红椒洗净切丝。2.油烧热，入姜、蒜、肉末炒至变色，加入豆腐丝、青红椒丝煸炒。3.加入盐、酱油、辣椒油、料酒、味精和少许清汤，翻炒至汁干即可。

大厨献招 如果喜欢吃嫩的豆腐丝，事前多煮一会即成。
适合人群 一般人都可食用，尤其适合女性食用。

养生宜忌
⊘ 此菜对脑力工作者有益。
⊗ 肾功能不全者最好少吃此菜。

椿苗熏豆丝　〔增强免疫力〕

材　料 豆腐皮200克，椿苗50克。
调　料 辣椒、盐、味精、醋、香油各适量。
做　法 1.豆腐皮、辣椒洗净 切丝。2.椿苗放热水中过一过捞起；与豆腐皮、盐、味精、醋、辣椒拌匀。3.最后淋上香油即可。

大厨献招 可适当放点老干妈酱。

养生宜忌
⊘ 此菜对精血受损者有益。
⊗ 过敏体质者不宜多食此菜。

荷包豆腐 〔养心润肺〕

材　料　豆皮300克，猪肉150克，海带丝适量。

调　料　盐3克，蒜10克，酱油、醋、水淀粉各适量。

做　法　1.豆皮洗净，切片；猪肉洗净，切末；蒜去皮洗净，切末；海带丝洗净备用。2.将猪肉与蒜末一起搅拌均匀，用豆皮卷成卷状，再用海带丝打上结。3.热锅下油，放入豆腐卷，加盐、酱油、醋、水淀粉、水，烧至熟透，装盘即可。

养生宜忌
▽ 此菜对心慌气短者有益。
⊗ 痈疽患者不宜多食此菜。

油煎腐皮卷 〔提神健脑〕

材　料　豆腐皮200克，肉末100克。

调　料　姜5克，葱5克，鸡蛋1个，盐5克，味精3克，淀粉10克，料酒6毫升，酱油10毫升。

做　法　1.姜、葱洗净切末；肉末中加入鸡蛋、淀粉和姜末、葱末及盐、味精、料酒、酱油一起拌匀。2.将豆腐皮均匀地抹上肉馅后卷起来，切成段。3.煎锅上火，下入豆腐皮段煎至两面呈金黄色即可。

大厨献招 卷馅时要卷紧，以免煎时散开。

养生宜忌
▽ 此菜对胃口不佳者有益。
⊗ 减肥者不宜多吃此菜。

农家豆腐皮 〔提神健脑〕

材　料　豆腐皮300克，生菜叶少许。

调　料　葱50克，大蒜芝麻酱适量。

做　法　1.豆腐皮洗净备用；葱洗净，切花；生菜叶洗净，摆盘。2.取适量大蒜芝麻酱与葱花拌匀，再用豆腐皮卷成豆皮卷，摆在生菜叶上。3.将豆腐卷配以大蒜芝麻酱食用即可。

养生宜忌
▽ 此菜对睡眠不宁者有益。
⊗ 酸中毒病人不宜食用此菜。

：青菜煮干丝 〔排毒瘦身〕

材 料 豆腐皮400克，虾仁、红椒、香菇、鸡肉各50克，高汤500克，青菜适量。

调 料 盐、姜、鸡精、香油各适量。

做 法 1.将豆腐皮洗净切丝；香菇、红椒、鸡肉、姜分别洗净切丝；虾仁洗净；青菜洗净。2.起锅点火，倒入高汤，将豆腐皮、虾仁、香菇、鸡肉一起下锅，加少许盐煮8分钟；再放入几片青菜，加入姜丝、鸡精、香油煮3分钟即成。

养生宜忌
Ⓥ 此菜对情志不舒者有益。
Ⓧ 脾虚滑泻者不宜食用此菜。

：金牌煮干丝 〔提神健脑〕

材 料 白豆干400克，土豆200克，虾仁100克，鸡汤500克，红椒、青菜各适量。

调 料 盐、姜、胡椒粉适量。

做 法 1.白豆干洗净切丝；土豆洗净切丝；姜、红椒洗净切丝；青菜洗净。2.锅内放油烧热，加入豆干丝、姜丝稍翻炒一下；加入鸡汤、土豆丝、椒丝、虾仁，煮开后转小火煮15分钟；加入几片青菜，再煮2分钟出锅。3.出锅前，撒入少许胡椒粉调味。

大厨献招 若不喜欢豆干的黄泔味，可事前对其进行三次热水焯煮。

养生宜忌
Ⓥ 此菜对身体赢弱者有益。
Ⓧ 消化功能不良者不宜多食此菜。

：千张夹肉煲 〔降低血压〕

材 料 千张5张，瘦肉150克。

调 料 葱末5克，姜末10克，味精30克，盐15克，酱油、白糖、胡椒粉各少许、高汤150毫升，料酒15毫升、蚝油少许。

做 法 1.将千张洗净切成10厘米长，4厘米宽的块，猪肉洗净剁成末。2.把肉末加盐、味精、料酒、少许蛋清，入碗中拌搅，用千张卷起来。3.锅内放入蚝油煸炒葱、姜，放入高汤、酱油、白糖、胡椒粉用中火烧至熟即可。

养生宜忌
Ⓥ 此菜对骨质疏松症患者有益。
Ⓧ 糖尿病患者应慎食此菜。

东北浓汤大豆皮 〔养心润肺〕

材料 大豆皮200克，肥肉100克。

调料 盐3克，红椒20克，高汤300克。

做法 1.将大豆皮、肥肉、红椒洗净，切条。2.锅中加油烧热，放入大豆皮、肥肉、红椒翻炒至熟。3.倒入高汤，煮至熟软，最后调入盐即可。

大厨献招 因为肥肉会出油，所以不用再加太多的油。

养生宜忌
- ✓ 此菜对心神不安者有益。
- ✗ 肾功能不全者最好少吃此菜。

豆腐结蒸白鲞 〔补血养颜〕

材料 豆腐皮250克，白鲞鱼干100克。

调料 盐3克，味精1克，料酒5克，香葱20克。

做法 1.豆腐皮洗净，切条，打成豆腐结；白鲞鱼洗净，切块；香葱洗净，切段备用。2.将豆腐皮和白鲞鱼干置于容器中，撒上葱段；将盐、味精、料酒调成味汁，浇在豆腐结上。3.将容器置于蒸笼中蒸至所有原材料熟透，即可食用。

大厨献招 加入少许蒜蓉，此菜味道会更好。

适合人群 一般人都可食用，尤其适合老年人食用。

养生宜忌
- ✓ 此菜对脾胃气虚者有益。
- ✗ 肝胆病患者不宜多食此菜。

水煮豆腐串 〔降低血脂〕

材料 豆腐皮200克，葱丝100克，香菜100克，干红椒20克。

调料 盐3克，味精1克，生抽8克，红油、胡椒粉各适量。

做法 1.豆腐皮洗净切方形块；香菜洗净切段；干红椒洗净切段。2.抓取适量葱丝和香菜段，放在平铺的豆腐皮上，将豆腐皮对角卷起，并用牙签穿起。3.锅中注水烧沸，下卷好的豆腐串煮熟，加入所有调味料及干红椒调味即可。

养生宜忌
- ✓ 此菜对免疫力低下者有益。
- ✗ 子宫脱垂患者不宜食用此菜。

⋮干豆腐扣瓦罐 〔补血养颜〕

材 料 干豆腐400克，干红椒适量。

调 料 盐3克，鸡精2克，红油、生抽各适量。

做 法 1.干豆腐洗净，切条，打成结；干红椒洗净，切段。2.锅中注油烧热，下干红椒爆香，加入干豆腐，调入生抽和红油，炒至变色，加适量水，烧至熟透。3.加盐和鸡精调味即可。

大厨献招 加适量红糖，此菜口感会更好。

养生宜忌

◎ 此菜对身体羸弱者有益。

⊗ 消化功能不良者不宜多食此菜。

⋮炒腐皮笋 〔排毒瘦身〕

材 料 嫩竹笋肉200克，豆腐皮8张。

调 料 酱油15毫升，白糖5克，盐1克，水淀粉10克，香油10克，香菜末适量。

做 法 1.竹笋肉洗净切斜刀块；豆腐皮洗净切块。2.油烧热，入豆腐皮炸至金色时倒入漏勺；锅内留油，烧至三成热，入竹笋肉煸炒，加入盐、酱油、白糖和清水煮1~2分钟，再放入豆腐皮炒匀，待汤烧沸后，用水淀粉勾薄芡拌匀，淋入香油，撒上香菜末即成。

养生宜忌

◎ 此菜对低免疫力人群有益。

⊗ 火毒盛者不宜多食此菜。

⋮芥蓝拌豆皮丝 〔提神健脑〕

材 料 芥蓝、豆腐皮各100克。

调 料 盐3克，白糖5克，香油2克。

做 法 1.将豆腐皮洗净后切成长细丝。2.将芥蓝清洗干净切小段，放入沸水中烫熟捞出，晾凉，沥水。3.豆腐皮、芥蓝放一起，加盐、白糖、香油拌匀即可。

大厨献招 豆皮丝洗净后，入开水余一下去掉豆腥味。

养生宜忌

◎ 此菜对纳呆食少者有益。

⊗ 痢疾患者不宜多食此菜。

●三色豆皮卷

〔开胃消食〕

材料

豆皮200克，黄瓜150克，生菜适量。

调料

高汤黑椒拌酱适量。

做法

1.豆皮洗净，切宽片；黄瓜洗净，切条；生菜洗净，摆盘。2.将黄瓜用豆皮包裹，做成豆皮卷，摆在生菜上，蘸以高汤黑椒拌酱食用即可。

大厨献招 选用卤味豆皮，味道会更好。
适合人群 一般人都可食用，尤其适合男性食用。

养生宜忌

Ⓥ 此菜对胃口不佳者有益。
Ⓧ 脾虚滑泻者不宜多食此菜。

●酱肉蒸腐竹

〔补血养颜〕

材料

酱肉400克，腐竹300克。

调料

盐3克，味精1克，料酒30克，干辣椒段15克。

做法

1.腐竹泡软，切成段；酱肉洗净，切成片备用。2.腐竹垫在盘里，撒上盐、味精，腐竹上铺上酱肉片，淋上料酒，放上干辣椒，上笼大火蒸熟即可。

大厨献招 加入葱、蒜会让此菜更美味。

养生宜忌

Ⓥ 此菜对气虚者有益。
Ⓧ 急性炎症患者不宜多食此菜。

五彩什锦　〔防癌抗癌〕

材　料　腐竹200克，白木耳200克，黑木耳200克，花生仁、红椒各适量。

调　料　盐、味精、香油各适量。

做　法　1.腐竹、白木耳、黑木耳洗净，温水泡发，入开水中焯水后，捞出沥干撕片；腐竹切段；红椒洗净切斜片；花生仁洗净，待用。2.油锅烧热，下腐竹、白木耳、黑木耳、花生仁、红椒炒熟，起锅装盘。3.淋上香油，撒上盐、味精拌匀即可。

养生宜忌
- ♡此菜对身体羸弱者有益。
- ⊗痛风患者应慎食此菜。

素烩腐竹　〔防癌抗癌〕

材　料　腐竹100克，香菇3朵，胡萝卜1根，西芹1根。

调　料　盐5克，胡椒粉2克，香油10克，生粉10克。

做　法　1.腐竹泡软切段；香菇泡软切片；西芹洗净切片；胡萝卜洗净切片。2.锅中注油烧热，放入香菇片炒香，再放入腐竹、胡萝卜片拌炒片刻，加入盐、胡椒粉和水烧开，转小火焖煮至腐竹软嫩。3.放入西芹翻炒一下，用生粉加水勾薄芡，淋入香油即可。

大厨献招　烹饪此菜宜选择条状的腐竹。

适合人群　一般人都可食用，尤其适合老年人食用。

养生宜忌
- ♡此菜对骨质疏松症患者有益。
- ⊗痛风患者应慎食此菜。

腐竹拌肚丝　〔增强免疫力〕

材　料　羊肚、腐竹各150克。

调　料　盐、味精各3克，香油10克，香菜少许。

做　法　1.羊肚治净，切丝，汆熟后捞出；腐竹泡发洗净，切丝，焯熟后取出；香菜洗净。2.将羊肚、腐竹、香菜同拌。3.调入盐、味精拌匀，淋入香油即可。

大厨献招　腐竹一定要提前泡发透。

养生宜忌
- ♡此菜对免疫力较弱者有益。
- ⊗正在服用优降灵的病人应慎食此菜。

● 腐竹烧肉 〔养心润肺〕

材　料 猪肉500克，腐竹150克。

调　料 姜片10克，葱段15克，盐7克，料酒10克，八角15克，淀粉10克，酱油10克。

做　法 1.猪肉洗净切成块，加少许酱油、淀粉腌2分钟；腐竹泡透，切成段。2.油锅烧热，放肉块炸至金黄，捞出沥油。3.将肉放入锅内，加入适量水、酱油、盐、料酒、八角、葱段、姜片，待煮开后转微火，焖至肉八成熟时加腐竹同烧入味即可。

养生宜忌

♡ 此菜对骨质疏松症患者有益。

⊗ 肾炎患者不宜多吃此菜。

● 腐皮青菜 〔排毒瘦身〕

材　料 腐皮70克，上海青80克。

调　料 盐5克，老抽10毫升。

做　法 1.上海青择洗干净，取其最嫩的部分，放入加盐开水中焯烫，装入盘中；腐皮用水浸透后，卷起。2.炒锅上火，加油烧至五成热，加入腐皮、老抽，炸至腐皮金黄色时，出锅。3.将腐皮整齐地码在上海青上即可。

大厨献招 炸腐皮时不宜用大火，以免炸糊。

适合人群 一般人都可食用，尤其适合女性食用。

养生宜忌

♡ 此菜对纳呆食少者有益。

⊗ 正在服用四环素的病人应慎食此菜。

● 老地方豆皮卷 〔排毒瘦身〕

材　料 黄瓜丝、土豆丝、葱丝、香菜末、红椒丝各60克，豆腐皮适量。

调　料 盐、味精、香油各适量。

做　法 1.将土豆丝、红椒丝分别入沸水中焯水后，土豆丝与黄瓜丝、葱丝、香菜末、盐、味精、香油同拌。2.将拌好的材料分别用豆腐皮卷好装盘。3.撒上红椒丝即可。

大厨献招 土豆丝要焯至熟透，口感更佳。

养生宜忌

♡ 此菜对五脏亏损者有益。

⊗ 糖尿病患者应慎食此菜。

❖ 炸腐竹 〔开胃消食〕

材　料　腐竹400克。

调　料　盐3克，味鸡精2克。

做　法　1.腐竹洗净泡软，开水煮熟，捞出沥干水，切段。2.大火烧热油锅，放入腐竹炸至金黄色，表面起泡，撒上盐、味精调味，捞出装盘。

大厨献招　要用菜籽油大火炸，才够味。

养生宜忌

Ⓥ 此菜对不思饮食者有益。

Ⓧ 痰湿偏重者不宜多食此菜。

❖ 胡萝卜芹菜拌腐竹 〔防癌抗癌〕

材　料　芹菜300克，水发腐竹200克，胡萝卜50克。

调　料　盐3克，酱油10毫升，香油15毫升，醋8毫升，味精少许。

做　法　1.水发腐竹洗净，切成丝，盛入碗中待用。2.芹菜去叶，洗净；胡萝卜去皮，洗净，均切成相同的丝，放沸水中烫一下捞出，用凉开水过凉后，沥干水分，一起盛入碗里。3.再将香油、酱油、盐、醋、味精倒入碗里，与芹菜、腐竹、胡萝卜拌匀即可。

大厨献招　腐竹不宜焯太长时间，以免失去嚼劲。

养生宜忌

Ⓥ 此菜对脾胃气虚者有益。

Ⓧ 急性炎症患者不宜多食此菜。

❖ 肉末韭菜炒腐竹 〔保肝护肾〕

材　料　腐竹250克，韭菜200克，猪肉150克。

调　料　盐3克，味精2克。

做　法　1.腐竹洗净泡发后，入开水中焯水后，捞出沥干，切段；韭菜洗净，切段；猪肉洗净剁成肉末。2.油锅烧热，放入猪肉末爆炒至香，下韭菜、腐竹翻炒。3.调入盐、味精即可。

大厨献招　肉末放点酱油料酒腌制5分钟，再炒，味道更好。

养生宜忌

Ⓥ 此菜对体虚乏力者有益。

Ⓧ 正在服用四环素的病人应慎食此菜。

〈黄豆养生菜〉

　　黄豆中含有丰富的维生素A、B族维生素、维生素D、维生素E以及多种人体所必需的氨基酸。中医认为黄豆味甘性平，具有补脾益气、消热解毒的功效。

芥蓝拌黄豆 〔养颜润肤〕

材　料 芥蓝50克，黄豆200克，红辣椒4克。

调　料 盐2克，醋、味精各1克，香油5克。

做　法 1.芥蓝去皮洗净，切成碎段；黄豆洗净；红辣椒洗净，切段。2.锅内注水，旺火烧开，把芥蓝放入水中焯过捞起控干；再将黄豆放入水中煮熟捞出。3.黄豆、芥蓝置于碗中，将盐、醋、味精、香油、红辣椒段混合调成汁，浇在上面即可。

大厨献招 芥蓝焯水时间不宜过长，以免变色。

养生宜忌

◎此菜对神经衰弱者有益。

⊗中焦虚寒者不宜食用此菜。

家乡黄豆拌芥蓝末

〔降低血脂〕

材　料 黄豆100克，芥蓝200克，红椒少许。

调　料 盐3克，香油适量。

做　法 1.黄豆洗净；芥蓝洗净，切小段；红椒去蒂洗净，切丁。2.锅入水烧开，分别将芥蓝、黄豆汆熟，捞出沥干，装盘。3.加盐、香油拌匀，用红椒点缀即可。

养生宜忌

◎此菜对不思饮食者有益。

⊗痛风、肾病患者不宜食用此菜。

雪里蕻炒黄豆 〔防癌抗癌〕

材　料　雪里蕻200克，猪肉100克，黄豆50克。

调　料　干辣椒10克，盐3克，味精2克，酱油少许。

做　法　1.雪里蕻洗净切碎；猪肉洗净剁成末；黄豆泡发；干辣椒洗净切段。2.锅中加油烧热，下入肉末炒至发白，加入酱油炒熟后，盛出。3.原锅加油烧热，下入干辣椒段爆香后，再下入黄豆、雪里蕻翻炒至熟，加入肉末炒匀，加盐、味精调味即可。

养生宜忌
- ◎ 此菜对虚劳赢弱者有益。
- ⊗ 慢性胰腺炎患者不宜多食此菜。

雪里蕻拌黄豆 〔养心润肺〕

材　料　雪里蕻300克，黄豆100克。

调　料　盐3克，味精1克，醋8克，香油10克，红椒适量。

做　法　1.雪里蕻洗净，切段；黄豆洗净，泡发。2.锅内注水烧沸，放入雪里蕻与黄豆焯熟后，捞入盘中备用。3.向盘中加入盐、味精、醋、香油与红椒拌匀即可。

大厨献招　氽水时，要等到水烧至沸腾，再放入食材。

适合人群　一般人都可食用，尤其适合孕产妇食用。

养生宜忌
- ◎ 此菜对营养不良者有益。
- ⊗ 肾功能不全者最好少吃此菜。

黄豆拌海苔丝 〔提神健脑〕

材　料　黄豆250克，海苔丝少许。

调　料　盐3克，葱5克，牛奶适量。

做　法　1.黄豆洗净备用；葱洗净，切花。2.锅入水烧沸，加入盐，放入黄豆煮至熟透，捞出沥干，装盘。3.倒入牛奶拌匀，撒上葱花，放入海苔丝即可。

大厨献招　选用浓稠的纯牛奶，味道会更好。

养生宜忌
- ◎ 此菜对脾胃气虚者有益。
- ⊗ 痛风患者应慎食此菜。

豆香排骨 〔保肝护肾〕

材　料　猪排骨600克，黄豆100克。

调　料　盐1克，味精2克，豆瓣酱10克，辣妹子酱、红油、香油各5克，鲜汤500克。

做　法　1.猪排骨洗净，斩段；黄豆泡发，洗净。2.锅加水烧热下入黄豆煮熟；另起锅倒油烧热，加入排骨煸炒至变色，下入豆瓣酱、辣妹子酱炒香，倒入鲜汤，放入黄豆。3.加入盐、味精，烧至排骨酥烂时，收浓汤汁，淋上香油、红油即可。

养生宜忌

▽ 此菜对食欲不振者有益。

✕ 目赤肿痛者不宜多食此菜。

红椒黄豆 〔增强免疫力〕

材　料　黄豆400克，红辣椒2个，青辣椒2个。

调　料　蒜3瓣、葱2根，姜1块，油10毫升，盐5克，鸡精3克。

做　法　1.将红辣椒、青辣椒洗净后切成丁状；蒜切片，姜切末，葱切成葱花备用。2.锅中水煮开后，放入黄豆过水煮熟，捞起沥水。3.锅中留油，放入蒜片、姜末爆香，加入黄豆、红辣椒、青辣椒炒熟，调入盐、鸡精炒匀即可。

大厨献招　黄豆一定要泡软再炒，口感更好。

养生宜忌

▽ 此菜对心慌气短者有益。

✕ 低碘者应忌食此菜。

胡萝卜拌黄豆 〔补血养颜〕

材　料　胡萝卜300克、黄豆100克。

调　料　盐10克、味精3克、香油15毫升。

做　法　1.将胡萝卜削去头、尾，洗净，切成8毫米见方的小丁，放入盘内。2.将胡萝卜丁和黄豆一起入沸水中焯烫后，捞出沥水。3.黄豆和胡萝卜丁加入盐、味精、香油，拌匀即成。

养生宜忌

▽ 此菜对体虚乏力者有益。

✕ 有严重肝病者不宜食用此菜。

● 美芹黄豆　〔降低血压〕

材　料　芹菜100克，黄豆200克。

调　料　盐3克，味精1克，醋6克，生抽10克，干辣椒少许。

做　法　1.芹菜洗净，切段；黄豆洗净，用水浸泡待用；干辣椒洗净，切段。2.锅内注水烧沸，分别放入芹菜与浸泡过的黄豆焯熟，捞起沥干，并装入盘中。3.将干辣椒入油锅中炝香后，加入盐、味精、醋、生抽拌匀，淋在黄豆、芹菜上即可。

养生宜忌
Ⓥ 此菜对睡眠不宁者有益。
Ⓧ 消化功能不良者不宜多食此菜。

● 芥蓝拌腊八豆　〔开胃消食〕

材　料　芥蓝250克，腊八豆80克。

调　料　红椒5克，盐3克，味精2克，生抽、辣椒油各10毫升。

做　法　1.芥蓝去皮，洗净，放入开水中烫熟，沥干水分。2.红椒洗净，切成丁，放入水中焯一下。3.将盐、味精、生抽、辣椒油调匀，淋在芥蓝上，加入红椒、腊八豆拌匀即可。

大厨献招　加点五香粉，味道会更好。

适合人群　一般人都可食用，尤其适合男性食用。

养生宜忌
Ⓥ 此菜对虚劳羸弱者有益。
Ⓧ 口腔溃疡患者不宜多食此菜。

● 巧拌香豆　〔提神健脑〕

材　料　黄豆150克，豌豆苗150克，红椒少许。

调　料　盐3克，香油、醋各适量。

做　法　1.黄豆洗净；豌豆苗洗净；红椒去蒂洗净，切丝。2.锅入水烧开，先将黄豆煮至熟透后，捞出沥干，装盘。3.将豌豆苗汆水后，捞出沥干，装盘，加盐、香油、醋调味，与黄豆一起拌匀，用红椒点缀即可。

养生宜忌
Ⓥ 此菜对精神萎靡不振者有益。
Ⓧ 患疮痘期间不要食用此菜。

香拌黄豆 〔降低血脂〕

材 料 黄豆300克，干红辣椒适量。

调 料 盐水、片糖、白酒、醪糟、盐各适量。

做 法 1.黄豆洗净，放入开水锅中烫至不能再发芽，捞起，漂洗后晾凉，用清水泡4天取出，沥干水分。2.将盐水、片糖、干红辣椒、白酒、醪糟和盐一并放入坛中，搅拌，使片糖和盐溶化。3.放入黄豆及香料包，盖上坛盖，泡制1个月左右即成。

养生宜忌

- ♡ 此菜对营养不良者有益。
- ⊗ 子宫脱垂患者不宜食用此菜。

番茄酱双豆 〔排毒瘦身〕

材 料 花生仁、黄豆各200克。

调 料 番茄酱50克。

做 法 1.花生仁、黄豆用清水浸泡备用。2.将泡好的原材料放入开水中煮熟，捞出，沥干水分，放入容器中。3.往容器里加番茄酱，搅拌均匀，装盘即可。

大厨献招 黄豆用油爆炒一下，味道会更好。

适合人群 一般人都可食用，尤其适合女性食用。

养生宜忌

- ♡ 此菜对免疫力低下者有益。
- ⊗ 肾炎患者不宜多吃此菜。

黄豆芥蓝炒虾仁 〔防癌抗癌〕

材 料 虾仁200克，黄豆300克，芥蓝50克。

调 料 盐3克。

做 法 1.虾仁洗净沥干；黄豆洗净沥干；芥蓝洗净，取梗切丁。2.锅中倒油烧热，下入黄豆和芥蓝炒熟。3.再下入虾仁，炒熟后加盐调好味即可。

大厨献招 黄豆可浸泡半小时后再用。

养生宜忌

- ♡ 此菜对五脏亏损者有益。
- ⊗ 有严重肝病者不宜食用此菜。

：五香黄豆

〔增强免疫力〕

材　料　黄豆500克。

调　料　茴香、桂皮、盐和食用山柰各适量。

做　法　1.黄豆洗净，浸泡8小时后捞出沥干水。2.将所有调料放入锅内，加适量水，放入泡发好的黄豆，用小火慢煮至黄豆熟。3.待水基本煮干后，锅离火，揭盖冷却即成茴香豆。

养生宜忌

Ⓥ 此菜对老年人有益。

Ⓧ 有痼疾者不宜多食此菜。

：酒酿黄豆

〔养心润肺〕

材　料　黄豆200克。

调　料　醪糟100克，少许葱花。

做　法　1.黄豆用水洗好，浸泡8小时后去皮洗净，捞出待用。2.把洗好的黄豆放入碗中，倒入准备好的部分醪糟，放入蒸锅里蒸熟。3.在蒸熟的黄豆里加入一些新鲜的醪糟，撒上葱花即可。

大厨献招　醪糟加热一下再淋入，味道会更好。

适合人群　一般人都可食用，尤其适合老年人食用。

养生宜忌

Ⓥ 此菜对体虚乏力者有益。

Ⓧ 肝性脑病患者不宜多食此菜。

：酱黄豆

〔养心润肺〕

材　料　黄豆250克。

调　料　野山椒30克，葱花、盐、酱油、八角、桂皮、香油、胡椒粉各适量。

做　法　1.黄豆洗净，放入温水中泡发。2.将黄豆放入锅中，加清水、八角、桂皮煮至酥烂，再加盐、酱油、胡椒粉、野山椒，使黄豆浸入味。3.食用的时候将黄豆捞出，淋上香油，撒上葱花即可。

养生宜忌

Ⓥ 此菜对气虚者有益。

Ⓧ 痛风、肾病患者不宜食用此菜。

腊八豆
〔排毒瘦身〕

材料 腊八豆250克，红椒30克。

调料 盐3克，葱5克，鸡精2克，醋、水淀粉各适量。

做法 1.腊八豆洗净；红椒去蒂洗净，切丁；葱洗净，切花。2.热锅下油，放入腊八豆炒至五成熟时，放入红椒，加盐、鸡精、醋炒至入味，待熟，用水淀粉勾芡，装盘，撒上葱花即可。

养生宜忌
- ♡ 此菜对胃口不开者有益。
- ⊗ 妇女湿热带下者不宜多食此菜。

拌黄豆
〔开胃消食〕

材料 黄豆100克。

调料 新鲜红辣椒、白糖、盐、姜片各适量。

做法 1.黄豆用清水泡发、泡透。2.鲜红辣椒洗干净，去蒂去子，磨碎后加盐，搅拌成辣椒酱。3.将泡好的黄豆放入锅内，煮熟，加入盐、姜片搅拌后捞出，待凉后拌上辣椒酱、白糖即可食用。

大厨献招 加入少许陈醋，口感更佳。

适合人群 一般人都可食用，尤其适合老年人食用。

养生宜忌
- ♡ 此菜对记忆力减弱者有益。
- ⊗ 皮肤湿疹患者不宜多食此菜。

双豆养颜小炒
〔补血养颜〕

材料 黄豆、青豆各150克，猪皮150克。

调料 盐3克，干红辣椒10克，鸡精2克，酱油、醋各适量。

做法 1.黄豆、青豆均洗净备用；猪皮洗净；干红辣椒洗净，切段。2.热锅下油，放入干红辣椒炒香，放入猪皮翻炒片刻，再放入黄豆、青豆，加盐、鸡精、酱油、醋调味，稍微加点水，炒至熟透，盛盘即可。

养生宜忌
- ♡ 此菜对骨质疏松症患者有益。
- ⊗ 糖尿病患者应慎食此菜。

：腊八豆炒空心菜梗〔开胃消食〕

材　料　腊八豆150克，空心菜梗200克。

调　料　盐3克，红椒30克。

做　法　1.将空心菜梗洗净，切段；红椒洗净，去子，切条。2.锅中水烧热，放入空心菜梗焯烫一下，捞起。3.锅烧热油，放入腊八豆、空心菜梗、红椒，调入盐，炒熟即可。

大厨献招　像空心菜这种有菜管的青菜，最好清洗干净，浸泡久一点再炒。

养生宜忌

♡ 此菜对心神不安者有益。

⊗ 肠鸣腹泻者不宜多食此菜。

：韭菜黄豆炒牛肉〔提神健脑〕

材　料　韭菜200克，黄豆300克，牛肉100克。

调　料　干辣椒10克，盐3克。

做　法　1.韭菜洗净切段；黄豆洗净，浸泡约1小时后沥干；牛肉洗净切条；干辣椒洗净切段。2.锅中倒油烧热，下入韭菜炒至断生，加入牛肉和黄豆炒熟。3.下干辣椒和盐，翻炒至入味即可。

大厨献招　黄豆要充分泡发后再烹饪。

适合人群　一般人都可食用，尤其适合儿童食用。

养生宜忌

♡ 此菜对气血不足者有益。

⊗ 火毒盛者不宜多食此菜。

：家乡黄豆　　　　〔补血养颜〕

材　料　黄豆200克，青椒、红椒各50克，芹菜100克。

调　料　盐3克，鸡精2克，酱油、醋各适量。

做　法　1.黄豆洗净备用；青椒、红椒均去蒂洗净，切片；芹菜洗净，切段。2.锅入水烧开，放入黄豆煮熟后，捞出沥干，装盘。3.热锅下油，放入青椒、红椒、芹菜翻炒，加盐、鸡精、酱油、醋炒匀，盛入装黄豆的碗中，一起拌匀即可。

养生宜忌

♡ 此菜对低免疫力人群有益。

⊗ 有慢性消化道疾病的人不宜多食此菜。

〈青豆养生菜〉

青豆富含人体所必需的多种氨基酸，其中赖氨酸的含量最高。中医认为青豆味甘、性平，入脾、大肠经，具有健脾宽中，润燥消水的作用。

生菜拌青豆 〔提神健脑〕

材　料　生菜150克，甜椒50克，青豆200克。

调　料　盐3克，味精2克，生抽8克。

做　法　1.甜椒洗净，切块；生菜洗净，撕成小块；青豆洗净备用。2.甜椒、生菜放入开水稍烫后，捞出，沥干水分；青豆放在加了盐的开水中煮熟，捞出。3.将上述材料放入容器，加盐、味精、生抽搅拌均匀，装盘即可。

大厨献招　生菜可以汆一下水，口感更佳。

养生宜忌
- ♡ 此菜对气闷不舒者有益。
- ⊗ 脾虚滑泻者不宜食用此菜。

笋干丝瓜青豆 〔保肝护肾〕

材　料　青豆200克，丝瓜100克，笋干100克。

调　料　盐3克，红椒10克，醋、香油各适量。

做　法　1.丝瓜、笋干洗净切条；红椒洗净切片；青豆洗净。2.把青豆、笋干、红椒、丝瓜放入沸水中汆后控水盛起。3.加入盐、醋、香油拌匀即可。

养生宜忌
- ♡ 此菜对心慌气短者有益。
- ⊗ 中焦虚寒者不宜食用此菜。

青豆炒胡萝卜丁 〔提神健脑〕

材 料 青豆、胡萝卜、莲藕各100克。

调 料 盐3克，鸡精2克，水淀粉各适量。

做 法 1.青豆洗净；胡萝卜洗净，切丁；莲藕去皮洗净，切丁。2.热锅下油，放入青豆、胡萝卜、莲藕一起炒至五成熟时，加盐、鸡精炒至入味，待熟，用水淀粉勾芡，装盘即可。

养生宜忌

◇ 此菜对健忘失眠者有益。

⊗ 肾功能不全者最好少吃此菜。

时蔬青豆 〔养心润肺〕

材 料 青豆150克，白菜100克，白萝卜200克，红椒少许。

调 料 盐3克，鸡精2克，醋适量。

做 法 1.青豆洗净；白菜洗净，切碎；白萝卜去皮洗净，切片；红椒去蒂洗净，切末。2.热锅下油，放入青豆、白萝卜翻炒片刻，再放入白菜、红椒，加盐、鸡精、醋调味，炒熟装盘即可。

大厨献招 白菜要用清水多冲洗几遍，以免有农药残留。

适合人群 一般人都可食用，尤其适合孕产妇食用。

养生宜忌

◇ 此菜对营养不良者有益。

⊗ 痛风、肾病患者不宜食用此菜。

青豆烧茄片 〔降低血压〕

材 料 茄子400克，青豆75克。

调 料 味精、料酒、糖、酱油、水淀粉、鲜汤、葱花、姜片、蒜各适量。

做 法 1.茄子洗净，去皮切片；青豆去壳，洗净煮熟。2.将味精、料酒、糖、酱油、水淀粉、鲜汤、葱、姜、蒜调成味汁。3.锅中放油，烧至四成热时，放入茄子炸成金黄色后捞出，沥干油，重放入锅中，加青豆、味汁翻炒即可出锅。

养生宜忌

◇ 此菜对纳呆食少者有益。

⊗ 皮肤瘙痒者不宜多食此菜。

● 青豆炒河虾 〔降低血压〕

材 料 河虾、青豆各150克，红椒适量。

调 料 盐、味精各3克，香油10克。

做 法 1.河虾洗净；青豆洗净，下入沸水锅中煮至八成熟时捞出；红椒洗净，切块。2.油锅烧热，下河虾爆炒，入青豆炒熟，放红椒同炒片刻。3.调入盐、味精炒匀，淋入香油即可。

养生宜忌
- ♥ 此菜对精血受损者有益。
- ✕ 糖尿病患者应慎食此菜。

● 萝卜干拌青豆 〔开胃消食〕

材 料 萝卜干100克，青豆200克。

调 料 盐3克，味精2克，醋6克，香油10克。

做 法 1.萝卜干洗净，切小块，用热水稍焯后，捞起沥干待用；青豆洗净。2.锅内注水烧沸，加入青豆焯熟后，捞起沥干并装入盘中，再放入萝卜干。3.向盘中加入盐、味精、醋、香油拌匀即可。

大厨献招 萝卜干最好用清水泡发一下，以免太咸。

适合人群 一般人都可食用，尤其适合男性食用。

养生宜忌
- ♥ 此菜对健忘失眠者有益。
- ✕ 皮肤湿疹患者不宜多食此菜。

● 茴香青豆 〔增强免疫力〕

材 料 青豆450克，茴香150克。

调 料 香油15克，盐3克，鸡精2克。

做 法 1.将青豆洗净，放入开水锅中焯熟，装入容器中；茴香洗净，焯水后捞出。2.将青豆、茴香加入盐和鸡精搅拌均匀，最后淋上适量香油，倒在盘中即可。

大厨献招 淋上少许红油，会让此菜更美味。

养生宜忌
- ♥ 此菜对体虚脾弱者有益。
- ✕ 慢性胰腺炎患者不宜多食此菜。

萝卜干青豆 〔排毒瘦身〕

材　料 青豆100克，萝卜干100克，红椒适量。

调　料 盐3克，醋、香油各适量。

做　法 1.萝卜干洗净切小段；红椒洗净切菱形片状；青豆洗净。2.把青豆、萝卜干、红椒放入沸水中汆烫后控水盛起。3.加盐、醋、香油拌匀即可。

大厨献招 加入酱油，味道更佳。

养生宜忌
Ⓥ 此菜对胃口不佳者有益。
Ⓧ 尿路结石患者不宜多食此菜。

银杏青豆 〔补血养颜〕

材　料 银杏果100克，青豆100克，胡萝卜100克。

调　料 盐3克，醋、香油各适量。

做　法 1.胡萝卜洗净切丁，银杏果、青豆洗净。2.把胡萝卜、青豆放入沸水中汆烫后控水，和银杏果一起放入盘中。3.加盐、醋、香油各适量。

大厨献招 银杏以外壳色白，种仁饱满的为佳。

适合人群 一般人都可食用，尤其适合女性食用。

养生宜忌
Ⓥ 此菜对精血受损者有益。
Ⓧ 肠滑泄泻者不宜多食此菜。

家乡腌豆 〔防癌抗癌〕

材　料 青豆50克，蚕豆50克，腰果50克，花生、胡萝卜、黄瓜各适量。

调　料 盐3克，白糖、白酒、姜片各适量。

做　法 1.胡萝卜、黄瓜洗净切丁；青豆、蚕豆、腰果、花生洗净；姜洗净切片。2.锅里加适量清水，放入盐、白糖、白酒、姜片煮开，凉透后倒入容器中。3.把原材料放入容器中密封，腌一段时间即可。

养生宜忌
Ⓥ 此菜对记忆力减弱者有益。
Ⓧ 酸中毒病人不宜食用此菜。

● 青豆烧茄子　　〔增强免疫力〕

材　料　青豆300克，茄子200克，红椒50克。
调　料　盐3克，鸡精2克，醋适量。
做　法　1.青豆洗净备用；茄子去蒂洗净，切丁；红椒去蒂洗净，切丁。2.热锅下油，放入青豆、茄子一起翻炒片刻，放入红椒，加盐、鸡精、醋炒匀。3.加适量清水，烧至熟透，装盘即可。

养生宜忌
Ⓥ 此菜对不思饮食者有益。
Ⓧ 肾功能不全者最好少吃此菜。

● 红油青豆烧茄子〔开胃消食〕

材　料　青豆、茄子各200克，红椒30克。
调　料　盐3克，鸡精2克，红油、酱油、醋各适量。
做　法　1.青豆洗净；茄子去蒂洗净，切丁；红椒去蒂洗净，切圈。2.热锅下油，放入红椒炒香，放入青豆、茄子翻炒片刻，加盐、鸡精、红油、酱油、醋炒匀，加适量清水，烧至熟透，盛盘即可。
大厨献招　可以根据个人口味，加点辣椒酱调味。
适合人群　一般人都可食用，尤其适合男性食用。

养生宜忌
Ⓥ 此菜对纳呆食少者有益。
Ⓧ 有疥癣者不宜多食此菜。

● 青豆烩丝瓜　　〔提神健脑〕

材　料　青豆350克，丝瓜400克，青、红辣椒各15克。
调　料　蒜、葱白各15克，高汤75克，盐3克。
做　法　1.丝瓜削皮洗净，斜切成块；青、红辣椒洗净，切圈；葱白洗净，切成段；蒜去皮洗净；青豆洗净。2.锅倒油烧至五成热，炒香葱白、蒜、辣椒，再放入青豆、丝瓜炒熟。3.倒入适量高汤，烧至汤汁将干，加盐调味即可。

养生宜忌
Ⓥ 此菜对皮肤粗糙者有益。
Ⓧ 中焦虚寒者不宜食用此菜。

⫶红椒冲菜青豆 〔防癌抗癌〕

材 料 冲菜200克，青豆200克，红椒适量。

调 料 盐3克，醋、味精各适量。

做 法 1冲菜洗净，放入开水中余后沥水切碎；红椒洗净切末；青豆洗净。2油锅加热，倒入红椒和青豆，翻炒片刻后倒入冲菜，加适量盐和醋。3炒熟时加味精调味即可。

大厨献招 加入香油，味道更佳。

养生宜忌

◎ 此菜对脾胃气虚者有益。

⊗ 肾炎患者不宜多吃此菜。

⫶盐菜拌青豆 〔排毒瘦身〕

材 料 盐菜100克，青豆300克，红椒30克。

调 料 盐3克，酱油2克。

做 法 1盐菜剁碎；青豆洗净，沥干；红椒洗净切块。2锅中注水烧开，加盐和青豆煮熟，捞出沥干。3将盐菜和青豆、红椒放入盘中，倒入酱油拌匀即可。

大厨献招 青豆表皮的一层薄膜要剥除再烹饪。

适合人群 一般人都可食用，尤其适合女性食用。

养生宜忌

◎ 此菜对骨质疏松症患者有益。

⊗ 急性炎症患者不宜多食此菜。

⫶风味辣毛豆 〔降低血压〕

材 料 毛豆500克。

调 料 盐适量，红油10克，辣椒油3克，干辣椒2克，大蒜5克，八角10克，桂皮15克。

做 法 1毛豆洗净，剪去两端尖角；干辣椒、大蒜分别洗净切碎。2锅中加水，放入八角、桂皮、干辣椒及适量盐烧开，再下入毛豆。3煮至毛豆熟后，捞出装盘，再淋上辣椒油、红油、蒜蓉拌匀即可。

养生宜忌

◎ 此菜对饮酒过量者有益。

⊗ 火毒盛者不宜多食此菜。

⋮豉香青豆 〔养心润肺〕

材 料 青豆100克。

调 料 红尖椒、香菜各适量，豆豉、盐、香油、味精各适量。

做 法 1.青豆洗净后入沸水锅略烫捞出；红尖椒切片。2.锅内加油烧热，加入豆豉煸香，加青豆、盐、味精炒匀，淋上香油，最后以红尖椒、香菜点缀即可。

大厨献招 青豆不必氽烫太长时间，以免脱皮变色。

养生宜忌
- ♡ 此菜对低免疫力人群有益。
- ⊗ 有慢性消化道疾病的人不宜多食此菜。

⋮糟香毛豆 〔增强免疫力〕

材 料 毛豆400克。

调 料 糟油20克，味精3克，精盐6克，白糖50克，葱姜50克，花雕酒1000克，茴香5克。

做 法 1.将毛豆洗净，剪去两头，放入锅中，用清水煮15分钟，捞出沥干备用。2.所有调味料加清水1500毫升烧开，待冷却后滤清，即成糟卤。3.将毛豆浸在糟卤里2小时，捞出装盘即成。

大厨献招 配醋食用，味道更佳。

养生宜忌
- ♡ 此菜对气虚者有益。
- ⊗ 有严重肝病者不宜多食此菜。

⋮五香毛豆 〔降低血脂〕

材 料 毛豆350克。

调 料 干辣椒50克，八角5克，盐3克，鸡精2克。

做 法 1.将毛豆洗净，放入开水锅中煮熟，捞出沥干待用；干辣椒洗净，切段；八角洗净，沥干。2.锅置火上，注油烧热，下入干辣椒和八角爆香，再加入毛豆翻炒均匀。3.加入盐和鸡精调味，装盘。

养生宜忌
- ♡ 此菜对精神萎靡不振者有益。
- ⊗ 皮肤瘙痒者不宜多食此菜。

芥菜青豆 〔防癌抗癌〕

材 料 芥菜350克，青豆250克。

调 料 青椒、红椒各10克，盐3克，鸡精2克。

做 法 1.将芥菜洗净，切碎；青豆洗净，焯水，沥干待用；青椒洗净，切丁；红椒洗净，切丁。2.锅中注油烧热，下入青豆滑炒，再加入芥菜翻炒至熟，加入青椒丁、红椒丁同炒。3.最后加盐和鸡精调味，起锅装盘。

养生宜忌
Ⓥ 此菜对脾胃气虚者有益。
Ⓧ 过敏体质者不宜多食此菜。

菜心青豆 〔增强免疫力〕

材 料 菜心、青豆各200克。

调 料 盐3克，味精2克，芝麻油适量。

做 法 1.菜心、青豆洗净备用。2.将菜心放入开水中稍烫，捞出，沥干水分，切小段；青豆在加盐的开水中煮熟，捞出。3.将上述材料放入容器，加盐、味精、芝麻油搅拌均匀，装盘即可。

大厨献招 菜心不能汆烫时间太长，以免营养成分流失。
适合人群 一般人都可食用，尤其适合儿童食用。

养生宜忌
Ⓥ 此菜对功课繁忙的学生有益。
Ⓧ 腹痛腹胀者不宜食用此菜。

冲菜青豆 〔保肝护肾〕

材 料 冲菜200克，青豆200克，红椒适量。

调 料 盐3克，醋、香油各适量。

做 法 1.冲菜、红椒洗净切碎；青豆洗净。2.把冲菜、青豆、红椒放入开水中焯烫后，沥干盛盘。3.加入盐、醋、香油拌匀即可。

大厨献招 加入酱油，味道更佳。

养生宜忌
Ⓥ 此菜对心神不安者有益。
Ⓧ 过敏体质者不宜多食此菜。

● 丝瓜青豆

〔保肝护肾〕

材　料　丝瓜250克，青豆100克，红椒1个。

调　料　盐5克，鸡精2克。

做　法　1 丝瓜去皮切块；青豆洗净；红椒洗净，去蒂去子，切斜片。2 锅中油烧至五成热，放入丝瓜过油30秒即起锅。青豆入沸水中焯烫后捞出。3 锅中放油烧热，先爆香红椒片，再加入丝瓜、青豆翻炒至熟，调入盐、鸡精炒2分钟即可。

养生宜忌

♡ 此菜对精神萎靡不振者有益。

⊗ 慢性胰腺炎患者不宜多食此菜。

● 青豆肉末

〔增强免疫力〕

材　料　猪肉100克，青豆150克。

调　料　花生油、白糖、味精、盐各少许。

做　法　1 猪肉洗净，切成细丝。2 将青豆煮熟后切成小粒。3 将花生油烧热，加入青豆和肉丝炒熟，加盐、白糖、味精调味即可。

大厨献招　选购青豆时，要注意颜色越绿，其所含的叶绿素越多，品质越好。

适合人群　一般人都可食用，尤其适合儿童食用。

养生宜忌

♡ 此菜对虚劳羸弱者有益。

⊗ 糖尿病患者应慎食此菜。

● 雪里蕻青豆

〔开胃消食〕

材　料　青豆200克，雪里蕻200克，红椒少许。

调　料　盐3克，鸡精2克，酱油、醋各适量。

做　法　1 青豆洗净备用；雪里蕻洗净，切碎；红椒去蒂洗净，切圈。2 热锅下油，放入青豆略炒，再放入雪里蕻、红椒一起炒，加盐、鸡精、酱油、醋调味，炒至断生，装盘即可。

养生宜忌

♡ 此菜对免疫力较弱者有益。

⊗ 皮肤病患者不宜多食此菜。

美国青豆 〔开胃消食〕

材料 青豆200克，猪肉100克，青椒、红椒各适量。

调料 盐3克，酱油、淀粉、味精各适量。

做法 1.猪肉洗净切末，用盐、酱油、淀粉腌渍，青椒、红椒洗净切碎，青豆洗净。2.油锅加热，倒入青椒、红椒、青豆，加盐翻炒片刻后放入肉末。3.炒熟后放味精调味即可。

养生宜忌
- ⊘ 此菜对体虚脾弱者有益。
- ⊗ 酸中毒病人不宜食用此菜。

脆萝卜炒青豆 〔养心润肺〕

材料 青豆200克，萝卜干100克。

调料 盐3克，红椒10克，酱油、味精各适量。

做法 1.萝卜干洗净切小段，红椒洗净切碎，青豆洗净。2.油锅加热，倒入红椒、青豆、萝卜干，加盐翻炒片刻，淋酱油。3.炒熟后，加味精调味即可。

大厨献招 加入豆豉，味道更佳。

适合人群 一般人都可食用，尤其适合女性食用。

养生宜忌
- ⊘ 此菜对饮酒过量者有益。
- ⊗ 痛疽患者不宜多食此菜。

香葱臊子炒青豆 〔防癌抗癌〕

材料 青豆200克，猪肉100克，葱花10克。

调料 盐3克，豆豉、酱油、味精、干红椒各适量。

做法 1.猪肉洗净切末，用盐、酱油腌制；干红椒洗净切碎，青豆洗净。2.油锅加热，倒入青豆和干红椒，加盐翻炒片刻后倒入肉末，放入豆豉。3.炒熟后撒入葱花，加味精调味即可。

养生宜忌
- ⊘ 此菜对记忆力减弱者有益。
- ⊗ 目赤肿痛者不宜多食此菜。

〈豌豆养生菜〉

中医认为豌豆味甘、性平，归脾、胃经，具有补中益气、止泻痢、调营卫、利小便、消痈肿之功效。

● 豌豆炒腊肉〔保肝护肾〕

材 料 腊肉100克，豌豆200克。

调 料 盐3克，胡椒粉、醋、味精各适量。

做 法 1.腊肉洗净切丁，豌豆洗净。2.油锅加热，倒入豌豆，加盐翻炒后放入腊肉，淋醋，撒胡椒粉。3.炒熟后加味精调味即可。

大厨献招 加入辣椒粉，味道会更佳。

适合人群 一般人都可食用，尤其适合男性食用。

养生宜忌
- ♥ 此菜对神经衰弱者有益。
- ⊗ 皮肤病患者不宜多食此菜。

● 翡翠牛肉粒〔降低血脂〕

材 料 豌豆300克，牛肉100克，银杏仁20克。

调 料 盐3克。

做 法 1.豌豆、银杏仁分别洗净沥干；牛肉洗净切粒。2.锅中倒油烧热，下入牛肉炒至变色，盛出。3.净锅再倒油烧热，下入豌豆和银杏仁炒熟，倒入牛肉炒匀，加盐调味即可。

养生宜忌
- ♥ 此菜对情志不舒者有益。
- ⊗ 皮肤瘙痒者不宜多食此菜。

﹕腊肉豌豆 〔养心润肺〕

材料 腊肉100克，豌豆200克。

调料 盐3克，醋、味精各适量。

做法 1腊肉洗净切丁，豌豆洗净。2油锅加热，倒入豌豆，加盐翻炒后放入腊肉，加适量清水。3炒熟后淋醋，加味精调味即可。

大厨献招 加入辣椒粉，味道会更佳。

养生宜忌

〇此菜对健忘失眠者有益。

⊗皮肤湿疹患者不宜多食此菜。

﹕腊肉丁炒豌豆 〔增强免疫力〕

材料 腊肉100克，豌豆200克，胡萝卜、蒜苗各适量。

调料 盐3克，醋、味精各适量。

做法 1腊肉、胡萝卜洗净切丁；蒜苗洗净切段；豌豆洗净。2油锅加热，倒入豌豆和胡萝卜，加盐翻炒片刻后放入腊肉和蒜苗，淋醋。3炒熟后加味精调味即可。

大厨献招 加入火腿，味道会更佳。

适合人群 一般人都可食用，尤其适合老年人食用。

养生宜忌

〇此菜对低免疫力人群有益。

⊗有痼疾者不宜多食此菜。

﹕橄榄菜炒豌豆 〔开胃消食〕

材料 橄榄菜100克，豌豆200克。

调料 盐3克，酱油、味精、醋、干红椒各适量。

做法 1橄榄菜洗净切碎；豌豆洗净；干红椒洗净切段。2油锅加热，倒入干红椒、豌豆，翻炒几遍后放入橄榄菜，加盐、酱油和醋。3炒熟后加味精调味即可。

大厨献招 加入蒜蓉，味道会更佳。

养生宜忌

〇此菜对胃口不佳者有益。

⊗患痤疮期间不要食用此菜。

冬瓜双豆 〔提神健脑〕

材 料 冬瓜200克，豌豆50克，黄豆50克，胡萝卜30克。

调 料 盐4克，味精3克，酱油2毫升，鸡精2克。

做 法 1.冬瓜去皮，洗净，切丁；胡萝卜切丁。2.将所有原材料入沸水中稍焯烫，捞出沥水。3.起锅上油，加入冬瓜、豌豆、黄豆、胡萝卜和所有调味料一起炒匀即可。

养生宜忌
- ♡ 此菜对营养不良者有益。
- ⊗ 过敏体质者不宜多食此菜。

萝卜干拌豌豆 〔防癌抗癌〕

材 料 豌豆200克，萝卜干200克，青椒、红椒各适量。

调 料 盐3克，醋、香油各适量。

做 法 1.萝卜干洗净切小段，青椒、红椒洗净切圈，豌豆洗净。2.把萝卜干、青椒、红椒、豌豆放入沸水中焯烫后控水，加盐、醋、香油拌匀即可。

大厨献招 豌豆以色泽嫩绿，柔然，颗粒饱满、未浸水者为佳。

适合人群 一般人都可食用，尤其适合老年人食用。

养生宜忌
- ♡ 此菜对睡眠不宁者有益。
- ⊗ 皮肤湿疹患者不宜多食此菜。

豌豆蒸水蛋 〔养心润肺〕

材 料 鸡蛋200克，虾仁、蟹肉棒各100克，豌豆50克。

调 料 盐3克。

做 法 1.鸡蛋打散成蛋液；虾仁治净；蟹肉棒切段；豌豆洗净沥干。2.蛋液加盐和适量水拌匀，倒入盘中，放上虾仁、蟹肉棒和豌豆。3.整盘放入蒸锅中，大火隔水蒸约10分钟至熟即可。

养生宜忌
- ♡ 此菜对功课繁忙的学生有益。
- ⊗ 有严重肝病者不宜食用此菜。

豌豆炒鸡

〔增强免疫力〕

材　料 鸡腿肉350克，豌豆300克。

调　料 红泡椒、尖椒各20克，盐、生抽各3克，米醋5克，味精1克。

做　法 1.鸡腿拆掉骨头，洗净，切成块；尖椒洗净，切成圈；豌豆洗净。2.锅倒油烧热，放入鸡肉炸至表面稍有焦黄，加入豌豆、泡红椒、尖椒圈翻炒至断生，调入生抽，翻炒均匀。3.加适量水烧至汁水将干时，加入米醋、味精翻匀，出锅即可。

养生宜忌
- ♥ 此菜对消化不良者有益。
- ⊗ 有严重肝病者不宜食用此菜。

豌豆红烧肉

〔增强免疫力〕

材　料 豌豆10克，五花肉100克。

调　料 白糖、葱段、盐、老抽、料酒各适量。

做　法 1.豌豆洗净；五花肉洗净切块，氽水。油锅烧热，入五花肉翻炒出香味后，盛出，装盘。2.将锅洗净，放清水、白糖煮稠，下五花肉，放盐、老抽、料酒翻炒2分钟，放豌豆、清水，焖15分钟，撒上葱段即可。

大厨献招 烹饪此菜肉块不宜切得太大，以免不易烧熟。

适合人群 一般人都可食用，尤其适合男性食用。

养生宜忌
- ♥ 此菜对记忆力减退的中老年人有益。
- ⊗ 有疥癣者不宜多食此菜。

豌豆炒鱼丁

〔保肝护肾〕

材　料 腰豆、银杏各200克，鱼肉、豌豆各300克。

调　料 蒜蓉15克，盐3克，味精1克。

做　法 1.鱼肉洗净，切成丁；腰豆、银杏、豌豆洗净，入沸水锅焯烫后捞出。2.锅倒油烧热，倒入鱼肉过油后捞出沥干；另起油锅烧热，倒入豌豆、腰豆、银杏、蒜蓉翻炒，鱼肉回锅继续翻炒至熟。3.加入盐、味精炒匀，起锅即可。

养生宜忌
- ♥ 此菜对皮肤粗糙者有益。
- ⊗ 消化系统疾病患者不宜多食此菜。

〈红豆养生菜〉

红豆不仅是美味可口的食品，而且还是医家治病的妙药。中医认为红豆性平，味甘、酸，能利湿消肿、清热退黄、解毒排脓。

∶南瓜红豆炒百合

〔增强免疫力〕

材　料　南瓜200克，红豆、百合各150克。

调　料　盐3克，鸡精2克，白糖适量。

做　法　1.南瓜去皮去子洗净，切菱形块；红豆泡发洗净；百合洗净备用。2.热锅下油，放入南瓜、红豆、百合一起炒，加盐、鸡精、白糖调味，炒至断生，装盘即可。

大厨献招　选用新鲜百合烹饪，味道更佳。

适合人群　一般人都可食用，尤其适合孕产妇食用。

养生宜忌
- ♡此菜对肝腹水患者有益。
- ⊗脾胃虚寒、泄泻者不宜多食此菜。

∶红豆玉米葡萄干 〔开胃消食〕

材　料　红豆100克，玉米200克，豌豆50克，葡萄干30克。

调　料　盐3克，白糖适量。

做　法　1.红豆泡发洗净；玉米、豌豆均洗净备用。2.锅下油烧热，放入红豆、玉米、豌豆一起炒至五成熟时，放入葡萄干，加盐、白糖调味，炒熟，装盘即可。

养生宜忌
- ♡此菜对营养不良性水肿患者有益。
- ⊗中焦虚寒者不宜食用此菜。

红豆炒鲜笋 〔补血养颜〕

材　料 红豆200克，竹笋200克。

调　料 盐3克，鸡精2克，香油适量。

做　法 1红豆泡发洗净；竹笋洗净备用。2锅下油烧热，放入竹笋翻炒一会，加盐、鸡精调味，待熟，摆好盘。3另起油锅，放入红豆炒至快熟时，加盐、鸡精、香油调味，盛盘即可。

养生宜忌
- ⊘ 此菜对肾脏性水肿患者有益。
- ⊗ 过敏体质者不宜多食此菜。

红豆杜仲鸡汤 〔补血养颜〕

材　料 红豆200克，杜仲15克，鸡腿1只。

调　料 盐5克，枸杞10克。

做　法 1将鸡腿剁块，放入沸水中氽烫，捞起冲净。2将红豆洗净，和鸡肉、杜仲、枸杞一起放入煲内，加水盖过材料，以大火煮开，转小火慢炖。3约炖40分钟，加盐调味即成。

大厨献招 红豆提前泡发后再烹饪，味道会更好。

适合人群 一般人都可食用，尤其适合孕产妇食用。

养生宜忌
- ⊘ 此菜对心脏性水肿患者有益。
- ⊗ 肾衰竭患者不宜多食此菜。

红豆鳕鱼 〔补血养颜〕

材　料 红豆50克，鳕鱼150克，黄瓜丁、胡萝卜丁各适量。

调　料 绍酒50克，盐3克，鸡蛋1只，味精2克，胡椒粉3克，淀粉10克，香油少许。

做　法 1鳕鱼取肉洗净切成小丁，加盐、味精、绍酒拌匀，再用蛋清、淀粉上浆。2锅中注水，倒入红豆煮沸后倒出；锅中油烧热，放入鳕鱼滑炒至熟盛出；锅中再放入水、盐、味精、胡椒粉，倒入鱼丁、红豆、黄瓜丁、胡萝卜丁。3用淀粉勾芡，炒匀，淋上少许香油即可出锅。

养生宜忌
- ⊘ 此菜对肝硬化患者有益。
- ⊗ 尿频胃寒之人不宜多食此菜。

〈蚕豆养生菜〉

蚕豆中含有调节大脑和神经组织的钙、锌、锰、磷脂等营养素，并含有丰富的胆石碱，营养价值极高。中医认为蚕豆性平味甘，具有益胃、利湿消肿、止血解毒的功效。

蚕豆拌海蜇头〔防癌抗癌〕

材 料 海蜇头200克，蚕豆100克。

调 料 盐3克，味精1克，醋8克，生抽10克，红椒少许。

做 法 1.蚕豆洗净，用水浸泡待用；海蜇头洗净，切片；红椒洗净，切片。2.锅内注水烧沸，分别放入海蜇头、蚕豆、红椒焯熟后，捞起沥干放凉并装入盘中。3.加入盐、味精、醋、生抽拌匀即可。

大厨献招 海蜇头一定焯至熟透，方可食用。

养生宜忌
✓ 此菜对饮酒过量者有益。
✗ 有严重肝病者不宜食用此菜。

蒜香蚕豆米〔增强免疫力〕

材 料 蚕豆300克，红椒少许。

调 料 盐3克，蒜20克。

做 法 1.蚕豆去皮，洗净备用；红椒洗净；蒜去皮洗净，切末。2.锅入水烧开，放入蚕豆煮熟后，捞出沥干。3.热锅下油，放入蒜炒香，将蒜捞出，把油淋在蚕豆上，加盐拌匀，用红椒点缀即可。

养生宜忌
✓ 此菜对精神萎靡不振者有益。
✗ 患疮痘期间不要食用此菜。

口蘑鲜蚕豆 〔降低血糖〕

材　料　蚕豆、胡萝卜各200克，口蘑150克。

调　料　盐3克，鸡精2克，醋适量。

做　法　1.蚕豆去皮，洗净备用；胡萝卜洗净，切块；口蘑洗净，切块。2.热锅下油，放入蚕豆略炒，再放入胡萝卜、口蘑，加盐、鸡精、醋调味，炒至断生，装盘即可。

大厨献招　选购体形圆直、表皮光滑、色泽橙红的胡萝卜为佳。

养生宜忌
◎ 口蘑是一种较好的减肥美容食品。
⊗ 容易过敏的人应慎食此菜。

湘味蚕豆炒腊肉〔增强免疫力〕

材　料　蚕豆250克，腊肉200克，胡萝卜50克。

调　料　盐3克，鸡精2克，醋、水淀粉各适量。

做　法　1.蚕豆去皮，洗净备用；腊肉泡发洗净，切片；胡萝卜洗净，切片。2.热锅下油，放入腊肉略炒，再放入蚕豆、胡萝卜一起炒，加盐、鸡精、醋调味，待熟，用水淀粉勾芡，装盘即可。

大厨献招　加点酱油调味，味道会更好。

适合人群　一般人都可食用，尤其适合儿童食用。

养生宜忌
◎ 醋能减少胃肠道和血液中的酒精浓度，有醒酒的作用。
⊗ 胃溃疡及十二指肠溃疡患者最好少食此菜。

培根炒蚕豆 〔降低血压〕

材　料　蚕豆350克，培根150克。

调　料　盐3克，鸡精2克，干红辣椒5克。

做　法　1.蚕豆去皮，洗净备用；培根洗净，切丝；干红辣椒洗净，切段。2.锅下油烧热，放入蚕豆翻炒，加盐、鸡精调味，炒至断生，装盘。3.另起锅，入干红辣椒爆香，再放入培根，炒熟后盛在蚕豆上即可。

养生宜忌
◎ 蚕豆中含有大量蛋白质，可以预防心血管疾病。
⊗ 有严重肾病者不宜食用此菜。

五香蚕豆 〔提神健脑〕

材料 蚕豆300克。

调料 盐3克，干红辣椒15克，香油、五香粉各适量。

做法 1.蚕豆洗净备用；干红辣椒洗净，切段。2.锅入水烧开，放入蚕豆煮熟后，捞出沥干，装盘。3.热锅下油，入干红辣椒爆香，加盐、香油、五香粉炒匀，淋在蚕豆上，拌匀即可。

养生宜忌

♥ 此菜对皮肤粗糙者有益。
✗ 肾衰竭患者不宜多食此菜。

鲜蚕豆炒虾球 〔提神健脑〕

材料 蚕豆250克，虾肉80克。

调料 香油、生抽各5毫升，味精5克，盐3克。

做法 1.将虾肉洗净，放入盐水中泡10分钟，捞出，沥干水分；蚕豆去壳，洗净，放在开水锅中焯一下水，捞出，沥干水分。2.油锅烧热，将蚕豆放入锅内，翻炒至熟，盛盘待用。3.再将油锅烧热，加入虾肉、香油、生抽、味精、盐炒香，倒在蚕豆上即可。

大厨献招 虾肉不能炒太长时间，以免变老。

养生宜忌

♥ 此菜对胃口不开者有益。
✗ 肝阳上亢者不宜多食虾肉。

火腿蚕豆 〔增强免疫力〕

材料 蚕豆300克，熟火腿75克。

调料 白汤、盐、味精、水淀粉适量。

做法 1.蚕豆去壳，洗净后待用，熟火腿切成指甲片状。2.起油锅，将蚕豆放入油中炸至熟后捞出，锅内留少许油，放入火腿片、蚕豆略炒。3.加入白汤、盐、味精，调好味，勾薄芡，淋上亮油，起锅盛盘即可。

养生宜忌

♥ 此菜对心神不安者有益。
✗ 尿路结石患者不宜多食此菜。

巴蜀老胡豆 〔降低血压〕

材料 蚕豆250克，红椒30克。

调料 盐3克，鸡精2克，辣椒酱、酱油、醋各适量。

做法 1.蚕豆洗净，备用；红椒去蒂洗净，切圈。2.锅入水烧开，放入蚕豆煮熟，捞出沥干，装盘。3.加盐、鸡精、辣椒酱、酱油、醋、红椒拌匀即可。

大厨献招 蚕豆以颗粒大、果仁饱满的为佳。

养生宜忌
Ⓥ 此菜对老年人有益。
Ⓧ 肾功能不全者最好少吃此菜。

茴香蚕豆 〔排毒瘦身〕

材料 蚕豆300克，茴香30克。

调料 盐3克，香油、醋各适量。

做法 1.蚕豆去皮，洗净备用；茴香洗净。2.锅入水烧开，放入蚕豆煮熟后，捞出沥干，装盘。3.加盐、香油、醋、茴香一起拌匀即可。

大厨献招 也可以用干茴香调味。
适合人群 一般人都可食用，尤其适合女性食用。

养生宜忌
Ⓥ 此菜对低免疫力人群有益。
Ⓧ 有慢性消化道疾病的人不宜多食此菜。

泡红椒拌蚕豆 〔提神健脑〕

材料 蚕豆300克，泡红椒20克。

调料 盐、味精各3克，香油10克。

做法 1.蚕豆去外壳，再剥去豆皮，洗净。2.泡红椒洗净，切小粒。3.将蚕豆放入蒸锅内隔水蒸熟，取出晾凉，放盘内，加入泡椒粒、盐、香油、味精，拌匀即成。

大厨献招 拌蚕豆时加上少许蒜蓉，此菜味道更佳。

养生宜忌
Ⓥ 此菜对营养不良者有益。
Ⓧ 感冒发烧者不宜食用此菜。

● 清炒蚕豆　〔补血养颜〕

材 料　蚕豆300克，香菇、胡萝卜各100克。

调 料　盐3克，鸡精2克，醋、水淀粉各适量。

做 法　1.蚕豆去皮，洗净备用；香菇洗净，切块；胡萝卜洗净，切片。2.热锅下油，放入蚕豆炒至五成熟时，再放入香菇、胡萝卜一起炒，加盐、鸡精、醋调味。3.待熟，用水淀粉勾芡，盛盘即可。

养 生 宜 忌

♡ 此菜对消化不良者有益。

⊗ 子宫脱垂患者不宜食用此菜。

● 雪里蕻蚕豆　〔开胃消食〕

材 料　蚕豆350克，雪里蕻100克，红椒少许。

调 料　盐3克，鸡精2克，酱油、醋各适量。

做 法　1.蚕豆去皮，洗净备用；雪里蕻洗净，切碎；红椒去蒂洗净，切片。2.热锅下油，放入蚕豆炒至五成熟，再放入雪里蕻炒匀，加盐、鸡精、酱油、醋调味。3.炒至断生，用红椒点缀即可。

大 厨 献 招　加点香油调味，味道会更香。

适 合 人 群　一般人都可食用，尤其适合女性食用。

养 生 宜 忌

♡ 此菜对神经衰弱者有益。

⊗ 胃下垂患者不宜多食此菜。

● 椒麻蚕豆　〔补血养颜〕

材 料　蚕豆300克，胡萝卜100克

调 料　盐3克，葱10克，胡椒粉、香油各适量

做 法　1.蚕豆去皮，洗净备用；胡萝卜洗净，切片；葱洗净，切花。2.锅入水烧开，放入蚕豆煮熟后，捞出沥干，装盘，加盐、胡椒粉、香油拌匀，撒上葱花。3.将切好的胡萝卜摆好盘即可。

养 生 宜 忌

♡ 此菜对体虚乏力者有益。

⊗ 痢疾患者不宜多食此菜。

回味豆 〔增强免疫力〕

材 料 蚕豆400克，豌豆50克。

调 料 盐3克，鸡精2克，红油、醋各适量。

做 法 1.蚕豆、豌豆均洗净备用。2.锅入水烧开，放入蚕豆、豌豆，加盐、鸡精、红油、醋调味，一起煮熟，起锅装盘即可。

大厨献招 可根据个人口味，加适量青菜一起烹饪。

养生宜忌
♡ 此菜对气血不足者有益。
⊗ 肾炎患者不宜多吃此菜。

香葱五香蚕豆 〔提神健脑〕

材 料 蚕豆400克。

调 料 盐3克，葱、红椒各10克，五香粉适量。

做 法 1.蚕豆洗净备用；葱洗净，切花；红椒去蒂洗净，切末。2.锅下油烧热，放入蚕豆炸至熟透，锅内留少许油，加盐、五香粉炒匀，装盘。3.撒上葱花、红椒粒即可。

大厨献招 炸蚕豆时，宜用中火。

适合人群 一般人都可食用，尤其适合儿童食用。

养生宜忌
♡ 此菜对免疫力低下者有益。
⊗ 皮肤病患者不宜多食此菜。

红椒蚕豆 〔开胃消食〕

材 料 蚕豆250克，红椒30克。

调 料 盐3克，葱5克，红油、酱油、醋各适量。

做 法 1.蚕豆洗净备用；红椒去蒂洗净，切段；葱洗净，切花。2.锅入水烧开，放入蚕豆煮熟，捞出沥干，装盘，加盐、红油、酱油、醋、红椒拌匀，撒上葱花即可。

大厨献招 加点辣椒酱调味，味道会更好。

养生宜忌
♡ 醋对皮肤、头发能起到很好的保护作用。
⊗ 脾胃湿盛者不宜多吃此菜。

● 蚕豆炒韭菜 〔降低血压〕

材料 蚕豆250克，韭菜100克，红椒50克。

调料 盐3克，鸡精2克，酱油、醋各适量。

做法 1.蚕豆洗净备用；韭菜洗净，切段；红椒去蒂洗净，切条。2.热锅下油，放入蚕豆炒至五成熟时，再放入韭菜、红椒一起炒，加盐、鸡精、酱油、醋调味，稍微加点水烧一会，待熟，起锅装盘即可。

养生宜忌
Ⓥ 此菜对老年人有益。
Ⓧ 高热神昏者不宜多食此菜。

● 绍兴回味豆 〔保肝护肾〕

材料 蚕豆300克。

调料 盐、味精各3克，酱油8克。

做法 1.蚕豆洗净，泡发，捞出沥水后，再下入油锅中炸至酥脆。2.再将炸酥的蚕豆入锅煮至回软。3.调入盐、味精、酱油拌匀即可。

大厨献招 也可将蚕豆表皮去掉再烹饪，味道更佳。

适合人群 一般人都可食用，尤其适合男性食用。

养生宜忌
Ⓥ 此菜对身体羸弱者有益。
Ⓧ 胃酸增多者不宜多食此菜。

● 水煮蚕豆 〔提神健脑〕

材料 蚕豆350克，生菜叶少许。

调料 盐3克。

做法 1.蚕豆洗净备用；生菜叶洗净，摆盘。2.锅入水烧开，加入盐，放入蚕豆煮至熟透，捞出沥干，盛在生菜叶上即可。

大厨献招 加点香油拌匀，味道会更好。

养生宜忌
Ⓥ 此菜对脑力工作者有益。
Ⓧ 肾衰竭患者不宜多食此菜。